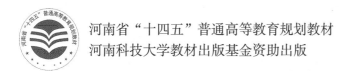

河南省"十四五"普通高等教育规划教材

河南科技大学教材出版基金资助出版

大学计算机基础

（第2版）

李　敏　高艳平　刘欣亮　主　编

张兵莉　俞卫华　薛冰冰　夏文新　副主编

电子工业出版社

Publishing House of Electronics Industry

北京·BEIJING

内 容 简 介

本书根据教育部高等学校大学计算机课程教学指导委员会新制定的课程指南以及大学生对计算机知识的实际需要而精心策划并编写，内容包括计算机概述、计算机数字化基础、操作系统、WPS Office 2019办公软件、软件技术基础、计算机网络和信息安全等，覆盖了全国大学计算机一级考试和二级 WPS Office考试的知识体系。

本书注重计算机技术的实用性，重视理论与操作相结合。本书配套教学课件、案例素材、微视频，读者可登录华信教育资源网（www.hxedu.com.cn）注册后免费下载，还可登录本书教学网站进行在线练习、考试。《大学计算机基础实验教程（第 2 版）》（ISBN 978-7-121-41811-2）是本书的配套实验教程，可用于实验环节。本书结构清晰、内容翔实、通俗易懂，既适合作为各类高等院校"大学计算机基础"课程的教材，也可作为各类计算机培训班的培训教程。

图书在版编目（CIP）数据

大学计算机基础 / 李敏，高艳平，刘欣亮主编 . —2 版 . —北京：电子工业出版社，2021.9
ISBN 978-7-121-42088-7

Ⅰ . ①大… Ⅱ . ①李… ②高… ③刘… Ⅲ . ①电子计算机－高等学校－教材 Ⅳ . ①TP3

中国版本图书馆 CIP 数据核字（2021）第 190660 号

责任编辑：戴晨辰 特约编辑：金雨璐
印　　刷：北京市大天乐投资管理有限公司
装　　订：北京市大天乐投资管理有限公司
出版发行：电子工业出版社
　　　　　北京市海淀区万寿路 173 信箱　　邮编：100036
开　　本：787×1 092　1/16　印张：20　　字数：512 千字
版　　次：2017 年 8 月第 1 版
　　　　　2021 年 9 月第 2 版
印　　次：2023 年 7 月第 7 次印刷
定　　价：60.00 元

凡所购买电子工业出版社图书有缺损问题，请向购买书店调换。若书店售缺，请与本社发行部联系，联系及邮购电话：（010）88254888，88258888。

质量投诉请发邮件至 zlts@phei.com.cn，盗版侵权举报请发邮件至 dbqq@phei.com.cn。

本书咨询联系方式：dcc@phei.com.cn。

前 言 Preface

随着人类社会进入信息时代，计算机已不再是科研人员专用的计算工具，而是人们工作、生活、学习和娱乐不可或缺的组成部分。计算机信息技术和网络技术在经济社会中愈发重要，高校"大学计算机基础"课程的教学内容更应与时俱进，适时调整。本书根据教育部高等学校大学计算机课程教学指导委员会发布的最新版《大学计算机教学基本要求》和全国计算机等级考试最新大纲编写。

"大学计算机基础"是面向大学非计算机专业开设的公共必修课程，是大学计算机课程教学的基础和重点。通过本课程的学习，学生应理解计算机的基本工作原理、常用操作技术和方法，了解计算机的新技术和发展趋势，拓宽计算机基础知识面；掌握计算机的基本使用技能，以及网络、数据库等技术的基本知识和应用；理解信息安全方面的基本知识，提高计算机信息安全防护意识；通过实践培养创新意识和动手能力，为后继课程的学习夯实基础。

本书定位准确、概念清晰、实例丰富，突出了内容的针对性、系统性和实用性，注重学生基本技能、创新能力和综合应用能力的培养，体现出了大学计算机基础教育的特点和要求。

全书共6章，第1章介绍计算机的基础知识，主要内容包括计算机的发展、特点和应用，计算机系统的组成。第2章介绍计算机中信息的表示与存储等。第3章介绍操作系统的基础知识及其应用，主要内容包括操作系统的概念、功能及分类，Windows 10 操作系统的文件和文件夹操作，系统的设置等，以及 Linux 操作系统、Mac 操作系统和移动操作系统的介绍。第4章介绍 WPS Office 2019 办公软件的使用，包括文字处理、电子表格处理、演示文稿制作、流程图和脑图的应用等。第5章介绍软件工程、算法与数据结构、数据库系统的基础知识。第6章介绍计算机网络基础知识、5G 技术、Internet 的应用及计算机信息安全基础。

本书配套教学课件、案例素材、微视频，读者可登录华信教育资源网（www.hxedu.com.cn）注册后免费下载，还可登录本书教学网站进行在线练习、考试。《大学计算机基础实验教程（第2版）》（ISBN 978-7-121-41811-2）是本书的配套实验教程，可用于实验环节。

本书主要由长期从事一线教学的河南科技大学教师编写，李敏、高艳平、刘欣亮担任主编，张兵莉、俞卫华、薛冰冰、夏文新担任副主编。李敏编写第1章的1.1节，洛阳职业技术学院的夏文新编写第1章的1.2～1.3节和第2章，刘欣亮编写第3章的3.1节，张兵莉编写第3章的3.2节和第6章，薛冰冰编写第3章的3.3节，高艳平编写第4章，俞卫华编写第5章。第4章由珠海金山办公软件有限公司审阅。石静、孙素环、赵红英及珠海金山办公软件有限公司、洛阳众智软件科技股份有限公司、河南百分软件科技有限公司的技术人员参加了本书配套微课视频及在线课程的制作工作。本书编写过程中参考了部分文献资料，在此向这些资料的作者表示衷心感谢。

由于编者水平有限，书中错误和不妥之处在所难免，敬请专家及读者批评指正，在此表示由衷的感谢。

编　者

目 录 Contents

第1章 计算机概述

本章主要通过介绍计算机的产生历程与发展趋势、计算机的特点和应用以及计算机硬件和软件系统的组成，让读者初步了解并正确认识计算机。

1.1 认识计算机

自从人类具备了认识世界的能力，计算就存在了。在人类漫长的文明史上，对计算的追求从未停止过：从算筹到算盘，从机械计算器到电子计算机。为了提高计算速度、计算精度，人们不断发明、改进各种计算辅助工具。每一次计算工具的革命，都不仅提高了人类的计算能力，还深刻地改变着人类认识世界和改造世界的方法和途径，并广泛而深刻地影响着人类社会生活的方方面面。现在，计算机已深入到生活的各个角落，几乎每个人都知道计算机能做很多事，特别是近几年随着智能手机的出现，很多人都感觉离不开计算机，计算机似乎什么事都能做。计算机真的什么都能做吗？是否真的会出现地球被机器人统治的那一天？答案是否定的，现代计算机的特点及其工作原理决定了这种情况不会出现。为了更深入地了解计算机，我们首先要了解计算机的定义。

1.1.1 计算机的定义

计算机（Computer）从字面上理解是一种可以计算的机器设备，这一定义使我们想到算盘、计算器等设备。那么，这些算不算计算机呢？答案是肯定的。这些设备和现代的计算机有什么区别呢？现代计算机的定义是：计算机是一种能够存储程序和数据，按照程序自动、高速处理海量数据的现代化智能电子机器设备，因此现代计算机也称为电子数字计算机。计算机可以模仿人的一部分思维活动，代替人的部分脑力劳动，按照人的意愿自动地工作，所以人们把计算机称为"电脑"。在这个定义中可以看到，计算机除了能够高速地计算，还要具有存储功能，并且还要按照人们事先编写好的程序来工作。

1.1.2 早期的计算工具

人类最早的有实物作证的计算工具诞生在中国。据史料记载，在春秋晚期，中国已普遍把"算筹"作为计算工具，如图 1-1 所示。

		1	2	3	4	5	6	7	8	9
纵式		I	II	III	IIII	IIIII	T	TT	TTT	TTTT
横式		—	=	≡	≣	≣	⊥	⊥	⊥	⊥

图 1-1 古代算筹及其数据表示

　　算筹又称为筹策，是由一根根同样长短和粗细的小棍子制成的，它不仅可以替代手指利用规则来帮助计数，而且还能完成加、减、乘、除等常用的数学运算。中国古代数学家正是以它为工具，运筹帷幄，殚精竭虑，写下了人类数学史上光辉的一页。中国南北朝时期的数学家祖冲之，就借用算筹成功地将圆周率计算到小数点后的第 7 位，得到了当时世界上最精确的 π 值，这比法国数学家韦达取得相同成就的时间早了 1100 多年。

　　中国古代在计算工具领域的另一项重要发明是算盘。现在，算盘仍是许多人钟爱的计算辅助工具。算盘最早被记录在汉朝徐岳撰写的《数术记遗》一书里，它大约在宋元时期开始流行，到了明代，算盘淘汰了算筹。明代的算盘与现代的算盘非常类似，通常具有 13 挡，每挡上部有 2 颗珠，下挡有 5 颗珠，中间由"栋梁"隔开，使用"口诀"（算法）进行快速运算。算盘"随手拨珠便成答数"的优点使得它在当时风靡海内外，传入日本、朝鲜、越南、泰国等，又由商人和旅行家带到欧洲，并逐渐在西方传播开来，可以说，算盘对世界数学的发展产生了重要的影响。

　　17 世纪初，计算工具在西方有了较快的发展。以创立"对数"概念而闻名于世的英国数学家纳皮尔（J.Napier）在其所著书中介绍了一种工具，它后来被称为"纳皮尔筹"，也就是计算尺原型。纳皮尔筹由 10 根木条组成，每根木条上都刻有数码，右边第 1 根木条是固定的，其余的都可根据计算的需要进行拼合或调换位置。纳皮尔只不过是把格子乘法里填格子的工作事先做好而已，需要哪几个数字时，就将刻有这些数字的木条按格子乘法的形式拼合在一起。纳皮尔筹的原理与中国算筹大相径庭，它已经显露出对数计算方法的特征。英国数学家威廉·奥特雷德发明了圆盘型对数计算尺，如图 1-2 所示。后改进成

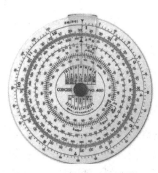

图 1-2　圆盘型对数计算尺

两根相互滑动的直尺状，计算尺不仅能做乘除、乘方、开方，还可以计算三角函数、指数和对数。即使在 20 世纪六七十年代，能熟练使用计算尺依然是工程师身份的象征。同一时期，法国的帕斯卡发明出一种机械加法器。这种机器是由一系列齿轮组成，并利用发条作为动力工作的，能够完成 6 位数的加法和减法。针对加法中"逢十进一"的进位问题，帕斯卡采用了一种类似小爪子式的棘轮装置。当定位齿轮从 9 朝 0 转动时，棘爪便逐渐升高，一旦齿轮转到 0，棘爪就落下，推动前一位数的齿轮前进一挡。这台加法器被称为"人类有史以来第 1 台计算机"，后来人们为了纪念他的伟大成就，将一种计算机高

级语言命名为"Pascal"。19 世纪初期，英国剑桥大学的科学家巴贝奇根据计算数学中的有限差分法原理，即任何连续函数都可用多项式严格地逼近，表明仅用加减法是可以计算函数的。巴贝奇在攻读博士学位期间需要求解大量复杂的公式，他无法在合理的时间内手工完成这些工作。为了求解方程，巴贝奇于 1822 年研制了一种用蒸汽驱动的机器——差分机；1834 年左右，巴贝奇又设计了一种与差分机不同的新机器，称为"分析机"。分析机由 3 部分组成：第 1 部分是由许多轮子组成的能够保存数据的"存储库"；第 2 部分是能够从存储库中取出数据进行各种基本运算的运算装置，运算是通过各种齿轮与齿轮的咬合、旋转和平移等来实现的；第 3 部分是一个能够控制顺序、选择所需处理的数据和输出结果的装置。巴贝奇在分析机中引入了"程序控制"的思想，根据存储在穿孔卡上的指令来确定应该执行的操作并自动运算。分析机比差分机精度更高，计算速度更快，而且具有

通用性，可以进行数字或逻辑运算，是现代通用计算机的雏形。由于得不到资助，巴贝奇最终未能打造出他所设计的分析机，但分析机的构想与计算机的最后实现已经十分接近。诗人拜伦的女儿奥古斯塔·阿达·拜伦与巴贝奇一起进行了多年的设计工作。阿达是一位出色的数学家，她为巴贝奇的设计工作做出了巨大的贡献，为分析机编制了一些函数计算程序，被公认为是世界上的第一位程序员，一种名叫 Ada 的编程语言就是以她的名字命名的。

1936 年，美国哈佛大学教授霍华德·艾肯在读完巴贝奇和阿达的笔记后，产生了用机电方法而非纯机械方法来实现分析机的想法。他起草了一份建议，去向 IBM 公司寻求资助。当时的 IBM 专门生产打孔机、制表机等商用机器，拥有雄厚的财力，艾肯教授的建议对 IBM 转向发展计算机起到助推的作用。IBM 决定投资 100 万美元作为艾肯教授的研究经费。到了 1944 年，世界上第 1 台被称为"Mark I"的机电计算机在哈佛大学投入运行。这台机器使用了大量的继电器作为开关元器件，它长 15m，高 2.5m，看上去像一节列车，有 750000 个零部件，里面的各种导线加起来总长超过 800km。它采用穿孔纸带进行程序控制，工作时加法速度是 300ms，乘法速度是 6s，除法速度是 11.4s。尽管它的计算速度很慢，可靠性也不高，但仍然使用了 15 年，从此 IBM 的研发重点也转向了计算机。1947 年在进行 Mark I 的后继产品 Mark II 的开发过程中，研究人员发现在一个失效的继电器中夹着一只压扁的飞蛾，他们小心地把它取出并贴在工作记录上，在标本的下面写着"First actual case of bug being found"。从此，"bug"就成为计算机故障的代名词，而"debug"则成为排除故障的专业术语。

1.1.3　现代的计算机

早期计算工具的速度较慢，计算能力也很有限，仅仅局限于执行一系列数学操作，而现在大家所熟知的计算机功能已远远超越了这些。

计算机是一种能够按照事先存储的程序，自动、高速地对数据进行输入、处理、输出和存储的系统。这里的数据不仅是数值型数据，还可以是文字、符号甚至是图形、图像、声音和视频信息等非数值型数据。现代计算机诞生于美国，所谓"现代"是指利用先进的电子技术代替机械或机电技术，因此现代计算机也称为"电子计算机"。随着笨重的齿轮、继电器等元器件依次被电子管、晶体管、集成电路等取代，计算机的发展速度也越来越快。

在现代计算机 70 多年的发展历程中，最重要的代表人物是英国科学家艾伦·图灵和美籍匈牙利科学家冯·诺依曼，他们为现代计算机科学奠定了基础。

1. 图灵与图灵机

艾伦·图灵（如图 1-3 所示）对现代计算机的主要贡献是建立了图灵机（Turing Machine）理论模型，并提出了定义机器智能的图灵测试（Turing Test）。

1936 年，图灵发表了一篇论文《论数字计算在决断难题中的应用》，首次提出逻辑机的通用模型，也称为"图灵机"，缩写为 TM。TM 由一个处理器 P、一个读写头 W/R 和一条存储带 M 组成（如图 1-4 所示）。其中，M 是一条无限长的带，被分成一个一个的单元，从

图 1-3　艾伦·图灵

最左边的单元开始，向右延伸直至无穷。P 是一个有限状态控制器，能使 W/R 左移或右移，并且能对 M 上的符号进行修改或读出。那么，图灵机怎样进行运算呢？以做加法 3+2 为例，开始先在最左边的单元放上特殊的符号 B，表示分割空格，它不属于输入符号集。然后写上 3 个"1"，用 B 分割后再写上 2 个"1"，接着再填一个 B，相加时，只要把中间的 B 修改为"1"，而把最右边的"1"修改为 B，机器把两个 B 之间的"1"读出就得到了 3+2=5。因此计算的过程可以看成能用机器实现的有限指令序列，所以图灵机被认为是过程的形式定义。

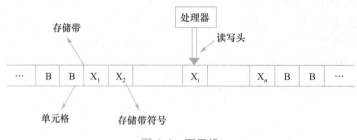

图 1-4　图灵机

显然，TM 仅仅是理论模型，这个理论模型的实际意义在于已经证明，如果有 TM 不能解决的计算问题，那么实际计算机也不可能解决，当然，还有些问题是 TM 可以解决而实际计算机还不能实现的。因此，在这个基础上发展了可计算性理论，理论指出，图灵机的计算能力概括了数字计算机的计算能力，它能识别的语言属于递归可枚举集合，它能计算的问题称为部分递归函数的整数函数。因此，图灵机对数字计算机的一般结构、可实现性和局限性产生了意义深远的影响。直到今天，人们还在研究各种形式的图灵机，以便解决理论计算机科学中许多所谓的基本极限问题。

1950 年，图灵发表了题为《计算机与智能》的文章，奠定了人工智能的理论基础。

图 1-5　图灵奖奖杯

图灵在该文中提出了一种假想：一个人在不接触对方的情况下，通过一种特殊的方式与对方进行一系列的问答，如果在相当长时间内，无法根据这些问题判断对方是人还是计算机，那么就可以认为这台计算机具有同人相当的智力，即这台计算机是有思维的。这就是著名的"图灵测试"。

图灵对计算机的贡献极大，被称为"计算机之父"和"人工智能之父"。为了表示对他的纪念，美国计算机协会（Association Computer Machinery，ACM）于 1966 年设立了图灵奖（奖杯如图 1-5 所示），奖励那些对计算机事业做出重要贡献的个人。图灵奖是计算机界的最高奖项，要求极高，评奖程序极严，被认为是计算机界的"诺贝尔奖"。

2. 第 1 台电子数字计算机 ENIAC

现在所提到的计算机的全称是"通用电子数字计算机"，它主要是由电子线路和电子元器件构成的。世界公认的第 1 台通用电子数字计算机称为 ENIAC（Electronic Numerical Integrator and Computer，电子数值积分计算机），如图 1-6 所示。它是在第二次世界大战中由美国宾夕法尼亚大学莫尔学院电工系的莫奇利和埃克特领导的科研小组于 1946 年研制成功的。在研制中期，著名数学家冯·诺依曼也加入研究并对最终成功起到了决定性的作用。

图 1-6　世界上第 1 台电子数字计算机 ENIAC

ENIAC 主要设计用来为美国军方计算弹道表。当时，一个熟练的操作员利用机械计算机计算一条飞行时间 60s 的弹道要花 20h，而 ENIAC 计算一条炮弹弹道的时间大约是 20s，计算速度比炮弹本身的飞行速度还快。英国无线电工程师协会的蒙巴顿将军把 ENIAC 的出现誉为"诞生了一个电子的大脑"，"电脑"的名称也由此而来。

ENIAC 由 18000 个电子管和 1500 个继电器构成，重 30t，占地 170m^2，功率为 150kW，组成 ENIAC 的电子管平均每隔 7min 就要被烧坏一只，因此工程师们必须不停地更换。计算机本身的功率再加上为机器通风降温用的排气扇的功率在当时是一个巨大的数字。曾有报道形容，当 ENIAC 开动的时候，整个城市的灯光都暗淡下来了。虽然 ENIAC 体积庞大，耗电惊人，运算速度不过几千次每秒，但它比当时已有的计算装置要快 1000 倍，而且还具有按事先编好的程序自动执行算术运算、逻辑运算和存储数据的功能。ENIAC 宣告了一个新时代的开始。

ENIAC 表明人类创造了计算机，但对后来的计算机研究没有多大的影响。因为其不具备现代计算机"存储程序"的主要特点，难以使用，每次解决新问题时，工作人员必须重新接线才能输入新的指令。

1947 年，莫奇利和埃克特创建了一家生产商用计算机的公司，第 1 台作为商品售出的计算机是 1951 年生产的 UNIVAC 计算机，它开启了计算机工业的新时代。

3. 冯·诺依曼计算机

世界上的第 2 台计算机是冯·诺依曼设计并参与研制的 EDVAC 计算机（如图1-7所示），它是第 1 台"存储程序"式计算机。冯·诺依曼是 20 世纪最伟大的科

图 1-7　冯·诺依曼和 EDVAC

学家之一，他从小就对数学很感兴趣，并表现出极高的数学天赋。他6岁就能心算8位数乘除法，8岁学会了微积分，17岁就发表了第1篇数学论文。在23岁时，冯·诺依曼发表了群论定理的论文，并因此获得数学博士学位。1933年，他与爱因斯坦等一起被聘为美国普林斯顿大学的终身教授。冯·诺依曼参与了第1台计算机 ENIAC 中后期的研制工作，通过对 ENIAC 设计结构的分析与总结，EDVAC 在 ENIAC 的基础上有了重大改进，具有以下特点：① 采用二进制数1、0直接模拟开关电路的通、断两种状态，用于表示计算机内的数据或计算机指令；② 把机器指令存储在计算机内部，计算机能依次执行指令；③ 硬件由运算器、控制器、存储器、输入设备和输出设备五大部件组成。

1946年6月，冯·诺依曼发表了《电子计算机装置逻辑结构初探》一文，这篇论文具有划时代的意义，标志着计算机时代的到来。文中广泛而具体地介绍了电子计算机制造和程序设计的新思想，明确规定计算机由计算器、逻辑控制装置、存储器、输入和输出设备五大部分组成，并阐述了这五部分的职能和相互关系。凡是以此概念构造的各类计算机都被称为冯·诺依曼计算机。

现在，虽然计算机系统在运算速度、工作方式、应用领域和性能指标等方面都与当时的计算机有了较大区别，但其基本结构仍然属于冯·诺依曼计算机结构。冯·诺依曼也因对计算机的卓越贡献而被称为"计算机之父"。

1.1.4　现代计算机发展史

构成计算机的物理元器件在不断地更新换代，从 ENIAC 诞生至今，计算机所采用的基本电子元器件已经经历了电子管、晶体管、中小规模集成电路、大规模和超大规模集成电路4个发展阶段。因此，根据构成计算机的物理元器件的不同将现代计算机的发展分为4个阶段。

1. 第1代计算机（1946—1958年）

第1代计算机又称为电子管计算机，这个阶段电子计算机主要使用电子管作为基本的逻辑元器件。计算机主要用来进行科学计算，用机器语言或汇编语言编写程序，没有操作系统，每秒运算速度仅为几千次，体积庞大，造价很高。主要特点如下。

① 采用电子管代替机械齿轮或电磁继电器作为开关元器件，但它仍很笨重，而且运行时会产生很多热量，既容易损坏，又给空调带来很大负担。

② 采用二进制代替十进制，即所有指令与数据都用"1"和"0"表示，分别对应电子器件的"接通"与"关断"。

③ 程序可以存储，这使通用计算机成为可能。但存储设备还比较落后，最初使用水银延迟线或静电存储管，容量很小。后来使用磁鼓、磁芯，有了一定的改进。磁鼓是利用表面涂有磁性材料的高速旋转的鼓轮和读写磁头配合起来进行信息存储的磁记录装置，1950年首次用于英国国家物理实验室 NPL 的 ACE 计算机上。

④ 输入/输出装置主要用穿孔卡，速度很慢。

IBM 公司在1948年开发了 SSEC（选择顺序电子计算机），1951年10月聘请冯·诺依曼担任公司顾问，他向公司领导及技术人员反复介绍了计算机的广泛应用及其意义，提出了一系列有充分科学依据的重要建议。

1952年，IBM 公司生产的第1台用于科学计算的大型机 IBM 701 问世；1953年，

IBM 公司又推出了第 1 台用于数据处理的大型机 IBM 702 和小型机 IBM 650。1953 年 4 月，IBM 公司在纽约举行盛大招待会，向社会发布它的新产品，著名原子核科学家奥本海默致开幕词。会上展示了 IBM 701，其字长为 36 位，使用了 4000 个电子管和 12000 个锗晶体二极管，运算速度为每秒 2 万次。它采用静电存储管作为主存，容量为 2048 字，并用磁鼓作为辅存。此外，IBM 701 还配备了齐全的外设，如卡片输入 / 输出机、打印机等。这就使第 1 代商品计算机有了完整的系统。

　　1954 年 IBM 又推出了 701 与 702 的后续产品 704 与 705。1956 年推出了第 1 台随机存储系统 RAMAC 305，RAMAC 是 Random Access Method for Accounting and Control（计算与控制随机访问方法）的缩写，它是现代磁盘系统的先驱。RAMAC 由 50 个磁盘组成，存储容量为 5MB，随机存取文件的时间小于 1s。

　　20 世纪 50 年代存储技术的重大革新是出现了磁芯存储器，它由美国麻省理工学院（MIT）研制成功。1944 年，福雷斯特开始启动"旋风"计划，起初是研制一台模拟计算机，后来修改为研制数字计算机。1953 年，它成为第 1 台使用磁芯的计算机。磁芯是用铁氧体磁性材料制成的小环，外径小于 1mm，所以磁芯只有小米粒那么大。该材料有矩形磁滞回线，当磁电流方向不同（+I，−I）时会产生两种剩磁状态，它们正好对应二进制的两个不同的状态，因此，一个磁芯可存储一个二进制数（1，0）。如果一个存储器有 4K 字，每字为 48 位，那就需要 4096×48=196608 颗磁芯。如此大量的磁芯要细心地组装在若干个平面网形结构的磁芯板上。磁芯很快就用在了 UNIVAC-Ⅱ上，并成为 20 世纪 50 年代和 20 世纪 60 年代存储器的工业标准。

　　2. 第 2 代计算机（1959—1964 年）

　　第 2 代计算机又称为晶体管计算机，晶体管是 1948 年由美国贝尔电话实验室的三位物理学家巴丁（J.Bardeen）、布拉坦（W.Brattain）、肖克莱（W.Shockley）发明的。晶体管体积小、重量轻、发热少、耗电省、速度快、功能强、价格低、寿命长。用它作开关元器件使计算机性能发生了飞跃。主要特点如下。

　　① 把磁芯存储器作为主存，并且采用磁盘与磁带作辅存。存储容量增大，可靠性提高，为系统软件的发展创造了条件，出现了操作系统（Operating System）。

　　② 现代计算机体系结构的许多意义深远的特性相继出现。例如，变址寄存器、浮点数据表示、间接寻址、中断、I/O 处理机等。

　　③ 应用范围进一步扩大。除了以批处理方式进行科学计算，其开始进入实时的过程控制和数据处理阶段。批处理的目的是使 CPU 尽可能地繁忙，使昂贵的处理资源得到充分利用。输入 / 输出设备也在不断改进，采用脱机（Off-Line）方式工作，以免浪费 CPU 的宝贵时间。

　　1954 年，贝尔实验室制成了第 1 台晶体管计算机 TRADIC（如图 1-8 所示），它使用了 800 个晶体管。1955 年，全晶体管计算机 UNIVAC-Ⅱ问世。

　　第 2 代计算机的主流产品是 IBM 7000 系列。1958 年，IBM 推出大型科学计算机 IBM 7090，实现了晶体管化。IBM 7000 采用了存取周期为 2.18μs 的磁芯存储器，每台容量为 1MB 的磁鼓，28MB 的固定磁盘，并配置了 FORTRAN 等高级语言。1960 年，晶体管化的 IBM 7000 系列全部代替了电子管的 IBM 700 系列，如 IBM 7094-I 大型科学计算机、IBM 7040、IBM 7044 大型数据处理机。IBM 7094-I 的主频比 IBM 7090 高，增加了双精

图 1-8　晶体管计算机 TRADIC

度运算指令和变址寄存器个数，并采用了交叉存取技术。1963 年又推出 IBM 7094-Ⅱ型计算机。

1960 年，美国贝思勒荷姆钢厂成为第 1 家利用计算机进行订货处理、库存管理、实时生产过程控制的公司。1963 年，俄克拉荷马日报成为第 1 份利用计算机编辑排版的报纸。1964 年，美国航空公司建立了第 1 个实时订票系统，计算机应用的革命开始展开。

3．第 3 代计算机（1965—1970 年）

第 3 代计算机又称为中小规模集成电路计算机，这个阶段计算机的主要特点如下。

① 用集成电路（IC）取代了晶体管。IC 的体积更小，耗电更省，功能更强，寿命更长。

② 用半导体存储器淘汰了磁芯存储器。存储器集成化，它与处理器具有良好的相容性。存储容量大幅度提高，为建立存储体系与存储管理创造了条件。

③ 为了满足中小企业与机构日益增多的计算机应用需求，在第 3 代计算机期间，出现了第 1 代小型计算机。

第 3 代计算机的主流产品是 IBM 360。1964 年 4 月 7 日，IBM 公布了 IBM 360 系统，这成为计算机发展史上的一个重要里程碑。

在此期间，许多小公司也在开发计算机，其中，成功地开拓了小型机市场的是数据设备公司（DEC）。DEC 于 1959 年展示了它的第 1 台计算机 PDP-1；于 1963 年生产了 PDP-5；于 1965 年生产了 PDP-8，成为商用小型机的成功版本，它是 16 位字长的机器，结构简单，售价低廉。进入 20 世纪 70 年代后，该公司又陆续开发了 PDP-11 系列、VAX-11 系列等 32 位小型机，使 DEC 成为小型机霸主。

4．第 4 代计算机（1971 年至今）

1971 年至今的计算机都称为第 4 代计算机，又称为大规模和超大规模集成电路计算机，主要特点如下。

① 用微处理器（Microprocessor）或超大规模集成电路（VISI）取代普遍集成电路。

② 从计算机系统本身来看，第 4 代计算机只是第 3 代计算机的扩展与延伸。在这期间存储容量进一步扩大，输入采用了 OCR 与条形码，输出采用了激光打印机，存储设备引进了光盘，新的编程语言 PASCAL、ADA 开始使用。

③ 微型计算机（Microcomputer），如图 1-9 所示，它的出现触发了计算技术由集中化向分散化转变。许多大型机的技术进入微机领域，出现了工作站、微主机、大微机、超级小型机等。在微机领域出现了 RISC 与 CISC、MCA 与 EISA、LAN 与 Mini、SAA 与 NAS 等的竞争，计算机世界出现一派生机勃勃的景象。

④ 数据通信、计算机网络、分布式处理有了很大的发

图 1-9　微型计算机

展。计算机技术与通信技术相结合的计算机网络技术改变了世界。局域网（LAN）、广域网（WAN）和因特网（Internet）正把世界各地越来越紧密地联系在一起。

⑤ 由于特殊应用领域的需求，并行处理与多处理领域正积累着重要的经验，为未来的技术突破创造着条件。例如，图像处理领域、人工智能与机器人领域、函数编程领域、超级计算领域都是人们越来越感兴趣的领域。

Intel（英特尔）公司于 1968 年成立，1971 年第 1 代微处理器 4 位芯片 Intel 4004 问世，在 $4.2×3.2mm^2$ 的硅片上集成了 2250 个晶体管组成的电路。1972 年推出第 2 代微处理器 8 位芯片 Intel 8008，1974 年推出后续产品 Intel 8080。1975 年 Altair 公司利用这种芯片制成了微型计算机。

1977 年 IBM 公司推出 3030 系列，包括 3031、3032、3033 等型号。除继承了 IBM 370 体系结构与操作系统外，还大幅度提高了 MVS/SE（多虚拟与存储扩展的操作系统）的效率。

第 4 代计算机的主流产品是 IBM 1979 年推出的 4300 系列、3080 系列以及 1985 年推出的 3090 系列。它们都继承了 370 系统的体系结构，虚拟存储、数据库管理、网络管理、图像识别、语言处理等功能得到进一步的加强。

现在由于集成电路技术的发展和微处理器的出现，计算机发展速度非常快，这大大超出了人们的预料，计算机的性能不断提高，体积不断变小，功耗不断降低，价格越来越便宜，软件越来越丰富，使用越来越容易，应用领域越来越多。这些趋势不仅仍在继续，且节奏进一步加快，但主要电子元器件仍是超大或极大规模集成电路，因此，现代计算机仍旧称为第 4 代计算机。

1.1.5 计算机的发展方向

在过去的几十年间，计算机的发展始终遵循着"摩尔定律"，摩尔定律是由英特尔创始人之一戈登·摩尔提出的，即由于处理器的集成化程度不断提高，在 18 个月内集成电路上可容纳的元器件的数目增加一倍，处理器的速度提高一倍。集成电路的工作速度主要取决于组成逻辑门电路的晶体管尺寸，晶体管尺寸越小，其极限工作频率越高，门电路的开关速度就越快。芯片上电路元器件的线条越细，相同面积的晶片可容纳的晶体管就越多，功能就越强，速度也越快。提高集成度，关键在于缩小门电路面积。目前，集成电路的实验室工艺已达到 7nm，并且专家预测，在未来，集成电路技术还将继续遵循摩尔定律得到进一步的发展。尽管在短时间内，基于集成电路的计算机还不会退出历史舞台，但硅芯片技术的高速发展同时也意味着硅技术越来越接近物理极限，因此，世界各国的研究人员正在加快研究开发新型计算机，计算机从体系结构的变革到元器件与技术革命都要发生一次从量变到质变的飞跃。

未来的计算机将向超高速、超小型、平行处理、智能化的方向发展。超高速计算机将采用并行处理技术，使计算机系统同时执行多条指令或同时对多个数据进行处理，这是改进计算机结构、提高计算机运行速度的关键技术。这种高密度、高功能的集成技术使得计算机难以散热、冷却等技术问题日益突出。这是因为当元器件和电路的尺寸小到一定程度时，电子的波动性较为突出，单电子的位置变得难以确定，于是逻辑元器件保存其数值 0 或 1 的可靠性降低，单电子的量子行为（量子效应）将干扰它们的功能，使计算机无法正常工作。这种状况已发展成为阻碍半导体芯片进一步微型化的潜在物理限制因素。目前，计算机电路的超大规模集成化已使电路单元的尺寸接近了这一极限，在现有的计算机设计模式下，要想进一步缩小计算机的体积和提高运算速度已极为困难。而且，芯片尺寸每缩小到原来的一半，生产成本就要增加 5 倍。这些物理学及经济方面的制约因素将使现有芯片计算机的发展走向终结。因此，超导、量子、光子、生物和神经等一些全新概念的计算机应运而生。

1. 超导计算机

所谓超导，是指在接近热力学零度的温度下，电流在某些介质中传输时所受阻力为零的现象。1962 年，英国物理学家约瑟夫逊提出了"超导隧道效应"，即对超导体—绝缘体—超导体组成的元器件（约瑟夫逊元器件）两端加电压时，电子就会像通过隧道一样无阻挡地从绝缘介质中穿过，形成微小电流，而该元器件的两端电压为零。

与传统的半导体计算机相比，使用约瑟夫逊元器件的超导计算机的耗电量仅为其几千分之一，而执行一条指令的速度却会快上 100 倍。

2. 量子计算机

量子计算机是利用量子力学特有的物理现象（特别是量子干涉）来实现的一种具有全新信息处理方式的计算机，它利用一种链状分子聚合物的特性来表示开与关的状态，利用激光脉冲来改变分子的状态，使信息沿着聚合物移动，从而进行运算。

量子计算机主要由存储元器件和逻辑门构成，但它们又与现在计算机上使用的这类元器件不太一样。在现有计算机中，数据用二进制位存储，每位只能存储一个数据，非 0 即 1。而量子计算机中数据用量子位存储。由于量子的叠加效应，一个量子位可以是 0 或 1，也可以既存储 0 又存储 1。由于一个二进制位只能存储一个数据，而一个量子位可以存储 2 个数据，所以同样数量的存储位，量子计算机的存储量比电子计算机大很多。

量子计算机有四个优点：一是能够实行量子并行计算，加快解题速度；二是用量子位存储，大大提高存储能力；三是可以对任意物理系统进行高效率的模拟；四是能实现极小的发热量。它有两个缺点：一是受环境影响大；二是纠错较复杂。

3. 光子计算机

光子计算机，即全光数字计算机，以光子代替电子、光互联代替导线互联、光硬件代替电子硬件、光运算代替电运算。光子计算机的各级都能并行处理大量数据，其系统的互联数和每秒互联数，远远高于电子计算机，接近于人脑。

光子计算机的优点是，并行处理能力强，具有超高速运算速度；超高速电子计算机只能在低温下工作，而光子计算机在室温下即可开展工作；和电子计算机相比，光子计算机信息存储量大，抗干扰能力强。专家指出，光子计算机具有与人脑相似的容错性，系统中某一元器件损坏或出错时，并不影响最终的计算结果。

目前，世界上第 1 台光子计算机已由英国、法国、比利时、德国、意大利的 70 多名科学家研制成功，其运算速度比电子计算机快 1000 倍。科学家预计，光子计算机的进一步研制将成为 21 世纪高科技课题之一，21 世纪或将成为光子计算机时代。

4. 生物计算机

生物计算机的运算过程就是蛋白质分子与周围物理、化学介质相互作用的过程。计算机的转换开关由酶来充当，而程序则在酶合成系统本身和蛋白质的结构中极其明显地表示出来。生物计算机的信息存储量大，能模拟人脑思维。因此，有人预言，未来人类将获得智能的解放。

科学家正在利用蛋白质技术制造生物芯片，从而实现人脑和生物计算机的连接。随着微电子技术和蛋白质工程技术的相互渗透，生物计算机的时代即将到来。

在用蛋白质工程技术生产的生物芯片中，信息以波的形式沿着蛋白质分子链中单键、双键结构顺序的改变，从而传递信息。蛋白质分子比硅晶片上的电子元器件要小得多，彼此相距甚近，生物计算机完成一项运算，所需的时间仅为 10^{-11}s，比人的思维速度还快 100 万倍。由于生物芯片的原材料是蛋白质分子，所以生物计算机既有自我修复的功能，又有直接与生物活体相连的功能。

生物计算机登上 21 世纪的科技舞台，对未来世界将产生不可估量的深刻影响。

5. 神经计算机

神经计算机是模仿人的大脑的判断能力和适应能力，并具有可并行处理多种数据功能的神经网络计算机。它不仅可以判断对象的性质与状态，能采取相应的行动，而且它可同时并行处理实时变化的大量数据，并引出结论。以往的信息处理系统只能处理条理清晰、经络分明的数据，而人的大脑却具有处理支离破碎、含糊不清信息的灵活性，神经计算机将具有类似人脑的智慧和灵活性。

神经计算机的信息不是存在存储器中，而是存储在神经元之间的联络网中。若有节点断裂，计算机仍有重建资料的能力，它还具有联想记忆、视觉和声音识别能力。神经计算机将会被广泛应用于各个领域，它能识别文字、符号、图形、语言及声呐和雷达收到的信号，判读支票，对市场进行估计，分析新产品，进行医学诊断，控制智能机器人，实现汽车和飞行器的自动驾驶，能识别军事目标，进行智能决策和智能指挥等。

未来计算机技术将向超高速、超小型、并行处理、智能化的方向发展。21 世纪初期，已出现每秒 100 万亿次的超级计算机，超高速计算机将采用并行处理技术，使计算机系统同时执行多条指令或同时对多个数据实行处理，这是改进计算机结构、提高计算机运行速度的关键技术。计算机必将进入人工智能时代，它将具有感知、思考、判断、学习及一定的自然语言能力。随着新的元器件及其技术的发展，新型的超导计算机、量子计算机、光子计算机、生物计算机和神经计算机等将会在 21 世纪走进我们的生活，遍布各个领域。

1.1.6　计算机在中国的发展

1956 年 8 月 25 日，我国第 1 个计算技术研究机构——中国科学院计算技术研究所筹备委员会成立。这就是我国计算技术研究机构的摇篮。

1958 年，由张梓昌高级工程师领衔研制的中国第 1 台数字电子计算机 103 机（定点 32 二进制位，每秒 2500 次）交付使用。随后，由张效祥教授领衔研制的中国第 1 台大型数字电子计算机 104 机（浮点 40 二进制位，每秒 1 万次）在 1959 年也交付使用。在 104 机上，中国第 1 个自行设计的编译系统在 1961 年试验成功（FORTRAN 型）。这些都成为我国第 1 代计算机的标志。

1963 年，我国第 1 台大型晶体管计算机 109 机研制成功。1964 年，441B 全晶体管计算机也研制成功，标志着我国的计算机进入第 2 个发展阶段。

1965 年，中国自主研制的第 1 块集成电路在上海诞生，仅比美国晚了 5 年。1965 年，中国第 1 台百万次集成电路计算机 "DJS-Ⅱ" 型操作系统编制完成。

1973 年，北京大学与北京有线电厂等单位合作研制了运算速度为每秒 100 万次的大型通用计算机。1974 年，清华大学等单位联合设计，成功研制了 DJS-130 小型计算机，之后又推出了 DJS-140 小型计算机，形成了 100 系列产品。20 世纪 70 年代后期，原电子部 32 所和国防科学技术大学分别成功研制了 655 机和 151 机，速度都在每秒百万次级。

1983 年，国防科技大学成功研制了运算速度每秒上亿次的 "银河-I" 巨型机，这是我国高速计算机研制的一个重要里程碑。

1989 年 7 月，金山公司的 WPS Office 软件问世，它填补了我国计算机字处理软件的空白，并得到了极广泛的应用。

1991 年，新华社、科技日报社、经济日报社正式启用汉字激光照排系统。中国计算机科学家王选所领导的科研团队研制出的汉字激光照排系统为新闻、出版全过程的计算机化奠定了基础，被誉为 "汉字印刷术的第 2 次发明"。

1994 年，中关村地区教育与科研示范网络（NCFC）完成与 Internet 的全功能 IP 连接。从此，中国正式被国际上承认是接入 Internet 的国家。

1995 年，曙光公司又推出了国内第 1 台具有大规模并行处理机（MPP）结构的并行机曙光 1000（含 36 个处理机），峰值速度达每秒 25 亿次浮点运算，实际运算速度达到了每秒 10 亿次浮点运算。曙光 1000 与美国 Intel 公司在 1990 年推出的大规模并行机在体系结构、实现技术上相近，在计算机发展进度上与国外的差距缩小到了 5 年左右。

2000 年，曙光公司推出了每秒能进行 3000 亿次浮点运算的曙光 3000 超级服务器。

2001 年，中科院计算所成功研制我国第 1 款通用 CPU "龙芯" 芯片，结束了我国不生产 CPU 的 "空芯化" 历史。

2003 年，百万亿次数据处理超级服务器曙光 4000L 通过国家验收，再一次刷新国产超级服务器的历史纪录，使得国产高性能产业再上新台阶。

2005 年 8 月 11 日，阿里巴巴收购雅虎中国。阿里巴巴公司和雅虎公司同时宣布，阿里巴巴收购雅虎中国全部资产，同时得到雅虎 10 亿美元投资，用于打造中国最强大的互联网搜索平台。这是中国互联网史上最大的一起并购案。

2010 年 5 月，我国第 1 台具有自主知识产权的实测性能超千万亿次的 "星云" 超级计算机在曙光公司天津产业基地研制成功。5 月 31 日，"星云" 以 1271 万亿次 Linpack 值在第 35 届全球超级计算机五百强排名中位列第 2 名。6 月 1 日，"星云" 超级计算机系统正式发布。

2010 年 9 月，中国首台国产千万亿次超级计算机——"天河一号" 的 13 排计算机机柜全部安装到位，计划从 9 月开始进行系统调试与测试，并分步提交用户使用。

2011 年 10 月 27 日，国家超级计算济南中心在济南正式揭牌。济南中心装配的神威蓝光计算机系统，由国家并行计算机工程技术研究中心研制。系统采用万万亿次架构，全机装配 8704 片由国家高性能集成电路（上海）设计中心自主研发的 "申威 1600" 处理器，峰值性能达到 1.0706 千万亿次浮点运算/秒，持续性能为 0.796 千万亿次浮点运算/秒，运行效率达到 74.4%，性能功耗比超过 741 百万次浮点运算/秒·瓦，组装密度和性能功耗比处于世界先进水平，系统综合水平处于当今世界先进行列。目前，中国已经建成天津、深圳、济南三个千万亿次超级计算中心。

2013 年 6 月 17 日，中国国防科学技术大学研制的"天河二号"以每秒 3.39 亿亿次的浮点运算速度成为当时全球运行最快的超级计算机。

2019 年，我国超级计算机"神威太湖之光"和"天河二号"与美国的"顶点"和"山脊"位列 2019 年下半年全球超级计算机 500 强榜单前 4 名，中国超级计算机上榜数量连续 5 次位列世界第 1 位。

1.1.7　计算机软件的发展

计算机软件是指在计算机硬件设备上运行的程序及相关的文档资料和数据。软件的发展既受到计算机硬件发展的推动和制约，又对计算机硬件的发展产生推动作用。

1. 第 1 代软件（1946—1953 年）

软件最初在纸带上以打孔的形式表示"0""1"代码。那时的编程人员直接用非专业人士不可辨识的机器语言给计算机写程序。第 1 代软件处于机器语言时代，机器语言是内置在计算机电路中的指令，由 0 和 1 组成，例如，10110000 00000001 00000100 00000010 10100010 01010000。软件开发人员必须记住每条机器语言指令的二进制数字组合，因此，只有少数专业人员能够为计算机编写程序，这大大限制了计算机的推广和使用。而且用机器语言进行程序设计不仅枯燥费时，还容易出错。

在这个时代的末期出现了汇编语言，它用助记符（一种辅助记忆方法，采用字母的缩写来表示指令）来表示每条机器语言指令，如 ADD 表示加，SUB 表示减，MOV 表示移动数据。和机器语言相比，用汇编语言编写程序就容易多了，例如，MOV AL，1；ADD AL，2。

由于程序最终在计算机上执行时采用的都是机器语言，所以需要用一种称为汇编器的翻译程序，把用汇编语言编写的程序翻译成机器代码。编写汇编器的程序员简化了他人的程序设计，这就是最初的系统程序员。

2. 第 2 代软件（1954—1964 年）

硬件的发展需要更强大的软件工具使计算机得到更有效的使用。汇编语言使程序员不再需要记住一串串的二进制数字，但程序员还是必须记住很多汇编指令。第 2 代软件开始使用高级语言，高级语言的指令形式类似于自然语言和数学语言，不仅容易学习，方便编程，还提高了程序的可读性。IBM 公司从 1954 年开始研制高级语言，同年发明了第 1 个用于科学与工程计算的 FORTRAN 语言。1958 年，麻省理工学院的麦卡锡发明了第 1 个用于人工智能的 LISP 语言。1959 年，宾州大学的霍普发明了第 1 个用于商业应用程序设计的 COBOL 语言。1964 年达特茅斯学院的凯梅尼和卡茨发明了 BASIC 语言。

由于高级语言程序需要转换为机器语言程序来执行，因此，高级语言对软件和硬件资源的消耗就更多，运行效率也较低。由于汇编语言和机器语言可以利用计算机的所有硬件特性并直接控制硬件，同时，汇编语言和机器语言的运行效率较高，因此，在实时控制、实时检测等领域的许多应用程序仍使用汇编语言和机器语言来编写。

3. 第 3 代软件（1965—1970 年）

在这个时期，集成电路取代了晶体管，处理器的运算速度得到了大幅度的提高，处理器的速度和存储设备的速度不匹配。因此，需要编写一种程序，使所有计算机资源处于计算机的控制中，这种程序就是操作系统。20 世纪 60 年代以来，计算机用于管理的数据规模更为庞大，应用范围也更为广泛。同时，多种应用、多种语言互相覆盖地共享数据集合的需求越来越强烈。为满足多用户、多应用共享数据的需求，使数据为尽可能多的应用程序服务，数据库管理系统（DBMS）出现了。

20 世纪 60 年代中期，计算机的应用范围迅速扩大，软件系统的规模迅速扩张，软件数量迅速膨胀，在计算机软件的开发和维护过程中出现了一系列严重问题，软件危机开始爆发。原来的个人设计、个人使用的方式不再能满足要求，迫切需要改变软件生产方式，提高软件生产率。1968 年，北大西洋公约组织计算机科学家在联邦德国召开国际会议，讨论软件危机问题，正式提出并使用了"软件工程"这个名词。从此，各种结构化程序设计理念逐渐确立起来。

4. 第 4 代软件（1971—1989 年）

20 世纪 80 年代，随着微电子和数字化声像技术的发展，计算机应用程序中开始使用图像、声音等多媒体信息，出现了多媒体计算机。多媒体技术的发展使计算机的应用进入了一个新阶段。

20 世纪 70 年代出现的 Pascal 语言和 Modula-2 语言都是采用结构化程序设计规则制定的，BASIC 这种为第 3 代计算机设计的语言也被升级为具有结构化的版本，此外，还出现了灵活且功能强大的 C 语言。这个时期出现了微型计算机操作系统以及多用途的应用程序，这些应用程序面向没有任何计算机经验的用户，特别是 Macintosh 机的操作系统引入了鼠标的概念和单击式的图形界面，彻底改变了人机交互的方式。

5. 第 5 代软件（1990 年至今）

第 5 代软件以 Microsoft 公司的崛起开始。随着万维网（World Wide Web）的普及以及面向对象和面向组件的程序设计方法的出现，计算机软件不再神秘，使得一般人都可以轻松使用计算机，并且成为计算机用户。

20 世纪 90 年代，面向对象的程序设计逐步代替了结构化程序设计，成为目前最流行的程序设计技术。面向对象程序设计尤其适用于规模较大、具有高度交互性、反映现实世界中动态内容的应用程序。Java、C++、C# 等都是面向对象程序设计语言。

6. 计算机软件的未来

现在的计算机是由冯·诺依曼提出的计算机基本结构发展而来的。因此，软件从开始到现在一直都包含着人的因素，有很多变动的东西，不可能像理想的物质生产过程，基于物理学等的原理来做。早期的软件开发仅考虑人的因素，传统的软件工程强调物性的规律，而现代软件工程最根本的就是人和物的关系，就是人和机器（工具、自动化）在不同层次的不断循环发展的关系。随着智能电子计算机时代的来临，软件开始具备学习和推理的能力，计算机已经能够理解自然语言、声音、文字和图像，并且能够进行思维、联想、推理、得出结论。为了快速开发应用程序，程序设计已进入到基于组件的软件系统开发阶段，Python 语言就是典型的代表。它拥有丰富的扩展库，开发者可以轻易完成各种高级任务，轻松实现完整应用程序所需的各种高级功能。

1.2　计算机的特点和应用

1.2.1　计算机的特点

计算机的特点主要有以下几个方面。

1. 运算速度快

目前计算机系统的运算速度可达百万亿次 / 秒甚至千万亿次 / 秒。随着计算机技术的发展，计算机的运算速度还在不断提高。当前，世界上运算速度最快的当数中国国防科技大学研制的"天河二号"超级计算机，峰值计算速度可达每秒 5.49 亿亿次，持续计算速度为每秒 3.39 亿亿次。正是因为运算速度快，使得天气预报、卫星轨道计算、大地测量的高阶线性代数方程的求解，导弹和其他飞行体运行参数的计算等大量复杂的科学计算问题能够得到解决。

2. 运算精度高，数据准确度高

计算机采用二进制数进行计算，其计算精度随着设备精度的增加而提高，再加上先进的算法，可以达到很高的精确度。如圆周率 π 的计算，在瞬间就能精确计算到小数点后 200 万位以上。

3. 存储容量大，存取速度快

计算机的存储器可以存储大量的程序和数据。随着技术的进步，存储器容量会越来越大，存取速度也会越来越快。如今，计算机所能存储的信息也由早期的文字、数据、程序发展到如今的图形、图像、声音、动画、视频等数据。

4. 逻辑判断能力强

计算机不仅能进行算术运算，还能进行各种逻辑运算。计算机在执行程序时能够根据各种条件来判断和分析，并根据分析结果自动确定下一步该做什么。将计算机的存储功能、算术运算和逻辑判断功能相结合，可模仿人类的某些智能活动。因此，未来人们生活中各种各样的机器人都离不开计算机。

5. 自动化程度高

计算机具有存储和逻辑判断的能力，因此只要把特定功能的处理程序输入计算机，计算机就会在程序的控制下自动完成指定的工作。当然，必要时也可以对计算机的工作进行干预，计算机能及时进行响应，实现与人的交互。

1.2.2　计算机的应用

计算机的应用已渗透到人类社会生活的各个领域。从航天飞行到海洋开发，从产品设计到生产过程控制，从天气预报到地质勘探，从疾病诊治到生物工程，从自动售票到情报检索等，都应用了计算机。随着计算机的迅猛发展和日益普及，计算机将与每个人的生活产生密切的联系。归纳起来，计算机的应用主要有以下几个方面。

1. 数值计算

数值计算，也称为科学计算，是指计算机用于完成科学研究和工程技术中提出的数学问题的计算。计算机作为一种计算工具，数值计算是它最早的应用领域。在数学、物理、化学、天文等众多学科的科学研究中，在水坝建造、桥梁设计、飞机制造等大量工程技术应用中，经常会遇到许多数值计算问题。这些问题中，有的因计算量极大或计算过程极其复杂（如求解成千上万个未知数的方程组、求解复杂的微分方程等）等因素，用一般的计算工具无法很好解决，但现在则可以使用计算机解决。

2. 信息处理

信息处理是指计算机对信息及时记录、整理、统计、加工成需要的形式。当今世界已从工业社会进入信息社会，人们必须及时搜集、分析、处理大量信息，这是信息社会的特征之一。计算机具有高速度运算、海量存储及逻辑判断的能力，这使它成为信息处理的有力工具，被广泛应用于数据处理、企业管理、事务处理、情报检索及办公自动化等信息处理领域。目前，信息处理已成为计算机应用的一个主要方面，约占全部应用的80%。

3. 实时控制

实时控制，也称为过程控制，是指用计算机及时采集检测数据，按最佳值迅速对控制对象进行自动控制或自动调节。

利用计算机进行过程控制，不仅能大大提高控制的自动化水平，而且可以大大提高控制的及时性和准确性，从而达到改善劳动条件、提高质量、节约能源、降低成本的目的。计算机过程控制已在冶金、石油、化工、水电、纺织、机械、军事、航天等许多领域得到广泛的应用。

4. 计算机辅助设计

计算机辅助设计（Computer Aided Design，CAD）是利用计算机的计算、逻辑判断等功能，帮助人们进行产品设计和工程技术设计的过程，它能使设计过程趋向自动化，大大缩短设计周期，节省人力、物力，降低成本，提高设计质量。目前，采用计算机辅助设计的范围很广，如飞机、船舶、汽车、房屋、桥梁、服装、集成电路等。

计算机辅助制造（Computer Aided Manufacturing，CAM）是利用计算机进行生产设备的管理、控制和操作的过程。

计算机辅助测试（Computer Aided Testing，CAT）是利用计算机辅助进行产品测试的过程。

目前又出现了计算机集成制造系统（Computer Integrated Manufacture System，CIMS），它利用计算机软硬件、网络、数据库等现代高新技术，将企业的经营、管理、计划、产品设计、加工制造、销售及服务等环节的人力、财力、设备等生产要素集成起来，使之一方面能够实现自动化的高效率、高质量，另一方面又具有充分的灵活性，便于经营、管理及工程技术人员发挥智能，根据不断变化的市场需求及企业经营环境，及时地调整企业的产品结构及各种生产要素的配置方法，实现全局优化，从而提高企业的整体素质和竞争能力。

5. 人工智能

人工智能（Artificial Intelligence，AI）是指利用计算机模拟人类的智能活动来进行判断、理解、学习、图像识别、问题求解等。它涉及计算机科学、控制论、信息论、仿生学、神经生理学和心理学等诸多学科。

人工智能的研制已取得不少成果，有的已走向应用。例如，无人驾驶汽车、无人驾驶飞机、能模拟高水平医学专家进行疾病诊疗的专家系统、具有一定"思维能力"的智能机器人等。

6. 办公自动化

办公自动化系统是以支持办公自动化为目的的一个信息系统，如日程管理、电子邮件、电子会议、文档管理、统计报表等，并能辅助管理和决策。

7. 通信与网络

随着信息化社会的发展，通信业也发展迅速，由于计算机网络的迅速发展，计算机在通信领域的作用越来越大。目前遍布全球的因特网已把全球大多数国家联系在一起，加之现在适合不同程度、不同专业的教学辅助软件不断涌现，利用计算机辅助教学（Computer Assisted Instruction，CAI）系统和计算机网络在家学习代替去学校学习这种传统教学方式已经在许多国家变成现实，如许多大学开设了网络远程教育等。

8. 电子商务

从宏观角度说，电子商务是计算机网络的又一次革命，旨在通过电子手段建立一种新的经济秩序，它不仅涉及电子技术和商业交易本身，而且涉及如金融、税务、教育等社会其他层面。从微观角度说，电子商务是指各种具有商业活动能力的实体（生产企业、商贸企业、金融机构、政府机构、个人消费者等）利用网络和先进的数字化传媒技术进行的各项商业贸易活动。这里要强调两点：一是活动要有商业背景，二是网络化和数字化。

9. 计算机进入家庭

如今，计算机越来越普及，价格不断下降，进入了千家万户，使家庭生活发生了很大的变化。计算机进入家庭后，种类繁多的计算机游戏可以丰富娱乐方式；家庭计算机也可以连入网络，人们可以通过收发电子邮件进行通信；家庭教学软件可以使青少年的学习没有时间限制，并能根据实际情况灵活学习；计算机具有很强的文字处理功能，各种性能优越的办公软件也不断涌现，使得在家中也能办公；计算机可以进行家庭的财务管理和其他信息管理。

10. 虚拟现实

虚拟现实（Virtual Reality，VR）是指利用计算机模拟产生一个三维空间的虚拟世界，提供用户关于视觉、听觉、触觉等感官的模拟，让用户身临其境，可以及时、没有限制地观察三维空间内的事物。

虚拟现实是一项综合集成技术，集成了计算机图形技术、计算机仿真技术、人工智能技术、传感技术、显示技术、网络并行处理技术等的最新发展成果，是一种由计算机技术辅助生成的模拟系统。虚拟现实用计算机生成逼真的三维视、听、嗅觉等感觉，使参与者通过一些装置，自然地与虚拟世界进行交互。用户进行位置移动时，计算机可以立即进行复杂的运算，将精确的三维世界影像传回，给人以临场感。虚拟现实在城市规划、医学、娱乐、艺术、教育、军事、航天、室内设计、房产开发、工业仿真、道路桥梁、地质探测等方面得到了广泛应用。

总之，现代科学技术的发展，几乎使计算机的应用渗透到日常生活的各个领域。

1.2.3　大数据、云计算和物联网

大数据、云计算和物联网是当前信息技术领域的三个热点。在一个信息系统中，大数

据代表了因特网的信息层，是因特网智慧和意识产生的基础。云计算是服务器端的计算模式，实施信息系统的数据处理功能，处于系统的后台。物联网对应了因特网的感知，是大数据的来源。

1. 大数据

大数据（Big Data），或称巨量数据、海量数据，是由数量巨大、结构复杂、类型众多的数据构成的数据集合，是基于云计算的数据处理与应用模式，通过数据的集成共享，交叉复用形成的智力资源和知识服务能力。大数据的 4 个特点：Volume（大量）、Velocity（高速）、Variety（多样）、Veracity（真实）。大数据技术的意义不在于掌握庞大的数据信息，而在于对这些含有意义的数据进行专业化处理，在于提高对数据的"加工能力"，通过"加工"实现数据的"增值"。与之相关的数据仓库、数据安全、数据分析、数据挖掘等技术将带来巨大的商业价值。

2. 云计算

云计算是分布式计算、网格计算、并行计算、网络存储及虚拟化等计算机和网络技术发展融合的产物。云计算是能够方便访问基于网络的、可配置的共享计算资源池（包括网络、服务器、存储、应用和其他服务等）的一种模式。云计算有 5 个特点：按需自助服务、网络访问、划分独立资源池、快速弹性、服务可计量。云计算的 4 种部署方式分别为私有云、社区云、公有云和混合云。私有云是指云基础设施单独在一个组织内部运营，由组织或第三方服务商来进行管理；社区云是指云基础设施服务于多个组织，考虑本社区的任务、安全需求、策略与反馈等，由组织或第三方服务商来进行管理；公有云是指云基础设施运行在因特网上为公众提供服务，并由一个组织来完成商业运作；混合云是指云基础设施由多种云（私有云、社区云或公有云）组成，彼此之间通过标准化或专门的技术绑在一起，能够更便利地使用数据和应用。

3. 物联网

物联网（Internet of Things）是信息技术在各行各业中的实际应用，它把所有物品用射频识别（Radio-Frequency IDentification，RFID）、红外感应器、全球定位系统、激光扫描器等信息传感设备与因特网连接起来，进行信息交换和通信，实现物品的智能化识别、定位、跟踪、监控和管理。物联网的技术体系架构分为感知层、网络层、平台层和应用层。

1.2.4 新媒体技术与应用

新媒体是针对传统媒体提出的一个新名词，是指以数字信息技术为基础、以互动传播为特点、具有创新形态的媒体。新媒体与传统媒体最大的区别，就是"互动"，有互动和反馈，让信息变得更加灵敏，传播更加迅速。新媒体是新技术的产物，数字化、多媒体、网络等最新技术均是新媒体出现的必备条件。因特网的诞生，促使媒介传播的形态逐渐发生翻天覆地的变化，如微信、抖音等，都是将传统媒体的传播内容移植到了全新的传播空间。因此，新媒体是在数字技术和网络技术的基础上产生的媒介形态。计算机信息处理技术是新媒体的基础平台，因特网、卫星网络、移动通信等是新媒体的运作平台，它们通过有线或无线的方式进行信息的传播。

1．新媒体技术的主要特点

（1）信息传播正逐步由传统的语音通信方式过渡到数据通信方式。

（2）信息传播具有极强的时效性、全地域性，信息可以随时随地进行传播。

（3）信息传播不再只是机构、媒体单位的事情，不再只是一对多的传播，每一位用户都可以参与其中，谁都可以是信息的发布者。

（4）信息传播速度比旧媒体快，在事件发生的同时就能够进行传播。

（5）信息传播的丰富性，信息不再只是文字或图片，还附有音频、视频等多媒体。

（6）信息传播的互动性，每一位用户都有机会参与，并且可以发表评论。

（7）信息传播的多样性，每一位用户都可以选择很多主题进行讨论，另一方面也说明了新媒体使新闻多元化。

2．新媒体平台分类

随着新媒体技术的不断发展，新媒体平台如雨后春笋般层出不穷，按照运营的方式来分类，主要可以分为以下 5 类平台。

（1）社交平台：QQ、微信、微博等。

（2）自媒体平台：头条号、大鱼号、企鹅号、百家号、时间号、网易号、东方号等。

（3）直播平台：抖音、虎牙、快手、熊猫等。

（4）其他平台：博客、知乎、豆瓣、简书、百度知道、百度百科、百度文库、百度经验等。

（5）其他网站或者素材网：社交网、千图网等。

3．常见的新媒体平台

（1）微博平台。

微博平台是一种通过关注机制获取、分享并传播简短实时信息的广播式的社交媒体、网络平台，允许用户通过 Web、Wap、Mail、App、IM、SMS 以及 PC、手机等多种移动终端接入，以文字、图片、视频等多媒体形式，实现信息的即时分享、传播互动。其主要特点有原创性、便捷性、传播性。

微博使每一位用户既可以作为观众，又可以作为发布者。在微博上发布的内容一般较短，发布字数有限制，微博也由此得名。用户也可以发布图片、分享视频等。微博开通的多种 API 使得用户可以通过手机、网络等来即时更新自己的个人信息。微博的即时通信功能非常强大，只要有网络，用户就可以用手机即时更新自己的内容。发生一些大的突发事件或引起全球关注的大事时，如果有微博用户在场，利用各种手段在微博上发表出来，其实时性、现场感以及快捷性会超过所有传统媒体。在微博平台上，信息获取具有很强的自主性、选择性，用户可以根据自己的兴趣爱好，依据其他用户发布内容的类别与质量，来选择是否"关注"他，并可以对所有"关注"的用户群进行分类；微博宣传的影响力具有很大的弹性，与内容质量高度相关，还和用户现有的被"关注"的数量相关。用户发布信息的吸引力、新闻性越强，对该用户感兴趣、关注该用户的人数也越多，影响力就越大。

（2）微信平台。

微信平台是腾讯公司于 2011 年 1 月 21 日推出的一个为智能终端提供即时通信服务的免费应用程序，由张小龙带领的腾讯广州研发中心产品团队打造。微信支持通过网络跨通信运营商、跨操作系统平台快速发送免费语音短信、视频、图片和文字，同时，也可以使用共享流媒体内容的资料和"摇一摇""朋友圈""公众平台""语音记事本"等服务插件。

微信的基本功能是聊天功能，支持发送语音、视频、图片（包括表情）和文字，支持多人群聊。微信具有实时对讲功能，用户可以通过语音聊天室和一群人语音对讲，但与在群里发语音不同的是，这个聊天室的消息几乎是实时的，并且不会留下任何记录，在手机屏幕关闭的情况下仍可进行实时聊天。微信提供二次开发的小程序功能，可以在微信上开发具有简单业务功能的小程序供用户使用。微信还在客户端集成了支付功能，用户可以通过手机快速完成支付。微信支付以绑定银行卡的快捷支付为基础向用户提供安全、快捷、高效的支付服务。

微信还提供了公众号功能，微信公众号平台主要有实时交流、消息发送和素材管理三大功能。用户可以对公众号账户的粉丝进行分组管理并与其进行实时交流，同时也可以使用高级功能——编辑模式和开发模式对用户信息进行自动回复。当微信公众号平台关注数达到一定数量时，就可以申请认证。用户可以通过查找公众号平台账户或者扫一扫二维码关注公众号平台。微信还开放了部分高级接口和开放者问答系统。高级接口权限包括：语音识别、客服接口、OAuth2.0 网页授权、生成带参数二维码、获取用户地理位置、获取用户基本信息、获取关注者列表、用户分组接口。

（3）抖音平台。

抖音是由今日头条孵化的一款音乐创意短视频社交软件，是一个面向全年龄段的音乐短视频社区平台。用户可以通过这款软件选择歌曲，拍摄音乐短视频，形成自己的作品。抖音还会根据用户的爱好，来推送用户喜爱的视频。

用户可以通过抖音分享自己的生活，同时也可以在这里认识更多朋友，了解各种奇闻趣事。它与小咖秀类似，但不同的是，抖音用户可以通过视频编辑、特效等技术让视频更具创造性。抖音平台年轻用户居多，配乐以电音、舞曲为主，视频分为舞蹈派和创意派，它们共同的特点是很有节奏感。

4. 新媒体与传统媒体的融合

新媒体技术的不断发展导致其势头不可抵挡，但新媒体也有不足，由于管理机制的高速高效性、全时空范围、平台的开放性，导致其公信力与权威性较低。对于网络上的报道，人们总是要在传统媒体上求证后才肯相信。因此，传统媒体并不会退出历史舞台，被新媒体完全取代。新媒体与传统媒体在内容与传播手段上进行融合是今后发展的趋势。要真正实现融合发展，必须在移动互联技术、大数据、人工智能等新技术领域取得突破，这样才能增强内容的互动性、体验性和可分享性。要通过应用新技术，不断推出新媒体产品形态。目前，微视频、微动漫、音频录播、视频直播、视频录播、VR/AR 等新技术形态，已经成为公众喜爱的新媒体形式。

1.3 计算机系统组成

计算机系统由硬件系统和软件系统两部分组成。硬件是有形的物理设备，它们都是看得见摸得着的，是计算机系统的物质基础。常见的计算机机箱、键盘、鼠标、显示器等都是计算机的硬件设备。计算机软件系统是指为运行、维护、管理、应用计算机所编制的所有程序及文档的总和，它是在硬件系统的基础上，为有效地使用计算机而配置的，因此，软件系统可称为计算机系统的灵魂。一个完整的计算机系统如图 1-10 所示。

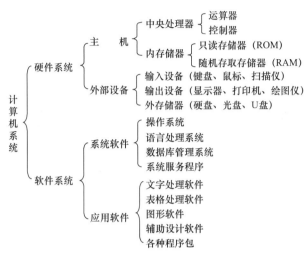

图 1-10 计算机系统

计算机硬件和软件关系密切。没有硬件，软件无法运行，毫无用武之地，就像"巧妇难为无米之炊"。只有硬件而没有软件的计算机称为"裸机"，裸机只是一个机器，没有任何功能，因此也可以理解为计算机是"吃软不吃硬"的。

1.3.1 硬件系统

计算机的硬件系统主要由运算器、控制器、存储器、输入设备和输出设备 5 大基本部分组成，如图 1-11 所示。

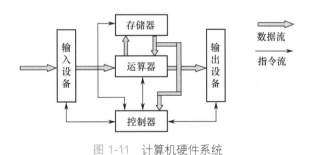

图 1-11 计算机硬件系统

1. 运算器

运算器又称为算术逻辑单元（Arithmetic and Logic Unit，ALU），其主要功能是进行算术运算和逻辑运算。算术运算和逻辑运算都是基本运算，复杂的计算都是通过基本运算一步一步实现的。运算器的运算速度惊人，因此计算机才有高速的信息处理能力。

运算器由算术逻辑单元、累加器、状态寄存器、通用寄存器组等组成。算术逻辑单元的基本功能为加、减、乘、除四则运算，与、或、非、异或等逻辑运算，以及移位、求补等运算。在运算过程中，运算器不断得到由内存提供的数据，运算后又把结果送回内存。整个运算过程是在控制器的统一指挥下进行的。

2．控制器

控制器（Control Unit，CU）是指挥计算机的各个部件按照指令的功能要求协调工作的部件，是计算机的指挥中心和神经枢纽。控制器主要由程序计数器（PC）、指令寄存器（IR）、指令译码器（ID）、时序控制电路和微操作控制电路组成。在系统运行过程中，由控制器依次从内存中取指令、分析指令、向计算机的各个部件发出微操作控制信号，指挥各部件有条不紊地协调工作。

中央处理器（CPU）由运算器和控制器组成，是计算机中最重要的部件。CPU 是由超大规模集成电路制成的芯片，只能直接访问存储在内存中的数据，根据存储器中的程序逐条执行程序所指定的操作。各个时代的不同需求促使 CPU 微架构调整。每个阶段物理元器件的升级都帮助 CPU 甚至是计算机整体的性能提升到一个全新的高度，而每个阶段都有经典的 CPU 问世，从 X86 时代的 CPU 发展到奔腾时代的 CPU，最后发展到现在酷睿多核时代的 CPU。

3．存储器

存储器的主要功能是存放程序和数据。不管是程序还是数据，在存储器中都是以二进制形式表示的。

计算机的最小信息单位称为位（bit），即一个二进制代码。

通常，CPU 向存储器送入或从存储器取出信息时，不能存取单个的"位"，而是以字节（Byte）和字（Word）等较大的信息单位来进行存取。一个字节由 8 位二进制位组成，而一个字则至少由一个以上的字节组成。因此，字节是计算机的最基本信息单位。字节向上分别为 KB、MB、GB、TB、PB、EB、ZB、YB、BB、NB、DB，每级为前一级的 1024 倍，如 1KB=1024B，1MB=1024KB。

存储器中把保存一个字节的 8 位二进制数称为一个存储单元，存储器是由许多存储单元组成的，每个存储单元对应一个编号，用二进制编码表示，称为存储器地址。向存储器中存数或者从存储器中取数，都要根据给定的地址找到相应的存储单元，存储单元的地址只有一个，固定不变，而存储在存储单元中的信息是可以改变的，如图 1-12 所示。

存储器地址	存储单元
00000008H	
00000009H	38H
0000000AH	32H
0000000BH	31H
0000000CH	39H
0000000DH	

图 1-12　存储器地址与存储单元

存储器通常分为内存储器和外存储器。

（1）内存储器。

内存储器，又称为主存储器（简称内存或主存），用来存放正在执行的程序和数据，可以与 CPU 直接交换信息。内存储器由许多存储单元组成，每个存储单元可以存放一定数量的二进制数据，各个存储单元按一定顺序编号，称为存储器的地址。当计算机要存取数据时，首先要提供存储单元的地址，然后才能进行信息的存取。内存要与计算机的各个部件进行数据传送，因此，内存的速度直接影响计算机的运算速度。

按照存取方式，主存储器又可分为以下两种。

① 随机存取存储器。随机存取存储器（Random Access Memory，RAM）通常指计算

机的内存，用来存放正在运行的程序和数据，CPU 既可从 RAM 读出数据，又可写入数据。RAM 存取速度快，集成度高，电路简单，但断电后，信息将自动丢失。

② 只读存储器。只读存储器（Read Only Memory，ROM）只能读不能写，用来存放监控程序、系统引导程序等专用程序，其中存放的信息一般由厂家写入并固化处理，用户无法修改。即使 ROM 断电，其中的信息也不会丢失。

（2）外存储器。

外存储器（简称外存或辅存）用来存放暂时不使用的程序和数据，需要使用时就调入内存，用完后再放回外存储器，它不能与 CPU 直接交换信息。常见的外存有硬盘、光盘、U 盘等。外存存储容量大，价格便宜，断电之后信息不会丢失，只能与主存储器交换信息，存取速度慢。

4．输入设备

输入设备用来接收用户输入的将要执行的程序和需要处理的数据，它将程序和数据转换成计算机能够识别的二进制代码存放在内存中。常见的输入设备有键盘、鼠标、扫描仪、触摸屏、麦克风等。

5．输出设备

输出设备用来将内存中的计算机处理后的结果转变为用户需要的形式并输出。常见的输出设备有显示器、打印机、绘图仪、磁盘和耳机（音箱）等。

输入 / 输出设备（I/O 设备）是与计算机主机进行信息交换、实现人机交互的硬件环境。

输入 / 输出设备和外存储器统称为外围设备，是用户与计算机之间的桥梁。

1.3.2　微型计算机硬件

微型计算机（Personal Computer）简称微机或 PC，是由大规模集成电路组成的体积较小的电子计算机，以微处理器为基础，配以内存储器及输入 / 输出（I/O）接口电路和相应的辅助电路。从外观看，PC 主要包括主机箱、显示器、键盘、鼠标等部件，如图 1-13 所示。也可以根据需要安装打印机、扫描仪、音箱、麦克风等外部设备。

主机箱中主要包括主板及主板上的 CPU 芯片、内存条、各类扩展卡槽，还有硬盘驱动器及机箱电源等。此外，还有在 CPU、内存储器、外存储器、外部设备之间传递数据和指令的各类通信总线。

1．微处理器

微型计算机中的运算器和控制器被集成在一片或几片大规模集成电路芯片上，称为微处理器或中央处理器。它能完成取指令、执行指令、算术和逻辑运算，以及与外界存储器和逻辑部件交换信息等操作。CPU 是微型计算机的"大脑"，决定了计算机处理数据的速度和能力。

微处理器大致可以分为三类：通用高性能微处理器、嵌入式微处理器和数字信号处理器、微控制器。一般而言，通用高性能微处理器追求高性能，主要用于运行通用软件，配备完善、复杂的操作系统；嵌入式微处理器和数字信号处理器强调处理特定应用问题的高性能，主要用于运行面向特定领域的专用程序，配备轻量级操作系统，主要用于移动电话、CD 播放机等消费类家电；微控制器价位相对较低，在微处理器市场上需求量最大，主要用于汽车、空调、自动机械等领域的自控设备。图 1-14 是 Intel 公司生产的微处理器芯片以及我国自主研发的龙芯 3 号微处理器芯片。

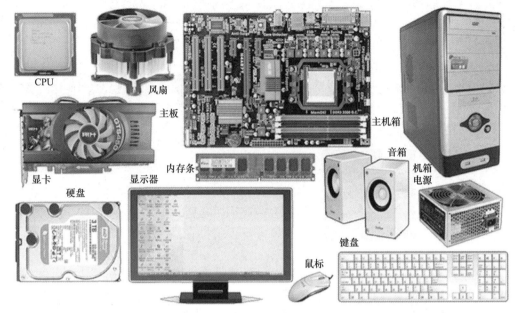

图 1-13　微型计算机部件

图 1-14　微处理器芯片

2．主板

主板又称为母板或系统板，是 PC 中最大的一块集成电路板，是核心连接部件。CPU、内存、显卡等部件通过插槽安装在主板上，硬盘、光驱等外设在主板上也有相应的接口。有的主板还集成了声卡、显卡、网卡等部件，如图 1-15 所示。

图 1-15　主板

主板主要由以下两大部分组成。

（1）芯片。

芯片是主板的灵魂，它决定了主板的结构及能够连接的 CPU 的类型。计算机系统的整体性能和功能在很大程度上由主板上的芯片决定。芯片主要有南桥和北桥芯片、BIOS 芯片及若干集成芯片（如显卡、声卡和网卡）等。靠近 CPU 的那一块称为北桥芯片，主要负责控制 CPU、内存和显存间数据的交换。因为北桥芯片的数据处理量非常大，发热量也很大，所以现在的北桥芯片都覆盖着散热片，用来加快散热，有些主板的北桥芯片还会配备风扇进行散热。靠近 PCI 插槽的那一块称为南桥芯片，南桥芯片主要负责输入 / 输出接口等一些外设接口的数据传输和控制、IDE 设备的控制及附加功能等。BIOS 芯片是一个固化有系统启动所必需的基本输入 / 输出系统的只读存储器。BIOS 程序包括基本输入 / 输出程序、系统设置信息、开机后自检程序和系统自启动程序。其主要功能是提供底层的、最直接的硬件设置和控制。

（2）插槽 / 接口。

插槽 / 接口主要有 CPU 插座、内存条插槽、PCI 插槽、AGP 插槽、PCI-E 插槽、IDE 接口、SATA 接口、键盘 / 鼠标接口、USB 接口、并行口和串行口等。

3. 内存储器

内存储器简称为内存，由内存条、电路板等部分组成，如图 1-16 所示。计算机中所有程序都是在内存中运行的，内存用于暂时存放 CPU 中的运算数据和与硬盘等外存储器交换的数据。只要计算机在运行，CPU 就会把需要运算的数据调到内存中进行运算，当运算完成后，CPU 再将结果输出。因此，内存的性能对计算机的影响非常大。

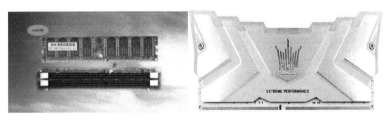

图 1-16　DDR 内存

4. 外存储器

外存储器是指除计算机内存及 CPU 缓存以外的存储器，此类存储器一般断电后仍能保存数据。

存储器按其用途可分为主存储器和辅助存储器。主存储器即内存储器，辅助存储器又称为外存储器。内存储器的特点是存取速度快，但是容量小、价格贵；外存储器的特点是容量大、价格低，但是存取速度慢。内存储器用于存放那些立即要用的程序和数据；外存储器用于存放暂时不用的程序和数据，能够长期保存信息。内存储器和外存储器之间会频繁地交换信息。常见的外存储器有 U 盘、硬盘、光盘等。

（1）U 盘（如图 1-17 所示）：U 盘也称为"闪盘"，可以通过计算机的 USB 接口存储数据。U 盘的体积小、存储量大且携带方便。使用 U 盘时需注意，U 盘在读 / 写数据时不能强行拔下，否则可能造成损坏或数据丢失的后果。

图 1-17　U 盘

（2）硬盘：目前硬盘分为机械硬盘（传统硬盘，如图 1-18 所示）、固态硬盘（如图 1-19 所示）、混合硬盘（如图 1-20 所示）。

① 机械硬盘（Hard Disk Drive，HDD）是由电机、磁头、涂有铁磁性材料的盘片等组成的，采用磁性介质存储数据，利用机械臂带动读写磁头存取数据。优点是价格便宜，保存信息可长达数十年；缺点是噪声大，功耗大，不抗震，重量重，存取速度慢。因此，使用机械硬盘的计算机在移动时要轻拿轻放。

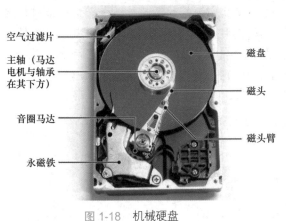

空气过滤片

主轴（马达
电机与轴承
在其下方）

音圈马达

永磁铁

磁盘

磁头

磁头臂

图 1-18　机械硬盘

② 固态硬盘（Solid State Drive，SSD）是由电路板 PCB、主控芯片和 FLASH 芯片组成的，采用闪存颗粒来存储数据，利用闪存技术存取数据。优点是噪声小，功耗小，抗震，重量轻，存取速度快；缺点是价格较高，存储容量比机械硬盘小，几个月不通电数据有可能丢失。

③ 混合硬盘（Hybrid Hard Drive，HHD）是把磁性硬盘和闪存集成到一起的一种硬盘，它既可以像固态硬盘一样迅速读 / 写，又可以像机械硬盘一样存储海量数据。混合硬盘将少量频繁访问的数据存储在闪存中，将大量数据存放在磁性硬盘中。

图 1-19　固态硬盘

图 1-20　混合硬盘

（3）光盘：光盘是利用光学方式进行信息存储的圆盘。它应用了光存储技术，即用激光在某种介质上写入信息，然后再利用激光读出信息。光盘存储器可分为 CD-ROM、CD-R、CD-RW 和 DVD-ROM 等。

5．输入 / 输出设备

输入 / 输出设备是计算机系统的重要组成部分。输入设备用来向计算机输入信息，常见的有键盘、鼠标、扫描仪等。输出设备用来将计算机处理后的结果输出，常见的输出设备有显示器、打印机、绘图仪、投影机等。

（1）键盘：键盘是计算机必备的输入设备，通常连接在 PS/2 接口或 USB 接口上。近年来，利用蓝牙技术无线连接到计算机的无线键盘越来越多。键盘可分为键盘区、功能键区、控制键区和数字键区。常规键盘具有 Caps Lock（字母大小写锁定）、Num Lock（数字小键盘锁定）、Scroll Lock（滚动锁定键）三个指示灯，用于显示键盘的当前状态。

（2）鼠标：鼠标是微机的基本输入设备，通常连接在 PS/2 接口或 USB 接口上。目前，无线鼠标也越来越多。鼠标根据工作原理可分为机械式鼠标和光电式鼠标。光电式鼠标更为精确、耐用和易于维护。

（3）显示器（如图 1-21 所示）：显示器是微机必备的输出设备，它可以显示出信息处理的过程和结果，显示器性能的优劣直接影响计算机信息的显示效果。目前，常用的显示器有阴极射线管显示器（CRT）和液晶显示器（LCD）。LCD 显示器技术已成熟，已全面取代 CRT 显示器。显示器尺寸有 15、19、27、32 英寸等多种规格，显示器的主要技术指标有屏幕尺寸、分辨率、点间距、扫描频率和灰度等。

图 1-21　显示器

（4）打印机：打印机是计算机基本的输出设备之一。目前使用的打印机主要有以下 3 类。

① 针式打印机：针式打印机利用打印头内的点阵撞针来撞击色带，进而在打印纸上产生文字或图形。针式打印机噪声较大，质量不好，但它性能稳定、易于维护、耗材便宜，被银行、超市等广泛使用。

② 喷墨打印机：喷墨打印机利用排列成阵列的微型喷墨机在纸上喷出墨点来形成打印效果。喷墨打印机体积小、重量轻、噪声小、打印精度高，特别是彩色印刷能力强，但成本高，适合小批量打印。

③ 激光打印机：激光打印机综合利用复印机、计算机和激光技术来进行输出，打印速度快、质量高，但耗材和配件价格较高。

1.3.3　软件系统

1. 系统软件

系统软件是为整个计算机系统配置的、不依赖于特定应用领域的通用软件，用来管理计算机的硬件系统和软件资源。只有在系统软件的管理下，计算机各硬件部分才能够协调一致地工作。系统软件也为应用软件提供了运行环境，离开了系统软件，应用软件就难以正常运行。

根据系统软件的不同功能，大致可以将其分为下面几种类型。

（1）操作系统。

操作系统（Operating System，OS）是直接运行在"裸机"上最基本的系统软件，其他软件都必须在操作系统的支持下才能运行。操作系统由早期的计算机管理程序发展而来，目前已成为计算机系统各种资源（包括硬件资源和软件资源）统一管理、控制、调度的监督者，由它合理地组织计算机的工作流程，协调计算机各部件之间、系统与用户之间的关系。常用的操作系统有 MS-DOS、UNIX、Windows 系列、MAC、Linux，以及手机操作系统 Android、iOS、Windows Mobile 等。

（2）语言处理程序。

计算机能够执行的指令是由"0""1"组成的二进制代码串，这是计算机唯一能够理解的语言，称为机器语言。显然，机器语言难以被广大用户掌握和理解，要用它编写程序就更难了。首先，机器语言难以记忆，用它编写程序难度大，容易出错。其次，需要理解计算机的硬件结构才能理解每条机器指令的用法，然后才能编写程序。一般用户很难做到这两点。

为了克服机器语言的缺点，程序员开始采用容易记忆的符号代替相应的机器指令，这个被符号化了的机器语言就是汇编语言。在用机器语言编写程序时，程序员需要小心翼翼地编写一串串由 0 和 1 组成的机器指令。用汇编语言编写程序前需要弄清、记住一个个汇编命令助记符的含义，搞懂一条条汇编命令的语法格式和使用方法。因此，汇编语言仍比较专业，难以理解。在它的基础上产生了高级语言。高级语言将几条机器指令合并为一条指令，用更接近人们平常生活和思维方式的语句来表示计算机命令。高级语言易学易懂，现已被人们广泛接受。C#、C++、Java、C、Python 等都是人们常用的高级语言。

用汇编语言和高级语言编写的程序称为源程序，它们不能被计算机直接执行，必须通过解释或者编译转换成机器指令程序（称为目标程序）后，才能由计算机硬件加以执行。也就是说，必须有一类软件把用汇编语言或高级语言编制成的源程序翻译成计算机硬件能够直接执行的目标程序，这类软件就称为语言处理程序。上面提到的 C#、C++、Java、C、Python 等语言都有各自对应的语言处理程序。

语言处理程序大致可分为编译程序和解释程序，在把不同语言的源程序译成相应的机器语言程序时，要使用与之相对应的语言处理程序。

（3）数据库管理系统。

除了软、硬件资源外，数据资源在计算机应用中也越来越重要，尤其是在信息处理过程中，数据资源起着核心作用，而数据资源的管理离不开数据库技术。从历史上看，信息与数据管理经历了人工管理（20 世纪 50 年代中期以前）、文件系统（20 世纪 50 年代后期到 60 年代中后期）和数据库管理系统（从 20 世纪 70 年代起）三个阶段。近年来，数据库技术的应用十分广泛，发展也非常迅速。

目前的计算机系统已将数据库管理系统作为一种主要的系统软件，数据库管理系统是数据库系统中对数据进行具体管理的软件系统，是数据库系统的核心。在企业的业务系统中，各种业务数据和档案数据的查询、更新和控制都是通过数据库管理系统进行的。

（4）实用程序。

实用程序是指通用的工具性程序。把实用程序划入系统软件有其历史原因，主要是因为从历史上看，许多操作系统、语言处理程序、数据库管理系统等一直都附带许多应用程序，这些应用程序就是实用程序。它不依赖于具体的应用问题，具有一定的通用性，可以供所有的用户使用。

2. 应用软件

应用软件是用于社会各领域的应用程序及其文档资料，是各领域为解决实际问题而编写的软件。在大多数情况下，应用软件是针对某一特定任务而编制的程序。现代计算机发展的一个重要趋势是应用软件的开发越来越规范，生产效率越来越高。但计算机软件并不全是给我们的生活带来便利的，其中有一类软件会给我们的生活带来烦恼，它就是"病毒"软件。

3. 计算机病毒

计算机病毒（Computer Virus）与医学上的"病毒"不同，计算机病毒不是天然存在的，而是人为造成的，是编制者在计算机程序中插入的破坏计算机功能或者数据的代码，它是能影响计算机使用、能自我复制的一组计算机指令或者程序代码。它能潜伏在计算机的存储介质（或程序）里，条件满足时即被激活，通过修改其他程序将自己精确复制或者以可能演化的形式放入其他程序，从而感染其他程序，对计算机资源进行破坏，对其他用户的危害性很大。

（1）计算机病毒的特点。

① 破坏性。

计算机中毒后，可能会导致正常的程序无法运行，计算机内的文件被删除或受到不同程度的损坏。计算机病毒会破坏引导扇区及 BIOS，导致硬件环境破坏，无法正常使用。

② 传染性。

传染性是指计算机病毒通过修改别的程序将自身的复制品或其变体传染到其他无毒的对象上的特点，这些对象可以是一个程序，也可以是系统中的某一个部件。

③ 潜伏性。

计算机病毒可以依附于其他媒体寄生，侵入后的病毒潜伏到条件成熟才"发作"，使计算机的运行速度变慢。

④ 隐蔽性。

计算机病毒具有很强的隐蔽性，可以通过病毒查杀软件检查出少数病毒。隐蔽性计算机病毒时隐时现、变化无常，这类病毒处理起来非常困难。

⑤ 可激发性。

编制计算机病毒的人一般都为病毒程序设定了一些触发条件，例如，系统时钟的某个时间或日期、系统运行了某些程序等。一旦条件满足，计算机病毒就会"发作"，使系统遭到破坏。

（2）计算机病毒的分类。

计算机病毒种类繁多，按照不同的方式及计算机病毒的特点和特性，可以有多种分类方法。同时，根据不同的分类方法，同一种计算机病毒也可以属于不同的计算机病毒种类。

计算机病毒可以根据下面的属性进行分类。

① 根据病毒存在的媒体分类。

网络病毒：通过计算机网络传播感染网络中的可执行文件。

文件病毒：感染计算机中的文件（如 COM、EXE、DOC 等）。

引导型病毒：感染启动扇区（Boot）和硬盘的系统引导扇区（MBR）。

② 根据病毒感染渠道分类。

驻留型病毒：这种病毒感染计算机后，把自身的内存驻留部分放在内存中，这一部分程序挂接系统调用并合并到操作系统中，它处于激活状态，一直到关机或重新启动。

非驻留型病毒：这种病毒在激活时并不会感染计算机内存，一些病毒在内存中留有小部分，但是并不通过这一部分进行感染，这类病毒被划分为非驻留型病毒。

③ 根据破坏能力分类。

无害型：除了感染时减少磁盘的可用空间，对系统没有其他影响。

无危险型：这类病毒仅仅减少内存、显示图像、发出声音等。

危险型：这类病毒会给计算机系统操作造成严重的错误。

非常危险型：这类病毒会删除程序、破坏数据、清除系统内存区和操作系统中重要的信息。

④ 根据算法分类。

伴随型病毒：这类病毒并不改变文件本身，它们根据算法产生 EXE 文件的伴随体，具有同样的名字和不同的扩展名（COM），例如，XCOPY.EXE 的伴随体是 XCOPY.COM。病毒把自身写入 COM 文件但并不改变 EXE 文件，当 DOS 加载文件时，伴随体优先被执行，之后再由伴随体加载执行原来的 EXE 文件。

"蠕虫"型病毒：通过计算机网络传播，不改变文件和资料信息，利用网络从一台计算机的内存传播到其他计算机的内存。有时它们在系统存在，一般除了内存不占用其他资源。

寄生型病毒：除了伴随型病毒和"蠕虫"型病毒，其他病毒均可称为寄生型病毒，它们依附在系统的引导扇区或文件中，通过系统的功能进行传播。

（3）计算机病毒的防治。

计算机病毒的传播途径主要有两个：U 盘和网络。防止病毒的侵入，要以预防为主堵塞病毒的传播途径。不轻易打开来历不明的电子邮件；使用新的计算机系统或软件时，先杀毒后使用；备份系统和参数，建立系统的应急计划等；安装杀毒软件。

习 题

一、选择题

1. 1946 年，首台电子数字计算机 ENIAC 问世后，冯·诺依曼在研制 EDVAC 计算机时，提出两个重要的改进，它们是 _____。

  A）引入 CPU 和内存储器的概念   B）采用机器语言和十六进制

  C）采用二进制和存储程序控制的概念 D）采用 ASCII 编码系统

2. 计算机之所以能按人们的意图自动进行工作，最直接的原因是采用了 _____。

  A）二进制   B）高速电子元器件   C）程序设计语言   D）存储程序控制

3. 计算机系统的两大组成部分是 _____。

  A）系统软件和应用软件   B）硬件系统和软件系统

  C）主机和外部设备   D）主机和输入 / 输出设备

4. 计算机硬件系统主要包括中央处理器、存储器、_____。

  A）显示器和键盘   B）打印机和键盘

  C）显示器和鼠标器   D）输入 / 输出设备

5. 随机存取存储器（RAM）最大的特点是 _____。

  A）存储量极大，属于海量存储器

  B）存储在其中的信息可以永久保存

  C）一旦断电，存储在其上的信息将全部消失，且无法恢复

  D）在计算机中只用来存储数据

6. 下列各存储器中，存取速度最快的一种是 _____。

  A）Cache   B）动态 RAM   C）CD-ROM   D）硬盘

7. 目前计算机病毒的传播途径主要是 _____。

  A）硬盘   B）U 盘和网络   C）键盘   D）CD-ROM

8. 计算机软件系统包括 _____。

  A）系统软件和应用软件   B）编译系统和应用软件

  C）数据库管理系统和数据库   D）程序和文档

9. 操作系统是计算机的软件系统中 _____。

A）最常用的应用软件 　　　　　　　　B）最核心的系统软件

C）最通用的专用软件 　　　　　　　　D）最流行的通用软件

10．下面关于操作系统的叙述中，正确的是 _____。

A）操作系统是计算机软件系统中的核心软件

B）操作系统属于应用软件

C）Windows 是 PC 唯一的操作系统

D）操作系统的 5 大功能是启动、打印、显示、文件存取和关机

二、问答题

1．现代计算机的发展经历了哪几个阶段？各阶段的特点是什么？

2．和传统计算工具相比，计算机有哪些特点？

3．简述对新媒体技术的认识。

4．结合自己的日常生活和计算机的相关知识，列举一些适合计算机完成的工作。

第2章 计算机数字化基础

本章主要通过介绍不同进制数的特点，不同进制数之间的转换，计算机中的数值、字符、图像、声音、视频等各种信息如何使用二进制表示和处理，了解计算机的信息表示方法和信息处理过程。

2.1 信息数字化基础

如今，信息是一个非常流行的词汇。人际社会中，每天都少不了信息交互，每个人既是信息的发布者，又是信息的接收者。因特网上，更是每分每秒都有大量的信息在传送。信息交换和信息共享促进了新知识的传播和新价值的产生，同时也推动着社会的进步。而信息的传播、处理和存储都离不开计算机这个载体。

信息技术（Information Technology，IT）是对管理和处理信息所采用的各种技术的总称，主要是应用计算机科学和通信技术来设计、开发、安装和实施的信息系统及应用软件，包括对信息的收集、识别、提取、变换、存储、传递、处理、检索、检测、分析和利用等方面的技术。

现代计算机是一种机器设备，对信息的获取、存储、处理、传播等都要采用代码来表示，而代码最终是要由数据来表示的。计算机中究竟采用哪种数制表示信息最合适呢？下面介绍各种数制的特点。

2.1.1 数制系统

所谓"数制"，指进位计数制，即用进位的方法来计数。因为人有 10 根手指，所以人类从结绳计数开始，就一直以十进制进行计数和算术运算。在日常生活中经常要用到其他的数制，例如，时间计数满 60 秒后，分钟加 1，秒又从 0 开始计数；每天计满 24 小时以后，天数加 1，小时又从 0 开始计数；一个星期有 7 天，一年有 12 个月等。此外，常见的还有二进制、八进制和十六进制等计数方法。

不同的计数方法形成了不同的数制系统，不同数制系统的计数原理和进位计算规则是相同的，具有以下共同特点。

① 进位制：表示数时，仅用一位数码往往不够用，必须用进位计数的方法组成多位数码。多位数码中每一位的构成及从低位到高位的进位规则称为进位计数制，简称进位制。

② 基数：进位制的基数，就是在该进位制中用到的数码个数。

③ 位权（位的权值）：在某一进位制的数中，每一位的大小都对应该位上的数码乘上一个固定的数，这个固定的数就是这一位的权值。权值是一个幂。

④ 进位计数制就是按进位方法进行计数的。计算机领域中常见的有十进制、二进制、

八进制和十六进制。

十进制的基数为 10，计数的符号为 0、1、2、3、4、5、6、7、8、9；在进行算术运算时的规则为"逢十进一"。二进制的基数为 2，计数的符号为 0、1；运算时"逢二进一"。八进制的基数为 8，计数的符号为 0、1、2、3、4、5、6、7；运算时"逢八进一"。十六进制的基数为 16，计数的符号为 0、1、2、3、4、5、6、7、8、9、A、B、C、D、E、F，其中 A 表示十进制数中的 10，B 表示 11，C 表示 12，D 表示 13，E 表示 14，F 表示 15；运算时"逢十六进一"。

2.1.2　计算机采用二进制

现代计算机中所有的数都采用二进制，无论数有多大，都用 1 和 0 来表示。计算机为什么要采用二进制呢？其主要原因如下。

① 二进制数只有 1、0 两个状态，易于实现。例如，电位的高、低，脉冲的有、无，指示灯的明、暗，磁性方向的正、反等都可以用 1、0 来表示。这种对立的两种状态区别明显，容易识别。而十进制数有 10 个状态，用某种元器件表示 10 个状态显然是难以实现的。

② 二进制的运算规则简单。对于每一位来说，每种运算只有 4 种规则，容易实现。

其"加法"与"乘法"的运算规则都只有 4 条。

加法：　　　　　　0+0=0　　　　　0+1=1　　　　　1+0=1　　　　　1+1=10

乘法：　　　　　　0×0=0　　　　　0×1=0　　　　　1×0=0　　　　　1×1=1

这种运算规则大大简化了计算机中实现运算的电子线路，有利于简化计算机内部结构，节省设备，提高运算速度。实际上，在计算机中，减法、乘法及除法都可以分解为加法运算。

③ 二进制信息的存储和传输更可靠。由于采用具有两个稳定状态的物理元器件来表示二进制，两个状态很容易识别和区分，所以工作可靠。

④ 节省设备。用数学可以证明，采用 $R=e \approx 2.7$ 进位数制时最节省设备，所以，采用三进制是最省设备的，其次是二进制。但实现三进制要比二进制困难得多，所以计算机广泛采用二进制。

⑤ 适合逻辑运算。逻辑代数是逻辑运算的理论依据，二进制只有两个数码，正好与逻辑代数中的"真""假"相吻合（用 1 表示"真"，用 0 表示"假"），可将逻辑代数和逻辑电路作为计算机电路设计的数学基础，易于实现。

当然，二进制也有它的缺点。首先，人们不熟悉二进制，而且二进制不易懂。其次，它书写起来长，读起来不方便。为解决这个问题，人们又提出了八进制和十六进制。

尽管计算机中涉及了二进制、八进制、十进制、十六进制等不同进制，但必须明确的是，计算机硬件能够直接识别和处理的只有二进制。虽然计算机的功能是非常复杂的，但是构成计算机内部的电路却是很简单的，都是由门电路组成的，这些电路都以电位的高、低表示 1、0。因此，计算机中的信息都是以二进制形式表示的。

2.1.3　二进制与其他进制之间的转换

各种数制之间都可以互相转换，表 2-1 列出了十进制数、二进制数、八进制数、十六进制数的对应关系。

表 2-1 十进制数、二进制数、八进制数、十六进制数的对应关系

十进制 D	二进制 B	八进制 O	十六进制 H
0	0000	0	0
1	0001	1	1
2	0010	2	2
3	0011	3	3
4	0100	4	4
5	0101	5	5
6	0110	6	6
7	0111	7	7
8	1000	10	8
9	1001	11	9
10	1010	12	A
11	1011	13	B
12	1100	14	C
13	1101	15	D
14	1110	16	E
15	1111	17	F

1. 二进制数转换为十进制数

二进制数转换为十进制数的方法是：将二进制数按权展开，各位数码乘以各自的权值，其积相加即可得到相应的十进制数，称为"乘权求和"法。

例 1：把 $(1101.011)_2$ 转换为十进制数。

解：根据"乘权求和"法可得

$$(1101.011)_2 = 1 \times 2^3 + 1 \times 2^2 + 0 \times 2^1 + 1 \times 2^0 + 0 \times 2^{-1} + 1 \times 2^{-2} + 1 \times 2^{-3} = 13.375$$

2. 十进制数转换为二进制数

将一个十进制数转换为二进制数，分为整数转换与小数转换两种情形。

（1）十进制整数转换为二进制整数。如果一个十进制整数 N，已被表示成一个二进制整数，那么 N 可按二进制的权展开如下：

$$N = a_n \times 2^n + a_{n-1} \times 2^{n-1} + a_{n-2} \times 2^{n-2} + \cdots + a_0 \times 2^0$$

由于展开式的前 n 项均为 2 的整数倍，因此 a_0 为 N 除以 2 所得的余数。也就是说，$N/2$ 的商为 $a_n \times 2^{n-1} + a_{n-1} \times 2^{n-2} + a_{n-2} \times 2^{n-3} + \cdots + a_1 \times 2^0$，余数为 a_0。

同样，上述商 $a_n \times 2^{n-1} + a_{n-1} \times 2^{n-2} + a_{n-2} \times 2^{n-3} + \cdots + a_1 \times 2^0$，再除以 2，所得的余数是 a_1。以此类推，一直除下去，直到商为 0，这时的余数就是 a_n。

用这样的办法可以依次得到所求二进制数的各位上的数字 a_0，a_1，$\cdots$，a_n。

因此，将一个十进制整数转换为二进制整数的转换规则为：除以 2 取余数，直到商为 0 时结束，所得余数序列，先余为低位，后余为高位。这个方法称为"除 2 取余"法。

例 2：把 11 转换为二进制数。

解：用"除 2 取余"法，把转换过程写成如图 2-1 所示格式。11 除以 2 的商写在 11 的下面，余数 1 写在 11 的右侧，然后所得的商 5 继续用 2 来除，直到商为 0。上述余数依次为 1，1，0，1，可得

$$(11)_{10}=(1011)_2$$

（2）十进制小数转换为二进制小数。十进制小数转换为二进制小数，由二进制小数按位展开公式得以下变形式：

$$0.a_{-1}\cdots a_{-m}(2)=a_{-1}2^{-1}+a_{-2}2^{-2}+\cdots+a_{-m}2^{-m}$$
$$=(a_{-1}+(a_{-2}+(\cdots+a_{-m}\times1/2)\cdots)\times1/2)\times1/2$$

乘以 2，则整数部分为 a_{-1}，小数部分为 $(a_{-2}+(\cdots+a_{-m}\times1/2)\cdots)\times1/2$；

小数部分再乘以 2，则整数部分为 a_{-2}，小数部分为 $(\cdots+a_{-m}\times1/2)$。

以此类推，直至小数部分为 0 或转换到指定的 m 位小数（转换过程中小数部分可能不出现 0，即小数转换可能有无限位，此时转换到指定的 m 位即可），此时整数部分为 a_{-m}。

因而，一个十进制小数转换为二进制小数，采用"乘 2 取整"法，其方法如下：先用 2 乘以这个十进制小数，然后取出乘积的整数部分；用 2 乘以剩下的小数部分，再取出乘积中的整数部分，以此类推，直至乘积的小数部分为 0 或者已得到所要求的精确度，把上面每次乘积的整数部分依次排列起来，先取出的整数为高位，后取出的整数为低位，就能得到要求的二进制小数。

例 3：把 $(0.375)_{10}$ 转换为二进制数。

解：用"乘 2 取整"法，转换过程写成如图 2-2 所示格式，可得

$$(0.375)_{10}=(0.011)_2$$

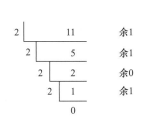

图 2-1　十进制整数转换为二进制整数　　　图 2-2　十进制小数转换为二进制小数

注意：

一个有限的十进制小数并非一定能够转换为一个有限的二进制小数，即上述过程中乘积的小数部分可能永远不等于 0，这时，可按要求进行到某一精确度为止。由此可见，计算机中由于机器字长的限制，可能会截去部分有用小数位，从而产生截断误差。

如果一个十进制数既有整数部分，又有小数部分，则可将整数部分和小数部分分别进行转换，然后再把两部分结果合并起来。

3．二进制数转换为八进制数、十六进制数

1）二进制数转换为八进制数

二进制数的进位基数是 2，八进制数的进位基数是 8，而 $2^3=8$，即 1 位八进制数相当于 3 位二进制数，所以常用 3 位二进制数来表示 1 位八进制数。二进制数转换为八进制数

的方法是：以小数点为中心，分别向左、向右分组，每3位分成一组，首尾组不足3位时首尾用"0"补足，将每组二进制数转换为1位八进制数，即"三位变一位"。

例4：把 $(1101101110.1101011)_2$ 转换为八进制数。

解：用"三位变一位"的方法可得

$$(001\ 101\ 101\ 110.110\ 101\ 100)_2 = (1556.654)_8$$

2）二进制数转换为十六进制数

二进制数转换为十六进制数的方法是：以小数点为中心，分别向左、向右分组，每4位分成一组，首尾组不足4位时首尾用"0"补足，将每组二进制数转换为1位十六进制数，即"四位变一位"。

例5：把 $(1011010101.111101)_2$ 转换为十六进制数。

解：用"四位变一位"的方法可得

$$(0010\ 1101\ 0101.1111\ 0100)_2 = (2D5.F4)_{16}$$

4．八进制数、十六进制数转换为二进制数

1）八进制数转换为二进制数

八进制数转换为二进制数的方法是：将八进制数的每1位改成等值的3位二进制数，即"一位变三位"，转换后，如果首位有"0"，那么需去掉首位的"0"。

例6：把 $(1234.567)_8$ 转换为二进制数。

解：用"一位变三位"的方法，因为

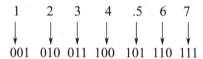

所以 $(1234.567)_8 = (1010011100.101110111)_2$。

2）十六进制数转换为二进制数

十六进制数转换为二进制数的方法是：将十六进制数的每1位改成等值的4位二进制数，即"一位变四位"，转换后，如果首位有"0"，那么需去掉首位的"0"。

例7：把 $(B3CD.8FA)_{16}$ 转换为二进制数。

解：用"一位变四位"的方法，因为

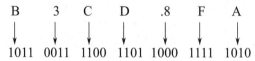

所以 $(B3CD.8FA)_{16} = (1011001111001101.10001111101)_2$。

2.2 计算机中信息的二进制编码

在用计算机采集、处理信息时，必须将现实生活中的各类信息转换成计算机可以识别的符号（符号具体化即数据，或者说信息的符号化即数据），再加工处理成新的信息。数据可以是字符、文字、数字、图像、声音或视频，这些是信息的具体表示形式，是信息的载体。前面提到计算机只能识别二进制数据，因此，字符、文字、数字、图像、声音或视频等信息必须转换成二进制数据才可以供计算机使用。

2.2.1　数值在计算机中的编码

数值和数据用于表示数量的大小，涉及数值范围和数据精度两个概念。在计算机中这与用多少个二进制位表示以及怎样对这些位进行编码有关。在计算机中，数的长度按"位"（bit）来计算，但因存储容量常以"字节"（Byte）为计量单位，所以数据长度也常以字节为单位来计算。值得指出的是，数学中的数的长度有长有短，如 235 的长度为 3，而 8632 的长度为 4，但在计算机中，同类型的数据（如两个整型数据）的长度常常是统一的，不足的部分用"0"填充，这样便于统一处理。计算机中同一类型的数据具有相同的数据长度，与数据的实际长度无关。

1. 数的定点表示方法

（1）定点整数。整数的小数点在最低数据位的右侧，有符号的整数一般表示为

$$N=N_s N_n N_{n-1} \cdots N_0$$

其中，N 为用定点整数表示的数，N_s 为符号位，N_0 到 N_n 为数据位。

例如，计算机使用的定点数的长度为 2 个字节（即 16 位二进制数），则十进制整数 –193 在计算机内的表示形式如下：

实际上，$(193)_{10}=(11000001)_2$，由于 11000001 不足 15 位，故前面补足 7 个 0，最高位用 1 表示负数。

（2）定点小数。定点小数是指小数点准确固定在符号位之后（隐含），符号位右侧的第 1 位数是小数的最高位数。一般表示为

$$N=N_s.N_{-1}N_{-2} \cdots N_{-n}$$

其中，N 为用定点小数表示的数，N_s 为符号位，N_{-1} 到 N_{-n} 为数据位，对应的权为 2^{-1}，2^{-2}，$\cdots$，2^{-n}。若采用 $n+1$ 个二进制位表示定点小数，则取值范围为 $|N| \leqslant 1-2^{-n}$。

例如，若定点数的长度仍为 2 个字节，则十进制小数 0.6876 在计算机内的表示形式如下：

```
0 1 0 1 1 0 0 0 0 0 0 0 0 0 1 1
```
符号位　小数点位置　　数值部分

实际上，$(0.6876)_{10}=(0.10110000000001101\cdots)_2$，由于最高位用于表示符号，故 2 个字节可以精确到小数点后第 15 位。

2. 数的浮点表示方法

如果要处理的数既有整数部分，又有小数部分，那么采用定点格式就会造成一些麻烦。因此，计算机中还使用浮点表示格式（即小数点位置不固定，是浮动的）。浮点数分成阶码和尾数两部分。通常表示为 $N=M \times R^E$，其中，N 为浮点数，M 为尾数，R 为基数，E 为阶码。在计算机中，浮点数通常表示成如下格式：

E_s	E	M_s	M

其中，E_s 为阶码符号位，占 1 位；E 为阶码，占 m 位；M_s 为尾数符号位，占 1 位；M 为尾数，占 n 位；这里阶的基数隐含为 2。

例如，一个浮点数用 4 个字节表示，则一般阶码占用 1 个字节，尾数占用 3 个字节，且每部分的最高位均用于表示该部分的符号。

-0.11011×2^{-011} 在机内的表示形式如下：

假如使用 4 个字节来表示一个数，则 4 个字节表示的浮点数的精度和表示范围都远远大于定点数，这是浮点数的优越之处。但在运算规则上，定点数比浮点数简单，易于实现。因此，一般计算机中同时具有这两种表示方法，根据具体情况选择应用。

3. 十进制数的 BCD 码表示

人们习惯使用十进制数，但计算机内部采用二进制数表示和处理数据。为使数据在输入 / 输出时更直观，通常采用十进制数表示，但它是用二进制编码表示的。十进制数的每一位用 4 位二进制编码表示，这种编码称为 BCD（Binary Coded Decimal）码。BCD 码有很多种，常用的是 8421BCD 码，表 2-2 列出了十进制数 0 到 9 的 BCD 码。

表 2-2　BCD 编码表

十进制数	8421BCD 码	十进制数	8421BCD 码
0	0000	5	0101
1	0001	6	0110
2	0010	7	0111
3	0011	8	1000
4	0100	9	1001

用 BCD 码表示的十进制数是数串形式。例如，十进制数 47.8 用 BCD 码表示为 01000111.1000。由于 8421BCD 码与十进制数之间的转换十分简单，故 8421BCD 码也是一种常用的编码形式。

4. 整型数据的编码

整数在计算机内用二进制编码表示，常用的有原码、反码和补码。这里仅介绍带符号整数的原码、反码和补码，并设机器字长为 8 位。

（1）机器数与真值。对于带符号数，在机器中通常用最高位代表符号位，0 表示正，1 表示负。如字长 8 位，则整数 +66 将表示为 $(01000010)_2$，而 -66 则表示为 $(11000010)_2$。

通常，表示一个数值的机内编码称为机器数，而它所代表的实际值称为机器数的真值。例如，+20 的真值为 +0010100，机器数为 00010100；-20 的真值为 -0010100，机器数为 10010100。

（2）原码。正数的符号位为 0，负数的符号位为 1，其他位按一般方法表示数的绝对值，用这种表示方法得到的就是数的原码。例如：

$$x=(+105)_{10} \qquad [x]_原=(01101001)_2$$
$$x=(-105)_{10} \qquad [x]_原=(11101001)_2$$

两个符号相异但绝对值相同的数的原码，除符号位以外，其他位都是一样的。

原码简单易懂，而且与真值的转换方便。但如果是两个异号数相加（或两个同号数相减），就要做减法，做减法就会有借位的问题，往往会出现错误结果。为了将加法运算与减法运算统一起来（显然运算逻辑电路可以简化，运算速度可以加快），引进了反码和补码。

（3）反码。正数的反码与其原码相同，负数的反码为其原码除符号位外的其他位按位取反（即 0 改为 1，1 改为 0）。例如：

$$[+31]_原=(00011111)_2 \qquad [+31]_反=(00011111)_2$$
$$[-31]_原=(10011111)_2 \qquad [-31]_反=(11100000)_2$$

负数的反码与负数的原码有很大的区别。反码通常只用作求补码过程中的中间形式。一个数的反码的反码就是其原码。

（4）补码。正数的补码与其原码相同，负数的补码为其反码在最低位加 1。例如：

$$[+31]_原=(00011111)_2 \quad [+31]_反=(00011111)_2 \quad [+31]_补=(00011111)_2$$
$$[-31]_原=(10011111)_2 \quad [-31]_反=(11100000)_2 \quad [-31]_补=(11100001)_2$$

同样可以验证，一个数的补码的补码就是其原码。引入补码后，加、减法运算都可以统一用加法运算来实现，符号位也当作数值参与处理，且两数和的补码等于两数补码的和。因此，在许多计算机系统中都采用补码来表示带符号的数。例如：

$$64-10 \rightarrow 64+(-10) \rightarrow 54$$
$$[64+(-10)]_补 \rightarrow [64]_补+[-10]_补 \rightarrow [54]_补$$
$$[64]_补=(01000000)_2 \quad [-10]_补=(11110110)_2$$

用原码相减：$(01000000)_2-(00001010)_2=(00110110)_2$。

用补码相加：$(01000000)_2+(11110110)_2=(100110110)_2$。

由于机器字长为 8 位，所以第 9 位自然丢失，可见用原码相减和用补码相加所得的结果是相同的，都是 $[54]_补=(00110110)_2$。

2.2.2　字符在计算机中的编码

在计算机中，字符数据包括西文字符（字母、数字、各种符号）和汉字字符。它们都是非数值型数据，非数值型数据不表示数量的多少，只表示有关的符号，和数值型数据一样，也需要用二进制数进行编码才能存储在计算机中并进行处理。由于形式不同，西文字符与汉字字符使用的编码方式也不同。下面主要介绍西文字符和汉字字符的编码方法。

1．西文字符编码

计算机中的字符按一定的规则用二进制编码表示，一般用 1 个字节（即 8 个二进制位）进行编码，目前最普遍采用的编码是由美国国家标准协会（American National Standards Institute，ANSI）所制定的美国标准信息交换（American Standard Code for Information Interchange，ASCII）码，如表 2-3 所示。ASCII 码最初是美国国家标准，供不同计算机在相互通信时用作共同遵守的西文字符编码标准，后被 ISO（International Organization for Standardization）及 CCITT（International Telephone and Telegraph Consultative

Committee）等国际组织采用。这种编码规定：8 个二进制位的最高位为零，余下的 7 位可进行编码。因此，可表示 128 个字符，这其中的 95 个编码对应着计算机终端能敲入并可显示的 95 个字符，另外的 33 个编码对应着控制字符，不可显示。

表 2-3　ASCII 码表

Dec	Hex	CTRL	MEM	Dec	Hex	CHR	Dec	Hex	CHR	Dec	Hex	CHR
0	00	^@	NUL	32	20	SP	64	40	@	96	60	`
1	01	^A	SOH	33	21	!	65	41	A	97	61	a
2	02	^B	STX	34	22	"	66	42	B	98	62	b
3	03	^C	ETX	35	23	#	67	43	C	99	63	c
4	04	^D	EOT	36	24	$	68	44	D	100	64	d
5	05	^E	ENQ	37	25	%	69	45	E	101	65	e
6	06	^F	ACK	38	26	&	70	46	F	102	66	f
7	07	^G	BEL	39	27	'	71	47	G	103	67	g
8	08	^H	BS	40	28	(	72	48	H	104	68	h
9	09	^I	HT	41	29	)	73	49	I	105	69	i
10	0A	^J	LF	42	2A	*	74	4A	J	106	6A	j
11	0B	^K	VT	43	2B	+	75	4B	K	107	6B	k
12	0C	^L	FF	44	2C	,	76	4C	L	108	6C	l
13	0D	^M	CR	45	2D	-	77	4D	M	109	6D	m
14	0E	^N	SO	46	2E	.	78	4E	N	110	6E	n
15	0F	^O	SI	47	2F	/	79	4F	O	111	6F	o
16	10	^P	DLE	48	30	0	80	50	P	112	70	p
17	11	^Q	DC1	49	31	1	81	51	Q	113	71	q
18	12	^R	DC2	50	32	2	82	52	R	114	72	r
19	13	^S	DC3	51	33	3	83	53	S	115	73	s
20	14	^T	DC4	52	34	4	84	54	T	116	74	t
21	15	^U	NAK	53	35	5	85	55	U	117	75	u
22	16	^V	SYN	54	36	6	86	56	V	118	76	v
23	17	^W	ETB	55	37	7	87	57	W	119	77	w
24	18	^X	CAN	56	38	8	88	58	X	120	78	x
25	19	^Y	EM	57	39	9	89	59	Y	121	79	y
26	1A	^Z	SUB	58	3A	:	90	5A	Z	122	7A	z
27	1B	^[	ESC	59	3B	;	91	5B	[	123	7B	{
28	1C	^\	FS	60	3C	<	92	5C	\	124	7C		
29	1D	^]	GS	61	3D	=	93	5D	]	125	7D	}
30	1E	^^	RS	62	3E	>	94	5E	^	126	7E	~
31	1F	^_	US	63	3F	?	95	5F	_	127	7F	DEL

注：Dec 表示十进制；Hex 表示十六进制；CTRL 表示控制码；MEM 表示含义；CHR 表示字符。

ASCII 码表中有 33 个控制码，十进制码值为 0 ～ 31 和 127（即 NUL ～ US 和 DEL）称为非图形字符（又称为控制字符），主要用于打印或显示时的格式控制、对外部设备的操作控制、进行信息分隔、在数据通信时进行传输控制等。其中常用的控制字符的含义如表 2-4 所示。

表 2-4　常用的控制字符的含义

控制字符	含　义	控制字符	含　义
BS（Back Space）	退格	HT（Horizontal Table）	水平制表
LF（Line Feed）	换行	VT（Vertical Table）	垂直制表
FF（Form Feed）	换页	CR（Carriage Return）	回车
CAN（Cancel）	作废	ESC（Escape）	换码
SP（Space）	空格	DEL（Delete）	删除

ASCII 码表中其余 95 个字符称为普通字符，为可打印或可显示字符，包括英文大小写字母共 52 个，0 ～ 9 的数字共 10 个和其他标点符号、运算符号等共 33 个。在这些字符中，0 ～ 9、A ～ Z、a ～ z 都是按顺序排列的，且小写字母比大写字母码值大 32，码值 32 对应的是表中第 1 个可显示字符——空格，数字 0 的码值为 48，大写字母 A 的码值为 65，小写字母 a 的码值为 97。

由于标准的 7 位 ASCII 码所能表示的字符较少，不能满足某些信息处理的需要，因此在 ASCII 码的基础上又设计了一种扩充的 ASCII 码，称为 ASCII-8 版本，用 8 位二进制编码可表示 256 个字符，最高位不再全为 0。

2．汉字字符编码

中文的基本组成单位是汉字，汉字也是字符。西文字符集的字符总数不超过 256 个，使用 8 个二进制位就可以表示。汉字的总数超过 6 万个，数量巨大，显然 1 个字节是不够用的，所以很容易想到使用 2 个字节实行编码，2 个字节的不同编码数可达 2^{16}=65536 个，因而双字节编码成为汉字编码的一种常用方式。

1）国标 GB 2312—1980

为了满足计算机处理汉字信息的需求，1981 年，我国颁布了《信息交换用汉字编码字符集基本集》（GB 2312—1980）。该标准选出 6763 个常用汉字和 682 个非汉字符号，为每个字符规定了标准代码，以供这 7445 个字符在不同计算机系统之间进行信息交换。这个标准收集的字符及其编码称为国标码，又称为国标交换码。

GB 2312 国标字符集由 3 部分组成：第 1 部分是字母、数字和各种符号，包括拉丁字母、俄文、日文平假名与片假名、希腊字母、汉语拼音字母、汉字注音符号等共 682 个；第 2 部分为一级常用汉字，共 3755 个，按汉语拼音的顺序排列；第 3 部分为二级常用汉字，共 3008 个，按偏旁部首的顺序排列。

2）汉字区位码

按照国标码的规定，每个字符的编码占 2 个字节，每个字节的最高位为"0"。而按照 GB 2312—1980 的规定，所有收录的汉字及图形符号组成一个 94×94 的矩阵，即有 94 行和 94 列。这里每一行称为一个区，每一列称为一个位。因此，它有 94 个区（01 ～ 94），每个区内有 94 个位（01 ～ 94）。区码与位码组合在一起称为区位码，它可准确确定某一汉字或图形符号。

如果把 GB 2312—1980 字符集中的区位码直接用作内码，当表示某个汉字的 2 个字节处在低数值（0 ～ 31）时，系统很难判定是 ASCII 码还是汉字内码，不易区分。为防止这种现象的发生，把区码和位码数值各加十进制数 32，即十六进制数 20，避免与 ASCII 码混淆。但这样还没有解决根本问题，汉字内码仍不能与 ASCII 码完全区分开来。如汉字"啊"在 16 区的 01 位，它的区位码是 1601，各加 32 之后变为国标码 4833，它的 2 个字节国标码应为 0011 0000 0010 0001，十六进制数为 3021。

3）汉字机内码

ASCII 字符和汉字都是以代码的形式存储在内存或磁盘上的。ASCII 字符的存储比较简单，一个 ASCII 字符用 1 个字节作为代码，1 个字节由 8 个二进制位组成，可以表示 256 个不同的代码，标准的 ASCII 字符只有 128 个，因此只取低 7 位进行编码，将高位设置成 0，并规定前 32 个代码是控制码，是不可见字符，只完成某个动作，如换行、回车等。国标码有几千个字符和汉字，用 1 个字节表示不全，至少需要 2 个字节，目前，微机存储一个内码固定为连续的 2 个字节。

由于计算机中的双字节汉字与单字节的西文字符是混合在一起进行处理的，汉字信息如不予以特别标识，就会与单字节的 ASCII 码混淆，无法识别。为了解决这个问题，采用的其中一个方法就是使表示汉字的 2 个字节的最高位等于 1。这种双字节（16 位二进制）的汉字编码称为汉字的机内码，简称内码。目前微机中汉字内码的表示大多数采用这种方式。例如，"啊"字的内码是 1011 0000 1010 0001，为了方便描述，常用十六进制数表示为 B0A1。

区位码、国标码和机内码之间的关系如图 2-3 所示。

图 2-3　区位码、国标码和机内码之间的关系

4）国标 GB 18030—2000

2000 年 3 月，《信息技术信息交换用汉字编码字符集基本集的扩充》（GB 18030—2000）发布。GB 18030—2000 编码标准是在原来的 GB 2312—1980 编码标准和 GBK 编码的基础上扩充而来的，增加了 4 个字节部分的编码，共有 150 多万个码位，主要目的是解决一些生、偏、难字的问题，其中就包括如"珮""堃"等这些以前不能输入的字，以及解决出版、邮政、户政、金融、地理信息系统等迫切需要的人名、地名用字问题。GB 18030 标准一方面与 GB2312、GBK 保持向下兼容，另一方面还扩充了 UCS/Unicode 中的其他字符。

GB 18030—2005 标准在 GB 18030—2000 的基础上增加了 CJK 统一汉字扩充 B 的汉字，收录了 7 万多个汉字。

5）汉字输入码

汉字输入技术主要表现在汉字的输入方式及输入码的处理上。汉字输入方式有多种，但目前使用最多的仍是随机配置的键盘输入，用户输入的并不是汉字本身，而是汉字代码，统称为输入码或外码，外码就是与某种汉字编码方案相应的汉字代码。输入汉字前，用户可以根据需要选定一种汉字外码作为输入汉字时使用的代码。在众多的汉字输入码中，按照其编码规则主要分为形码、音码与混合码、数字码。

① 形码：形码也称义码，它是按照汉字的字形或字义进行编码的方法，常用的形码有五笔字型、郑码等。按字形方法输入汉字的优点是重码率低、速度快，只要能看见字形就可以拆分输入。但是，它要求记忆大量的编码规则和汉字拆分的原则。形码是最常用的输入码。

② 音码：音码是按照汉字的读音（汉语拼音）进行编码的方法，常用的音码有标准拼音（全拼拼音）、全拼双音、双拼双音、智能 ABC 等。按音码输入汉字的优点是，学过汉语拼音的人一般不需要经过专门的训练就可掌握。但是，按音码输入汉字时，同音字比较多，需要通过选字才能找到合适的汉字，而且对于那些读不出音的汉字无法输入。

③ 混合码：这是将汉字的字形（或字义）和字音相结合的编码，也称为音形码或结合码，如自然码等。按混合码输入汉字的优点是降低了重码率，又不需要记忆大量的编码规则和汉字拆分原则，不仅使用起来简单方便，而且输入汉字的速度比较快，效率也比较高。

④ 数字码：数字码是用一串数字来表示汉字的编码方法，如电报码是用数字进行编码的，它难以记忆，不易推广。

汉字输入码与汉字内码完全是不同的概念，无论采用哪种汉字输入码，当用户输入汉字时，存入计算机中的总是汉字的机内码，与所采用的输入法无关。实际上，在输入码与机内码之间存在着一个对应的转换关系，任何一种输入法都需要一个相应的转换程序来完成这种转换。

6）汉字字形码

在显示或者打印汉字时要用到汉字字形码，字形码即字的形状的二进制数编码。例如，"中国"的"中"字，如果用二进制的 0 代表屏幕上的暗点，1 代表亮点，那么 16×16 点阵的字形编码就能描述一个"中"字的 16×16 点阵字形，如图 2-4 所示。

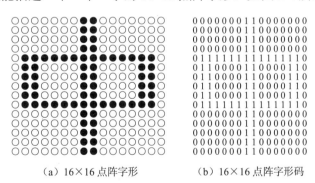

(a) 16×16 点阵字形　　　　(b) 16×16 点阵字形码

图 2-4　16×16 点阵字形与字形码实例

英文字符一般用 8×8 以上的点阵就可以准确、清晰地表现出来，ASCII 字符集有其相应的字符库。汉字是方块字，字形复杂，有一笔画的，也有几十笔画的，为确保所有汉字字形大小统一，汉字的字形至少需要 16×16 的点阵来描述。

计算机显示器上出现的汉字是汉字字模的映射，默认是 16×16 点阵的宋体字，其特点是横细、竖粗、字形美观，是书报杂志常用的一种字体。

根据显示或打印的质量要求，汉字字形码有 16×16、24×24、32×32、48×48 等不同密度的点阵码。点数越多，显示或打印的字体越美观，但编码占用的存储空间也越大。例如，一个 16×16 的汉字点阵字形码需占用 32 个字节（16×16÷8=32），一个 24×24 的汉字点阵字形码需占用 72 个字节（24×24÷8=72）。

当一个汉字要显示或打印输出时，需将汉字的机内码转换成字形编码，它们之间也是一一对应的关系。所有汉字的点阵字形码的集合称为"字库"，不同的字体（如宋体、仿宋、楷体、黑体等）对应不同的字库。

在计算机内，汉字字形描述方法除点阵字形外，还有矢量表示方式，即轮廓字形，也称为全真字体（True Type）。轮廓字形是把汉字、字母、符号中的笔画的轮廓用一组直线和曲线来勾画，记下每一直线和曲线的数学描述公式。其优点是占用存储区小、缩放不变形、不失真。

3．Unicode 编码

由于 ASCII 码是为英文设计的，当处理带有音调标号（如汉语的拼音等）的亚洲文字时就会出现问题。因此，创建出了一些包括 255 个字符的由 ASCII 码扩展的字符集。其中有一种值为 128～255 的字符用于画图和画线，还有一些特殊的欧洲字符。另一种 8 位字符集是 ISO 8859-1Latin 1，也简称为 ISO Latin-1。把位于 128～255 之间的字符用于拉丁字母表中特殊语言字符的编码。但欧洲语言不是地球上唯一的语言，因此，亚洲和非洲语言并不能被 8 位字符集所支持。把汉语、日语和越南语的一些相似的字符结合起来，在不同的语言里，使不同的字符代表不同的字，这样只用 2 个字节就可以编码地球上几乎所有地区的文字。因此，创建了 Unicode 编码，通过增加一个高字节对 ISO Latin-1 字符集进行扩展。当这些高字节位为 0 时，低字节就是 ISO Latin-1 字符。Unicode 编码支持欧洲、非洲、中东、亚洲（包括统一标准的东亚象形汉字和韩国表音文字）的文字。

4．UTF-8 编码

UTF-8 编码（8-bit Unicode Transformation Format）是一种针对 Unicode 的可变长度字符编码，又称万国码，由 Ken Thompson 于 1992 年创建。现在已经标准化为 RFC 3629。UTF-8 用 1 到 4 个字节编码 Unicode 字符。用在网页上可以统一页面显示中文简体 / 繁体及其他语言（如英文、日文、韩文）。

Unicode 并没有提供对 Braille、Cherokee、Ethiopic、Khmer、Mongolian、Hmong、Tai Lu、Tai Mau 等文字的支持。同时它也不支持如 Ahom、Akkadian、Aramaic、Babylonian Cuneiform、Balti、Brahmi、Etruscan、Hittite、Javanese、Numidian、Old Persian Cuneiform，Syrian 之类的古老文字。为了解决这个问题，出现了一些中间格式的字符集，被称为通用转换格式，即 UTF（Unicode Transformation Format）。常见的 UTF 格式有 UTF-7、UTF-7.5、UTF-8、UTF-16 以及 UTF-32。

UTF-8 编码规则：如果只有 1 个字节，则其最高二进制位为 0；如果是多字节，其第 1 个字节从最高位开始，连续的二进制位值为 1 的个数决定了其编码的位数，其余各字节均以 10 开头。

实际表示 ASCII 字符的 Unicode 字符将会编码成 1 个字节，并且 UTF-8 表示与 ASCII 字符表示是一样的。所有其他的 Unicode 字符转化成 UTF-8 将需要至少 2 个字节，每个字节由一个换码序列开始。第 1 个字节有唯一的换码序列，由 n 位连续的 1 加 1 位 0 组成，首字节连续的 1 的个数表示字符编码所需的字节数。

5. 常用的文本编辑工具

文本编辑工具有很多种，例如，微软开发的通用文本编辑器 NotePad、NotePad++。NotePad++ 是一款免费又优秀的文本编辑器，支持在 MS Windows 环境下运行的多种编程语言。NotePad++ 支持超过 50 种编程、脚本和标记语言的语法高亮显示和代码折叠，能让用户迅速缩小或放大代码段以便查阅整个文档。用户也可以手动设置当前语言来覆盖默认语言。NotePad++ 还支持自动完成某些编程语言的 API 子集，支持 HTML、多种语言、适合软件开发者使用的 EditPlus。EditPlus 是一款小巧但功能强大的可处理文本、HTML 和程序语言的 Windows 编辑器，用户甚至可以通过设置用户工具将其作为 C、Java、PHP 等语言的一个简单的 IDE。它拥有无限制的撤销与重做、英文拼字检查、自动换行、列数标记、搜寻取代、同时编辑多文件、全屏幕浏览功能。它还有一个好用的功能，那就是监视剪贴板，同步于剪贴板的内容可自动粘贴进 EditPlus 的窗口中，省去粘贴的步骤。UltraEdit 是一套功能强大的文本编辑器，可以编辑文本、十六进制数、ASCII 码，可以取代记事本，内建英文单字检查、C++ 及 VB 指令凸显，可同时编辑多个文件，而且处理很大的文件的速度也非常快。常用的超大文本文件处理工具还有 EmEditor、PilotEdit、LogViewer 等。

2.2.3　图像的数字化处理

计算机中的数字图像分为两类：一类称为点阵图像或位图图像（Bitmap Image），简称图像（Image）；另一类称为矢量图形（Vector Graphics），简称图形（Graphics）。点阵图像将一幅图像视为由许多个点组成，如图 2-5 所示。图像中的单个点称为像素，每个像素都有一个表示该点颜色的像素值。根据不同情况，像素值可能是 RGB 三基色分量值，也可能是图像中颜色表的索引值。像素是组成图像的基本点。位图图像与分辨率有关，即在一定面

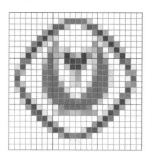

图 2-5　24×24 点阵图像

积的图像上包含有固定数量的像素。因此，如果在屏幕上以较大的倍数放大图像，或以过低的分辨率打印图像，位图图像会出现锯齿边缘。

矢量图形由矢量定义的直线和曲线组成，Adobe Illustrator、CorelDraw、CAD 等软件都是以矢量图形为基础进行创作的。矢量图形根据轮廓的几何特性进行描述。图形的轮廓画出后，被放在特定位置并填充颜色。移动、缩放或更改颜色不会降低图形的品质。矢量图形与分辨率无关，将它缩放到任意大小或以任意分辨率在输出设备上打印出来，都不会影响清晰度。因此，矢量图形是文字（尤其是小字）和线条图形（如徽标）输出的最佳选择。

1. 位图图像

1）位图图像数字化

通过数码照相机、数码摄像机、扫描仪等设备获取的数字图像，都得经过模拟信号的数字化过程。图像数字化的过程分为 4 个步骤。

① 扫描。将画面划分为 $M×N$ 个网格，每个网格称为一个采样点，每个采样点对应生

成后图像的像素。

② 分色。将彩色图像采样点的颜色分解为 R、G、B 三基色。如果是灰度或黑白图像，则不必进行分色。

③ 采样。测量每个采样点上各个颜色分量的亮度值。

④ 量化。对采样点每个颜色分量的亮度值进行 A/D 转换，即用数字量来表示模拟量。一般的扫描仪和数码相机生成的都是真彩色图像。

将上述方法转换的数据以一定的格式存储为计算机文件，就完成了整个图像数字化的过程。

2）位图图像的主要参数

① 分辨率。

分辨率是影响位图质量的重要因素。一幅图像的像素是呈行和列排列的，像素的列数称为水平分辨率，行数称为垂直分辨率。整幅图像的分辨率是由"水平分辨率 × 垂直分辨率"来表示的。图像分辨率越高，所包含的像素就越多，图像就越清晰，印刷的质量就越好，同时所占用的存储空间也越大。

② 色彩空间。

色彩空间（又称为颜色模型）是一个三维颜色坐标系统和其中可见光子集的说明。使用专用颜色空间是为了在一个定义的颜色域中说明颜色。常见的色彩空间有 RGB（红、绿、蓝）色彩空间、CMYK（青、品红、黄、黑）色彩空间、YUV（亮度、色度）色彩空间和 HSV（色彩、饱和度、亮度）色彩空间等。

由于人类的眼睛对红、绿、蓝三基色最敏感，因此在计算机显示器（视频监视器）中采用 RGB 色彩空间。在彩色打印和彩色印刷中，采用的是由颜料的青、品红、黄三基色及黑色来表现颜色的 CMYK 色彩空间。中国、欧洲等 PAL 制式电视系统中采用 YUV 色彩空间；美国、日本等 NTSC 制式电视系统中采用 YIQ 色彩空间。当然，这几种色彩空间是可以相互转换的。

③ 像素深度。

像素深度也称位深度，指位图中记录每个像素点所占的二进制位数。常用的像素深度有 1、4、8、16、24 等。像素深度决定了可表示的颜色的数目。当像素深度为 24 时，像素的 R、G、B 三基色分量各用 8bit 来表示，共可记录 2^{24} 种色彩。这样得到的色彩可以反映原图的真实色彩，故称为真彩色。

3）位图图像的存储

位图图像在计算机中表示时，单色图像使用 1 个矩阵，彩色图像一般使用 3 个矩阵。矩阵的行数称为图像的垂直分辨率，列数称为图像的水平分辨率，矩阵中的元素表示像素的颜色分量的亮度值，用整数表示。

位图文件的大小用它的数据量表示，与分辨率和像素深度有关。图像文件大小是指存储整幅图像所占的字节数。其计算公式如下：

图像文件的字节数 = (图像分辨率 × 像素深度)/8

例如，一幅图像分辨率为 1024×768 像素的单色图像，其文件的大小为 (1024×768×1)/8=98304B。一幅同样大小的图像，若显示 256 色，即像素深度为 8 位，则其文件的大小为 (1024×768×8)/8=786432B。若显示 24 色，则其文件的大小为 (1024×768×24)/8= 2359296B。

通过以上计算，可以看出位图图像文件所需的存储容量都很大，如果在网络中传输，所需的时间也较长，所以需要压缩图像以减少存储容量。由于数字图像中的数据相关性很强，即数据的冗余度很大，因此对图像进行大幅度的数据压缩是完全可行的。而且人眼的视觉有一定的局限性，即使压缩后的图像有一定的失真，只要限制在一定的范围内，也是可以接受的。

图像的数据压缩有两种类型：无损压缩和有损压缩。无损压缩是指将压缩后的数据进行还原，重建的图像与原始的图像完全相同的压缩方式。常见的无损压缩编码（或称为压缩算法）有行程长度编码（RLE）和霍夫曼（Huffman）编码等。有损压缩是指将压缩后的数据进行还原，还原的图像与原始图像之间有一定的误差，但不影响人们对图像含义的正确理解的压缩方式。

图像数据的压缩率是压缩前数据量与压缩后数据量之比：

压缩率 = 压缩前数据量 / 压缩后数据量

对于无损压缩，压缩率与图像本身的复杂程度关系较大，图像的内容越复杂，数据的冗余度就越小，压缩率就越低；相反，图像的内容越简单，数据的冗余度就越大，压缩率就越高。对于有损压缩，压缩率不仅受图像内容的复杂程度的影响，还受压缩算法的设置的影响。

图像的压缩方法有很多，不同的方法适用于不同的应用领域。评价一种压缩编码方法的优劣主要看三个方面：压缩率、重建图像的质量（对有损压缩而言）和压缩算法的复杂程度。

4）常见的位图图像格式

① BMP 格式。

BMP 是 Bitmap 的缩写，一般称为"位图"格式，是 Windows 操作系统采用的图像文件存储格式，以".bmp"和".dib"为扩展名，后者指的是设备无关位图（Device Independent Bitmap）。在 Windows 操作系统下所有的图像处理软件都支持这种格式。压缩的位图采用的是行程长度编码（RLE），属于无损压缩。

典型的 BMP 图像文件由位图文件头、位图信息头、调色板和位图数据 4 部分组成。

使用二进制编辑软件打开一个 BMP 格式的文件，显示的二进制格式如图 2-6 所示。这说明，图中的地址和数据都是十六进制的，如果一个数据需要用几个字节来表示的话，那么该数据的存放字节顺序为"低地址存放低位数据，高地址存放高位数据"，低位在前，高位在后。

	+0	+1	+2	+3	+4	+5	+6	+7	+8	+9	+a	+b	+c	+d	+e	+f	Dump
0000	42	4d	36	04	01	00	00	00	00	00	36	04	00	00	28	00	BM6.......6...(.
0010	00	00	00	01	00	00	00	01	00	00	08	00	00	00			....
0020	00	00	00	00	01	00	00	00	00	00	00	00	00	00	01		....
0030	00	00	00	01	00	00	fe	fa	fd	00	fd	f3	fc	00	f4	f3	......þúÿ.ýóü.ôó
0040	fc	00	fc	f2	f4	00	f6	f2	f2	00	fb	f9	f6	00	ea	f3	ü.üòô.öòò.ûùö.êó
0050	f8	00	fb	ee	fa	00	fb	ee	f3	00	f4	ed	f2	00	f4	ea	ø.ûîú.ûîó.ôíò.ôê
......																	
0430	3c	00	71	83	7a	00	60	60	60	5f	5e	5f	5a	5b	4f	4a	<.qƒz.```_^_Z[OJ
0440	47	2f	47	47	2f	28	32	32	2f	2f	32	47	46	4f	4b	4f	G/GG/(22//2GFOKO
0450	4f	4a	46	4a	4f	46	4f	4f	4f	51	5b	4f	63	60	5f	55	OJFJOFOOOQ[Oc`_U

图 2-6　BMP 文件的二进制格式

位图文件头共 14 个字节，每个字节的含义如下。

第 00 ～ 01 字节：424dH ="BM"，表示这是 Windows 支持的位图格式。

第 02 ～ 05 字节：00 01 04 36 = 66614 B = 65.05KB，根据"低地址存放低位数据，高地址存放高位数据"，得知 00 01 04 36 可以查询文件属性。

第 06 ～ 09 字节：这是两个保留段，为 0。

第 0A ～ 0D 字节：00 00 04 36 = 1078，表示从文件头到位图数据需偏移 1078 字节。

位图信息头每个字节的含义如下。

第 0E ～ 11 字节：00 00 00 28 = 40，表示位图信息头的大小为 40 个字节。

第 12 ～ 15 字节：00 00 01 00 = 256，表示图像宽为 255 像素，与文件属性一致。

第 16 ～ 19 字节：00 00 01 00 = 256，表示图像高为 255 像素，与文件属性一致。这是一个正数，说明图像数据是从图像左下角到右上角排列的。

第 1A ～ 1B 字节：00 01，表示该值总为 1。

第 1C ～ 1D 字节：00 08 = 8，表示每个像素占 8 位，即该图像共有 256 种颜色。

第 1E ～ 21 字节：00 00 00 00，BI_RGB，表示本图像不压缩。

第 22 ～ 25 字节：00 01 00 00，表示图像的大小，256×256=65536=10000H。

第 26 ～ 29 字节：00 00 00 00，表示水平分辨率，默认。

第 2A ～ 2D 字节：00 00 00 00，表示垂直分辨率，默认。

第 2E ～ 31 字节：00 00 01 00 = 256，表示位图实际使用的颜色索引数为 256，与第 1C ～ 1D 字节的内容一致。

第 32 ～ 35 字节：00 00 01 00h = 256，表示本位图重要的颜色索引数为 256。

调色板数据每个字节的含义如下。

36H 开始的数据就是调色板数据了。调色板其实是一张映射表，标识颜色索引号与其代表的颜色的对应关系。在文件中的布局就像一个二维数组 palette[N][4]，其中 N 表示总的颜色索引数，每行的 4 个元素分别表示该索引对应的 B、G、R 和 Alpha 的值，每个分量占 1 个字节。当不设透明通道时，Alpha 为 0。通过位图信息头数据知道，该位图有 256 个颜色索引，因此 N=256。索引号就是所在行的行号，对应的颜色就是所在行的 4 个元素。数据说明如下。

第 36 ～ 39 字节：fe fa fd 00，表示 0 号颜色的蓝、绿、红、Alpha 的值。

第 3A ～ 3D 字节：fd f3 fc 00，表示 1 号颜色的蓝、绿、红、Alpha 的值。

……

依次共有 256 种颜色，每个颜色占用 4 个字节，一共 1024 个字节，再加上文件信息头和位图信息头的 54 个字节，一共是 1078 个字节。也就是说，在位图数据出现之前一共有 1078 个字节，与文件信息头得到的信息——文件头到位图数据区的偏移为 1078 个字节是相同的。

位图数据每个字节的含义如下。

第 0430（十进制数 1078）开始即为位图的数据，每个像素占 1 个字节，取得这个字节后，以该字节为索引查询相应的颜色，并显示到相应的显示设备上即可。

注意：

由于位图信息头中的图像高度是正数，所以位图数据在文件中是从左下角到右上角、以行为主序排列的。因此第 1 个 60 是图像最左下角的数据，第 2 个 60 是图像最后一行第 2 列的数据……一直到最后一行的最后一列数据，后面紧接的是倒数第 2 行的第 1 列的数据，以此类推。

前文提到的只是 256 色 BMP 位图的文件格式，如果图像是 24 位或 32 位数据的位图的话，位图数据区就不是索引而是实际的像素值了，此时位图数据区的每个像素的 RGB 颜色阵列排布如下：24 位 RGB 按照 B、G、R 的顺序来存储每个像素的各颜色通道的值，一个像素的所有颜色分量值都存完后才存下一个像素，不进行交织存储。这里不再详细叙述，有兴趣的读者可以上网查找 BMP 文件的详细格式，然后使用二进制编辑软件逐个打开字节对照。

② GIF 格式。

GIF 是 Graphics Interchange Format 的缩写，是美国 CompuServe 公司开发的图像文件格式，采用了 LZW（Lemple-Zif-Wdlch）压缩算法，属于无损压缩算法，并支持透明背景，颜色数最大为 256。它可以将多张图像保存在同一个文件中，这些图像能按预先设定的时间间隔逐个显示，形成一定的动画效果。该格式常用于网页制作。

③ TIFF 格式。

TIFF 是 Tagged Image File Format 的缩写，这种图像文件格式支持多种压缩方法，大量应用于图像的扫描和桌面出版。此格式的图像文件一般以".tiff"或".tif"为扩展名，一个 TIFF 文件中可以保存多幅图像。

④ PNG 格式。

PNG 是 Portable Network Graphic 的缩写，它使用了 LZ77 派生的无损数据压缩算法。PNG 格式支持流式读写性能，适合在网络通信过程中连续传输图像，逐渐由低分辨率到高分辨率、由轮廓到细节地显示图像。

⑤ JPEG 图像格式。

JPEG 格式是由 JPEG 专家组制定的图像数据压缩的国际标准，是一种有损压缩算法，压缩率可以控制。JPEG 格式特别适合处理各种连续色调的彩色或灰度图像（如风景、人物照片），算法复杂度适中，绝大部分数码相机和扫描仪可直接生成 JPEG 格式的图像文件，其扩展名有".jpeg"".jpg"等。

2．矢量图形

矢量图形用一组指令集合来描述图形的内容，这些指令用来描述构成该图形的所有直线、圆、圆弧、矩形、曲线等图元的位置、维数和形状等。图形分为二维图形和三维图形两类。

在计算机上显示图形时，首先需要使用专门的软件读取并解释这些指令，然后将它们转变成屏幕上显示的形状和颜色，最后使用实心的或者有等级深浅的单色或色彩填充一些区域而形成图形。由于大多数情况下不用对图形上的每个点进行量化保存，因此需要的存储量很少，但显示时的计算时间较多。

矢量图形压缩后不变形，充分利用了输出元器件的分辨率，尺寸可以任意变化而不损失图形的质量。矢量集合只是简单地命令输出设备创建一个给定大小的图形物体，并采用尽可能多的"点"。可见，输出元器件输出的"点"越多，同样大小的图形就越光滑。

常用的矢量图形格式有 AI、CDR、DWG、WMF、EMF、SVG、EPS 等。

① AI 是 Adobe 公司 Illustrator 中的一种图形文件格式，用 Illustrator、CorelDraw、Photoshop 均能打开、编辑。

② CDR 是 Corel 公司 CorelDraw 中的专用图形文件格式，在所有 CorelDraw 应用程序中均能使用，但其他图形编辑软件不支持。

③ DWG、DXF 是 Autodesk 公司 AutoCAD 中使用的图形文件格式。DWG 是 AutoCAD 图形文件的标准格式。DXF 是基于矢量的 ASCII 文本格式，用来与其他软件之间进行数据交换。

④ WMF 是 Microsoft Windows 图元文件格式，具有文件短小、图案造型化的特点。该类图形比较粗糙，并只能在 Microsoft Office 中调用编辑。

⑤ EMF 是 Microsoft 公司开发的 Windows 32 位扩展图元文件格式，其目标是弥补 WMF 文件格式的不足，使图元文件更易使用。

⑥ SVG 是基于 XML 的可缩放的矢量图形格式，由 W3C 联盟开发，可任意放大图形显示，边缘异常清晰，生成的文件小，下载快。

⑦ EPS 是用 PostScript 语言描述的 ASCII 图形文件格式，在 PostScript 图形打印机上能打印出高品质的图形图像，最高能表示 32 位图形图像。

3．常用的图像处理工具

已获取的数字图像资源往往不能直接使用，而需要经过图像处理软件的加工处理才能使用。能够进行数字图像处理的软件很多，如点阵图像处理工具 PhotoShop、PhotoShop Styler、Image Star、MDK 等，矢量图像处理工具 CorelDraw、Illustrator、CAD 等。

（1）Photoshop 简称 PS，是 Adobe 公司推出的一款功能十分强大、使用范围广泛的平面图像处理软件。目前，Photoshop 是众多平面设计师进行图形、图像处理的首选软件。

（2）CorelDraw 简称 CD，是 Corel 公司推出的世界一流的平面矢量绘图软件，被专业设计人员广泛使用。它的集成环境（称为工作区）为平面设计提供了先进的手段和最方便的工具。在 CorelDraw 系列的软件包中，包含了 CorelDraw、CorelPhotoPaint 两大软件和一系列的附属工具软件，可以完成一幅作品设计、构图、草稿、绘制、渲染的全部过程。CorelDraw 是系列软件包中的核心软件，可以在其集成环境中集中完成平面矢量绘图。

（3）Illustrator 简称 AI，是 Adobe 公司推出的一款平面矢量绘图软件，适合用于进行艺术创作。它和 Photoshop 的界面很像，上手容易。由于都是 Adobe 公司开发的，因此，AI 和 Photoshop 有极好的兼容性。

（4）Computer Aided Design 简称 CAD，是一款计算机辅助设计软件，适用于所有跟绘图有关的行业，比如建筑、机械、电子、天文、物理、化工等。特别是机械行业充分利用了 CAD 的强大功能。

2.2.4 声音的数字化处理

声音是传递信息的一种重要载体，能在计算机中存储、处理和传输的前提是声音信息数字化，即转换成二进制编码。计算机能处理的声音通常分为两类，一类是将现实世界中的声波经数字化后形成的数字波形声音，另一类是计算机合成的声音。

1. 声音信息数字化

声音是由振动的声波产生的，通常用一种连续的随时间变化的波形来表示。波形的"振幅"决定音量的大小。连续两个波峰间的距离称为"周期"。每秒钟的周期数称为"频率"，单位为 Hz（赫兹）。声音的频率范围称为声音的"带宽"。多媒体技术处理的是人类的听力所能接受的 20Hz ～ 20kHz 的音频信号（Audio），其中人类说话的声音频率范围为 300Hz ～ 3400Hz，称为言语或语音（Speech）。将模拟的声音波形数字化，主要分为采样和量化两步。采样是实现时间上的离散化，即按设定的采样频率对声音信号进行采样。量化是实现幅度上的离散化，即把信号的强度按量化精度分成一小段一小段的。经过采样和量化后的声音，必须按照一定的要求进行编码。其实质是对数据进行压缩，以便存储、处理和网络传输。

波形声音的主要参数包括取样频率、量化位数、声道数、压缩编码方案和数码率等。声道数是指一次采样所记录产生的声音波形的个数，通常为 1（单声道）或 2（双声道立体声）。数码率又称为比特率，简称码率，是指每秒钟的数据量。未压缩前，波形声音的码率计算公式为

$$波形声音的码率 = 取样频率 \times 量化位数 \times 声道数$$

例如，用 44.1kHz 的取样频率对声波进行取样，每个取样点的量化位数为 16 位，声道数为 2，其波形声音的码率为 $44.1 \times 1000 \times 16 \times 2 = 1411200b/s$（每秒的比特数）。未经压缩的数字化声音会占用大量的存储空间，例如，一首时长 5 分钟的立体声歌曲，以 CD 音质数字化，数据量将是 $1411.2 \times 60 \times 5 \approx 52MB$。CD 的容量是 650MB，所以一张 CD 只能存放十多首歌曲。

另一方面，声音信号中包含大量的冗余信息，再利用人的听觉感知特性，对声音数据进行压缩是可能的。人们已经研究出许多种声音压缩算法，力求做到压缩倍数高、声音失真小、算法简单、编码 / 解码成本低。

2. 声音文件格式

音频文件通常分为两类：声音文件和 MIDI 文件。声音文件是指通过声音录入设备录制的原始声音，直接记录真实声音的二进制采样数据，通常文件较大；MIDI 文件是一种音乐演奏指令序列，相当于乐谱，可以利用声音输出设备或与计算机相连的电子乐器进行演奏，由于不包含声音数据，其文件较小。

1）MPEG 格式

MPEG 是 Moving Picture Experts Group（运动图像专家组）的简写，是一系列运动图像（视频）压缩算法和标准的总称，其中包括声音压缩编码（称为 MPEG Audio）。MPEG 声音压缩算法是世界上第 1 个高保真声音数据压缩国际标准，并且得到了极广泛的应用。

MPEG 声音标准提供了 3 个独立的压缩层次：层 1 的编码器最为简单，输出数据率为 384Kbit/s，用于小型数字盒式磁带；层 2 的编码器的复杂程度属于中等，输出数据率为 192Kbit/s ～ 256Kbit/s，用于数据广播、CD-I 和 VCD 视盘；层 3 就是现在非常流行的 MP3，它的编码器最为复杂，输出数据率为 64Kbit/s。MP3 格式在 16：1 压缩率下可以实现接近 CD 的音质，CD 可以容纳 200 首左右音质相近的 MP3 歌曲，MP3 使人们改变了音

乐消费方式。

2）WAV 格式

WAV 是 Microsoft 公司开发的一种声音文件格式，也称为波形（Wave）声音文件，被 Windows 平台及其应用程序广泛支持。WAV 格式有压缩的，也有不压缩的，总体来说，WAV 格式对存储空间需求太大，不便于交流和传播。

3）RealAudio 格式

RealAudio 是 Real Networks 公司推出的文件格式，分为 RA（RealAudio）、RM（RealMedia，RealAudio G2）、RMX（RealAudio Secured）等。它们最大的特点是可以实时传输音频信息，能够随着网络带宽的不同而改变声音的质量。

4）MP3 格式

MP3 是目前最普及的音频压缩格式。MP3 采用的是 MPEG-1 Layer-3 的压缩编码标准。MP3 的压缩率高达 10∶1。MP3 格式支持流媒体技术，即文件可以边读边放，不用预读文件的全部内容。

5）WMA 文件

WMA（Windows Media Audio）是 Microsoft 针对网络环境开发的音频文件格式。WMA 也支持流媒体技术，压缩率可达 18∶1，在同文件同音质下，比 MP3 体积小。WMA 支持防复制功能，可限制播放时间、播放次数甚至播放的机器等。WMA 是目前因特网上用于在线试听的一种常见格式。

6）MID 文件

MID 文件是计算机合成音乐（MIDI）的文件格式。MIDI 是 Musical Instrument Data Interface 的简称，MID 文件存储的是发音命令而不是声音。MID 文件的数据量很小，较适合在因特网上传播。MID 文件主要用于原始乐器作品、流行歌曲的业余表演、游戏音轨及电子贺卡等。

3. 常用的声音处理工具

声音处理工具主要包括能实现录音、混音、剪辑等功能的软件。例如，Protools 音频处理软件最大的特点是处理过的音频不会损失质量，同时具有强大的音频处理功能，人性化的设计，可加载插件数量的繁多，使得 Protools 成为专业级的音频处理软件；Nuendo 音频处理软件是由德国 STEINBERG 公司推出的一款音频处理软件，更加侧重于后期处理，添加了很多后期处理的功能；Logic 是一款苹果发布的基于 Mac 的强大的音频处理软件；Adobeaudition 是一款入门级的音频软件，十分好用，极易上手，成本低；Goldwave 是一款功能强大的数字音乐编辑器，可以对音频内容进行播放、录制、编辑以及转换格式等处理，支持 WAV、OGG、VOC、IFF、AIFF、AIFC、AU、SND、MP3、MAT、DWD、SMP、VOX、SDS、AVI、MOV、APE 等几十种音频文件格式，可以从 CD、VCD、DVD 或其他视频文件中提取声音，软件内含丰富的音频处理特效，不仅有一般特效如多普勒、回声、混响、降噪，还有高级的公式计算，并能实现各种不同音频格式的相互转换。

2.2.5 视频的数字化处理

视频是由连续的画面（称为帧）组成的，这些画面以一定的速率（fps，即每秒显示帧的数目）连续地投射在屏幕上，使观察者产生图像在连续运动的感觉。

1. 视频信息数字化

计算机只能处理数字化信号，普通的视频 NTSC 制式和 PAL 制式是模拟的，必须进行数字化，并经历模数转换和彩色空间变换等过程。视频数字化是指在一段时间内以一定的速度对视频信号进行捕获并加以采样后形成数字化数据的处理过程。

视频数字化的方法有复合数字化和分量数字化两种。复合数字化先用 1 个高速的模 / 数（A/D）转换器对全彩色视频信号进行数字化，然后在数字域中分离亮度和色度，以获得 YUV（PAL，SECAM 制式）分量或 YIQ（NTSC 制式）分量，最后转换成 RGB 分量。分量数字化先把复合视频信号中的亮度和色度分离，得到 YUV 或 YIQ 分量，然后用 3 个模 / 数转换器对 3 个分量分别进行数字化，最后转换成 RGB 空间。模拟视频一般采用分量数字化方式。

数字视频的数据量是非常大的。例如，一段时长为 1 分钟、分辨率为 640×480 像素的录像（30 帧 / 分，真彩色），未经压缩的数据量是：

(640×480) 像素 ×3 字节 / 像素 ×30 帧 / 分 ×60 秒 / 分 =1 658 880 000 字节 =1.54 吉字节。

因此，两小时的电影未经压缩的数据量达 66 355 200 000 字节，超过 66 吉字节。另外，视频信号中一般包含音频信号，音频信号同样需要数字化。如此大的数据量，无论是存储、传输还是处理都有很大的困难，所以未经压缩的数字视频数据量对于目前的计算机和网络来说无论是存储还是传输都是不现实的，因此，多媒体中应用数字视频的关键技术是数字视频的压缩技术。

2. 视频的压缩

数字视频产生的文件很大，而且视频的捕捉和回放需要很高的数字传输率，在采用工具编辑文件时自动适用某种压缩算法来压缩文件大小，在回放时，通过解压缩尽可能再现原来的视频图像。视频压缩的目标就是在尽可能保证视觉效果的前提下减少视频数据量。由于视频是连续的静态图像，因此，其压缩编码算法与静态图像的压缩编码算法有某些共同之处。但是运动的视频还有其自身的特性，所以在压缩时还应考虑其运动特性，这样才能达到高压缩的目标。由于视频信息中画面内容有很强的信息相关性，相邻帧的内容又有高度的连贯性，再加上人眼的视觉特性，因此数字视频的数据可成百倍压缩。

3. 视频文件格式

国际标准化组织和各大公司都积极参与视频压缩标准的制定，并且已推出大量实用的视频压缩格式。

1）AVI 格式

AVI（Audio Video Interleaved，音频视频交错）格式是 1992 年由 Microsoft 公司随 Windows 3.1 一起推出的，以 ".avi" 为扩展名。它的优点是图像质量好，缺点是体积过于庞大，不适用于时间较长的视频。

2）MPEG 格式

MPEG 格式是运动图像压缩算法的国际标准，它采用有损压缩方法来减少运动图像中的冗余信息。目前 MPEG 格式有 3 个常用的压缩标准，分别是 MPEG-1、MPEG-2 和 MPEG-4，另外，MPEG-7 与 MPEG-21 也已研发成功。MPEG-21 标准是新一代多媒体内容描述标准，它在吸收新技术的同时消除了多媒体系统框架中的缺陷，使不同的设备、体系结构和标准间的隔阂被逐步消除。对于用户而言，新的多媒体系统是一个与设备无关的、互动性强大的、高度智能化的、符合用户各种不同需求的体系。

3）WMV 格式

WMV（Windows Media Video）也是 Microsoft 公司推出的一种采用独立编码方式并且可以直接在网上实时观看视频节目的视频压缩格式。WMV 格式的主要特点包括：本地或网络回放、可扩充的媒体类型、部件下载、流的优先级化、多语言支持、环境独立性、丰富的流间关系及扩展性等。

4）RMVB 格式

RMVB 是一种由 RM 格式延伸出来的新视频格式，它的先进之处在于打破了 RM 格式平均压缩采样的方式，在保证平均压缩比的基础上合理利用比特率资源，静止和动作场面少的画面场景采用较低的编码速率，这样可以留出更多的带宽空间，而这些带宽会在出现快速运动的画面场景时被利用。这种方式在保证静止画面质量的前提下，大幅提高了运动图像的画面质量，从而在图像质量和文件大小之间达到了平衡。

5）SWF 格式

SWF 是一种基于矢量的 Flash 动画文件，一般用 Flash 软件创作并生成 SWF 文件格式，也可以通过相应的软件将 PDF 等格式转换为 SWF 格式。SWF 格式文件被广泛用于创建吸引人的应用程序，可以包含丰富的视频、声音、图形和动画。SWF 格式文件还被广泛用于网页设计、动画制作等领域。

6）FLV 格式

FLV（Flash Video）流媒体格式是随着 Flash MX 的推出而发展的一种新兴的视频格式。FLV 文件小巧，1 分钟清晰的 FLV 视频大小在 1MB 左右，一部电影在 100MB 左右，是普通视频文件大小的 1/3。FLV 形成的文件极小、加载速度极快，这使网络观看视频文件成为可能，它的出现有效解决了视频文件导入 Flash 后，导出的 SWF 文件体积庞大、不能在网络上很好地使用等问题。因此，FLV 格式被众多新一代视频分享网站所采用，是目前发展最快、使用最为广泛的视频传播格式。

4. 常用的视频处理工具

随着抖音、快手等各类短视频社交软件的流行，以及百家号、今日头条、大鱼号、企鹅号等新媒体的崛起，越来越多人开始做视频编辑。很多人把自己生活中的趣事，或者把家里的萌宠日常拍成短视频，发布到网上分享给网友。然而，一般情况下拍出来的视频，都是要经过剪辑才发布到网上的。常用的视频编辑软件主要有以下几种。

（1）爱剪辑是国内首款免费视频剪辑软件，该软件简单易学，没有掌握专业的视频剪辑知识也可轻易上手。它支持大多数的视频格式，自带字幕特效、素材特效、转场特效以及画面风格，如果对软件自带的特效不满意，官网还可以下载其他的特效，而且该软件运行时占用资源少，对计算机的配置要求不高，目前市面上的计算机一般可以完美运行。不过爱剪辑也不是没有缺点的，这个软件最大的缺点就是在视频导出时会强制添加爱剪辑的片头和片尾。

（2）快剪辑是 360 公司推出的免费视频剪辑软件，该软件和爱剪辑差不多，一样简单易学，上手容易，也带有一定的特效，只是该软件没有爱剪辑自带的特效多，也没有爱剪辑的功能齐全。不过，快剪辑最大的亮点就是在使用 360 浏览器播放视频时，可以边播边录制视频，在制作视频时如果需要用到某段视频片段，可以使用该软件直接录制下来，不需要把整个视频下载下来。而且，在导出视频时，不会强制添加片头和片尾，这点和爱剪辑正好相反。快剪辑的缺点就是只适用于制作简单的视频拼接剪辑，不适合做复杂的视频编辑，而且在导出视频时，无法修改视频的宽高尺寸。

（3）会声会影是加拿大 Corel 公司制作的收费视频编辑软件，该软件功能比较齐全，有多摄像头视频编辑器、视频运动轨迹等功能，而且支持制作 360°全景视频，可导出多种常见的视频格式，甚至可以直接制作成 DVD 和 VCD。会声会影自带视频模板和视频特效，官网也可以下载其他的视频模板和特效。会声会影的缺点就是对于计算机有一定的配置要求，而且，使用会声会影要有一定的剪辑知识，不然前期上手可能会有点难度。

（4）Adobe Premiere 简称 PR，是美国 Adobe 公司出售的一款功能强大的视频编辑软件，也是目前市场上应用最广泛的视频编辑软件。该软件功能齐全，用户可以自定义界面按钮的摆放位置，只要用户的计算机配置足够强大，就可以无限添加视频轨道，而且，PR 的"关键帧"功能是上面三个软件不具备的。利用"关键帧"功能，可以轻易制作出动感十足的视频，主要内容包括：移动片段，片段的旋转、放大、延迟和变形，以及一些其他 Premiere 6.0 特技和运动效果结合起来的技术。PR 的缺点就是对计算机配置要求较高，计算机配置不高的用户，可以使用早期的 CC 版本或者 CS6 版本，而且，PR 要求使用者有一定的视频编辑知识。因为 PR 是收费软件，所以对于非专业人员来说，其价格还是比较高的。

（5）Adobe After Effects 简称 AE，是美国 Adobe 公司出售的一款功能强大的视频特效制作软件，主要用于视频的后期特效制作，目前最新版本为 Adobe After Effects CC 2019。该软件功能齐全，可以制作各种震撼人心的视觉效果，如果用户的技术足够强大，好莱坞特效都可以轻易完成。AE 可以和 PR 相互配合使用，但前提是 AE 和 PR 必须为同一个版本，假如 AE 为 CC 2019 版本，那么 PR 也必须为 CC 2019 版本，否则无法相互打开对方项目文件。AE 的缺点就是对于计算机配置要求较高，即使计算机满足 PR 的配置要求，也未必满足 AE 的配置要求，而且 AE 在渲染视频时非常消耗计算机内存，16GB 内存有时也不够用，所以对于一般用户而言，不适合做太长的视频特效。

2.3　计算机中二维码的应用

二维条码/二维码（2-Dimensional Bar Code）是用某种特定的几何图形按一定规律在平面（二维方向上）分布的黑白相间的图形上记录数据符号信息的；在代码编制上巧妙地利用构成计算机内部逻辑基础的"0""1"比特流的概念，使用若干个与二进制相对应的几何形体来表示文字数值信息，通过图像输入设备或光电扫描设备自动识读以实现信息自动处理。

随着条码技术的飞速发展，人们希望能用条码标识产品，描述更大量、更丰富的信息，满足在物流、电子、单证等领域产品描述信息自动化采集的需求，正是为了满足这一需求，二维码于 20 世纪 80 年代中期应运而生。它作为一种高数据容量的条码技术，很好地解决了一维码信息量不足的问题。通常人们看到的二维码都是黑色的，但事实上彩色的二维码生成技术也并不复杂，并且备受年轻人的喜爱，已有一些网站开始提供彩色二维码在线免费生成的服务。

1. 二维码的码制

二维码的码制具有以下特点：每种码制有其特定的字符集，每个字符占有一定的宽度，具有一定的校验功能，能对不同行的信息自动识别，处理图形旋转变化。二维码是一种比一维码更高级的条码格式。一维码只能在一个方向（一般是水平方向）上存储信息，而二维码在水平和垂直方向都可以存储信息。

二维码可以分为堆叠式/行排式二维条码和矩阵式二维条码。堆叠式/行排式二维条码形态上是由多行短截的一维条码堆叠而成的；矩阵式二维条码是以矩阵的形式组成的，在矩阵相应元素位置上用"点"表示二进制"1"，用"空"表示二进制"0"，根据"点"和"空"的排列组成代码。二维码的原理可以从堆叠式/行排式二维条码的原理和矩阵式二维条码的原理两方面来讲述。

1）堆叠式/行排式二维条码

堆叠式/行排式二维条码又称为堆积式二维码结构条码，其编码原理建立在一维条码基础之上，按需要堆积成二行或多行。它在编码设计、校验原理、识读方式等方面继承了一维条码的一些特点，识读设备与条码印刷和一维条码技术兼容。但由于行数的增加，需要对行进行判定，其译码算法和软件与一维条码不完全相同。有代表性的行排式二维条码有 Code 16K、Code49、PDF417、MicroPDF417 等。

2）矩阵式二维条码

矩阵式二维条码又称为棋盘式二维码结构条码，是在一个矩形空间内通过黑、白像素在矩阵中的不同分布进行编码的方式。在矩阵相应元素位置上，用点（方点、圆点或其他形状）的出现表示二进制"1"，点的不出现表示二进制的"0"，点的排列组合确定了矩阵式二维条码所代表的意义。矩阵式二维条码是建立在计算机图像处理技术、组合编码原理等基础上的一种新型图形符号自动识读处理码制。有代表性的矩阵式二维条码有 QR 码、Maxi Code、Data Matrix 和汉信码等。

汉信码是我国第 1 个具有自主知识产权的二维码的国家标准。汉信码最多可以表示7829 个数字、4350 个 ASCII 字符、2174 个汉字，支持照片、指纹、掌纹、签字、声音、文字等数字化信息的编码。汉信码具有汉字编码能力强、抗污损、抗畸变、信息容量大等特点，是一种十分适合在我国广泛应用的二维码，具有广阔的市场前景。

2. 二维码的特点

① 二维码是高密度编码，信息容量大。

② 编码范围广，二维码可以把图片、声音、文字、签字、指纹等能进行数字化的信息进行编码，用条码表示出来。

③ 容错能力强，具有纠错功能。这使二维码因穿孔、污损等引起局部损坏时，照样可以正确识读，损毁面积达 50% 仍可恢复信息。

④ 译码可靠性高，它比普通条码的译码错误率要低得多，误码率不超过千万分之一。

⑤ 保密性、防伪性好。

⑥ 成本低，易制作，持久耐用。

⑦ 条码符号形状、尺寸大小比例可变。

二维码的以上特点特别适用于表单、安全保密、追踪、证照、存货盘点、资料备援等方面。因此，二维码似乎在一夜之间渗透到人们生活的方方面面。但是，二维码的使用也存在一些问题，有不法分子将病毒软件或带插件的网址等生成二维码，手机扫码后会下载病毒到手机。这使得二维码成为手机病毒、钓鱼网站传播的新渠道。

3．二维码的制作

二维码可以通过一些图像处理软件制作，但一般都是通过专门的二维码软件生成的。用户可以在软件中输入文字、数字等信息，生成二维码，如输入姓名、电话、单位等信息制成名片，经网络共享后，只要将二维码扫描到相应的识别软件中，就可以读出里面的信息。设计制作好二维码后，不仅能印刷、打印和网络共享，还可使用激光把二维码图片投射到物件上。

4．二维码的应用前景

智能手机和平板计算机的普及激活了二维码的应用市场，它迅速地出现在地铁广告、报纸、火车票、飞机票、快餐店、电影院、团购网站以及各类商品外包装上。物联网的应用离不开自动识别，二维码及 RFID 被人们广泛应用，二维码能够更好地与智能手机等移动终端相结合，实现更佳的互动性和用户体验。

在移动互联模式下，人们的经营活动范围更加广泛，因此，更需要适时地进行信息的交互和分享。随着 3G/4G 移动网络环境下智能手机和平板计算机的普及，二维码应用不再受时空和硬件设备的局限。把产品基本属性、图片、声音、文字、指纹等可以数字化的信息进行编码捆绑，适用于产品质量安全追溯、物流仓储、产品促销、商务会议、身份和物料单据的识别等。可以通过移动网络，实现物料流通的适时跟踪和追溯，帮助设备远程维修和保养，企业供应链流程再造等。厂家也能够适时掌握市场动态，开发更实用的产品以满足客户的需求，并最终实现按单生产，大幅度降低生产成本和运营成本。随着国内物联网产业的蓬勃发展，相信会有更多的二维码技术应用解决方案被开发出来，应用到各行各业的日常经营生活中。

习　题

一、选择题

1．现代计算机中采用二进制数制是因为二进制数制的优点是 _____。

A）代码表示简短，易读

B）物理上容易实现且简单可靠；运算规则简单；适合逻辑运算

C）容易阅读，不易出错

D）只有 0、1 两个符号，容易书写

2．按照数的进位制概念，下列各数中正确的八进制数是 _____。

A）8707　　　　　B）1101　　　　　C）4109　　　　　D）10BF

3．设一个十进制整数为 D>1，转换成十六进制数为 H。根据数制的概念，下列叙述中正确的是 _____。

A）数字 H 的位数≤数字 D 的位数　　　　B）数字 H 的位数≥数字 D 的位数

C）数字 H 的位数＜数字 D 的位数　　　　D）数字 H 的位数＞数字 D 的位数

4．一个字长为 7 位的无符号二进制整数能表示的十进制数值范围是 _____。

A）0～256　　　　B）0～255　　　　C）0～128　　　　D）0～127

5．十进制数 57 转换成无符号二进制整数是 _____。

A）0111001　　　　　B）0110101　　　　　C）0110011　　　　　D）0110111

6. 如果在一个非 0 无符号二进制整数后添加一个 0，则此数的值为原数的 _____。

A）1/4　　　　　B）1/2　　　　　C）2 倍　　　　　D）4 倍

7. PB 是存储容量大小的单位，1PB 等于 _____。

A）1000GB　　　　　B）1024GB　　　　　C）2^{10}GB　　　　　D）$2^{10} \times 2^{10}$GB

8. 已知 A=10111110B，B=AEH，C=184D，关系成立的不等式是 _____。

A）A<B<C　　　　　B）B<C<A　　　　　C）B<A<C　　　　　D）C<B<A

9. 数据在计算机内部传送、处理和存储时，采用的数制是 _____。

A）十进制　　　　　B）二进制　　　　　C）八进制　　　　　D）十六进制

10. 在计算机中，信息的最小单位是 _____。

A）bit　　　　　B）Byte　　　　　C）Word　　　　　D）DoubleWord

11. KB（千字节）是度量存储器容量大小的常用单位之一，1KB 等于 _____。

A）1000 个字节　　　　　B）1024 个字节　　　　　C）1000 个二进位　　　　　D）1024 个字

12. 计算机中，西文字符所采用的编码是 _____。

A）EBCDIC 码　　　　　B）ASCII 码　　　　　C）国标码　　　　　D）BCD 码

13. 在标准 ASCII 编码表中，数字码、小写英文字母和大写英文字母的前后次序是 _____。

A）数字、小写英文字母、大写英文字母　　　　　B）小写英文字母、大写英文字母、数字

C）数字、大写英文字母、小写英文字母　　　　　D）大写英文字母、小写英文字母、数字

14. 在下列字符中，ASCII 码值最大的一个是 _____。

A）空格字符　　　　　B）9　　　　　C）Z　　　　　D）a

15. 在标准 ASCII 码表中，已知英文字母 A 的 ASCII 码是 01000001，英文字母 D 的 ASCII 码是 _____。

A）01000011　　　　　B）01000100　　　　　C）01000101　　　　　D）01000110

16. 根据汉字国标码 GB 2312—1980 的规定，将汉字分为常用汉字（一级）和非常用汉字（二级）两级汉字。一级常用汉字按 _____ 的顺序排列。

A）偏旁部首　　　　　B）汉语拼音字母　　　　　C）笔画　　　　　D）使用频率

17. 在下列软件中，常用的图像处理软件是 _____。

A）Goldwave　　　　　B）Adobe Premiere　　　　　C）Illustrator　　　　　D）EditPlus

18. 在计算机中，对汉字进行传输、处理和存储时使用汉字的 _____。

A）字形码　　　　　B）国标码　　　　　C）输入码　　　　　D）机内码

19. 一个汉字的内码和它的国标码之间的差是 _____。

A）2020H　　　　　B）4040H　　　　　C）8080H　　　　　D）A0A0H

20. 存储 1024 个 24×24 点阵的汉字字形码需要的字节数是 _____。

A）720B　　　　　B）72KB　　　　　C）7000B　　　　　D）7200B

二、问答题

1. 简述计算机使用二进制的原因。

2. 数字化声音有哪些主要性能参数？

3. 进行图像数据压缩的目的是什么？

4. 什么是计算机视频？常用的视频压缩格式有哪些？

5. 参照书中 BMP 文件的二进制格式分析，使用二进制编辑软件打开并分析一个 BMP 格式的文件。

第 3 章 操作系统

本章介绍计算机操作系统的基础知识，以 Windows 10 操作系统为例，介绍 Windows 桌面操作系统的常用操作，包括 Windows 10 操作系统的基本操作、用户管理、文件管理、磁盘管理，以及其他基本知识及使用方法。

3.1 操作系统概述

操作系统（Operating System，OS）是运行于计算机硬件之上的第 1 层系统软件，是计算机系统的"管家"，负责管理计算机系统的全部硬件和软件资源，如 CPU、硬盘、显示器、打印机、网络、语言处理程序、网络浏览器及各种应用软件等。操作系统又是计算机系统的"接待员"，为用户提供操作计算机的友好界面，负责用户和各种应用软件与计算机系统之间的交互。离开了操作系统，人们就只能用类似于"110100"这样的机器指令去操作计算机，难度大大增加。图 3-1 是计算机硬件、软件及操作系统之间的关系示意图。

只有硬件的计算机又称为"裸机"，"裸机"是无法正常工作的，它只能识别机器指令。操作系统是运行于硬件上的第 1 层软件，它将硬件有机地管理起来，为用户提供操作计算机的

图 3-1　计算机硬件、软件及操作系统之间的关系示意图

界面；操作系统将硬件所能完成的功能提供给语言处理程序，使语言处理程序能直接调用操作系统的驱动程序来支配硬件，语言处理程序通过编写大量的函数来控制硬件，软件开发人员利用这些高级语言开发出许多应用软件给用户使用；用户通过应用软件完成所需的工作。因此，操作系统是用户控制计算机硬件的"接口"。

目前，应用较多的操作系统有 Windows、UNIX、Linux、macOS、OS/2 等，以及 Android、iOS、Harmony OS（鸿蒙系统）等智能手机操作系统。用户可根据自己的使用目的选择不同的操作系统，如一般家庭用的多媒体计算机，多选择 Windows 操作系统；大中型计算机一般都采用 Linux 操作系统或 UNIX 衍生版本的操作系统。

3.1.1 操作系统的基本概念

计算机系统由硬件、软件和数据组成。在计算机系统的运行中，操作系统提供了利用这些资源的环境，其他程序可在此工作。因此，操作系统是控制和管理计算机软件、硬件资源，以尽量合理有效的方法组织多个用户共享多种资源的程序集合，我们可以从资源管理和用户使用角度了解操作系统。

从资源管理的角度来看，操作系统是计算机系统中的资源管理器，负责对系统的软件、硬件资源实施有效的控制和管理，以提高系统资源的利用率；从方便用户使用的角度看，操作系统是一台虚拟机，是对计算机硬件的功能扩充，隐藏了硬件操作细节，使用户与硬件细节隔离，从而方便用户使用。

3.1.2　操作系统的作用与功能

操作系统是用户与计算机硬件之间的接口。操作系统紧靠计算机硬件，使用户能够方便、可靠、安全、高效地操作计算机硬件并运行自己的程序。用户可以直接调用操作系统提供的各种功能，而无须了解硬件本身。操作系统的主要功能包括以下 6 个方面。

1．处理机管理

处理机管理的主要任务是，对处理机的分配和运行实施有效的管理。在多道程序环境下，处理机的分配和运行是以进程为基本单位的。进程是一个具有一定独立功能的程序，是在一个数据集合上的一次动态执行过程。因此，对处理机的管理可归结为对进程的管理。进程管理应具有下述主要功能。

① 进程控制：负责进程的创建、撤销及状态转换。

② 进程同步：对并发执行的进程进行协调。

③ 进程通信：负责完成进程间的信息交换。

④ 进程调度：按一定算法进行处理机分配。

2．存储器管理

存储器管理的主要任务是，对内存进行分配、保护和扩充，为多道程序运行提供有力的支撑，便于用户使用存储资源，提高存储空间的利用率。存储管理应具有下述主要功能。

① 内存分配：按一定的分配策略为每道程序分配内存。

② 存储共享：存储管理能让内存中的多个用户程序实现存储资源的共享，以提高存储器的利用率。

③ 内存保护：保证各程序在自己的内存区域内运行而不相互干扰。

④ 内存扩充：为允许大型作业或多作业的运行，必须借助虚拟存储技术来实现扩充内存的效果。

3．设备管理

设备管理的主要任务是管理各类外围设备，完成用户提出的 I/O 请求，加快 I/O 信息的传送速度，发挥 I/O 设备的并行性，提高 I/O 设备的利用率，以及提供每种设备的设备驱动程序和中断处理程序，为用户隐蔽硬件细节、提供方便简单的设备使用方法。设备管理应具有下述主要功能。

① 设备分配：根据预先确定的分配原则对设备进行分配。为了使设备与主机并行工作，常需采用缓冲技术和虚拟技术。

② 设备传输控制：实现物理的输入 / 输出操作，即启动设备、中断处理、结束处理等。

③ 设备独立性：用户向系统申请的设备与实际操作的设备无关。

4．文件管理

在现代计算机中，通常把程序和数据以文件形式存储在外存储器上，供用户使用。这样，在外存储器上就保存了大量文件，如果不能对这些文件进行良好的管理，就会导致文件存储混乱或文件被破坏，造成严重后果。为此，在操作系统中配置了文件管理功能，其中负责文件管理的部分称为文件系统。文件管理应具有下述主要功能。

① 文件存储空间的管理：负责对文件存储空间进行管理，包括存储空间的分配和回收等。

② 目录管理：目录是为方便文件管理而设置的一种数据结构，它支持按文件名来操作文件。

③ 文件操作管理：实现文件的操作，负责完成数据的读 / 写。

④ 文件保护：提供文件保护功能，防止文件遭到破坏。

5. 用户接口

为了使用户能灵活、方便地使用计算机和系统功能，操作系统还提供了一组友好使用其功能的用户接口。通常，操作系统为用户提供以下两种接口：命令接口和程序接口。

① 命令接口：提供一组命令，供用户直接或间接控制自己的作业，现在普遍采用的图形接口是命令接口的图形化。

② 程序接口：提供一组系统调用，供用户程序和其他系统程序调用。

6. 网络与通信管理

计算机网络得益于计算机与通信技术的发展。近 20 年来，从单机与终端之间的远程通信，到全世界成千上万台计算机联网工作，计算机网络的应用已十分广泛，网络与通信管理的功能也日益强大。联网操作系统应具有下述管理功能。

① 网上资源管理：计算机网络的主要目的之一是共享资源，网络操作系统应实现网上资源的共享，管理用户应用程序对资源的访问，保证信息资源的安全性和完整性。

② 数据通信管理：计算机连接网络后，各节点之间可以互相传送数据，进行通信，按照通信协议的规定，用户可以通过通信软件，完成网络上计算机之间的信息传送。

③ 网络管理：包括故障管理、安全管理、性能管理、记账管理和配置管理等。

3.1.3 操作系统的分类

操作系统是计算机系统软件的核心，根据操作系统在用户界面的使用环境和功能特征的不同，有多种分类方法。

1. 按结构和功能分类

1）批处理操作系统

批处理操作系统（Batch Processing Operating System）中，用户的作业分批提交并处理，即系统将作业成批输入并暂存在外存储器中，组成后备作业队列，每次按一定的调度原则从后备作业中选择一个或多个装入主存储器进行处理，作业完成后退出。这些操作由系统自动实现，在系统中有一个自动转接的作业流，当一批作业运行完毕并输出结果后，系统便接收下一批作业。批处理操作系统又分单道批处理操作系统和多道批处理操作系统。

2）分时操作系统

所谓"分时"，就是把计算机的系统资源（尤其是 CPU 时间）进行时间上的分割，每个时间段称为一个时间片，每个用户依次轮流使用时间片。

分时操作系统（Time Sharing Operating System）具有多路性、独立性和交互性的特征。多路性指多个用户可同时工作，他们共享系统资源，提高了资源的利用率。独立性指各用户可独立操作，互不干扰。从微观上看，每个用户作业轮流运行一个时间片；从宏观上看，多个用户同时工作，共享系统资源，每个终端用户都有一个共同的感觉，即自己独占了整个系统资源，好像整个系统专为自己服务。交互性指一个计算机系统与若干本地或远程终端相连，每个用户可以在所使用的终端上以人机会话的交互方式使用计算机。系统能及时对用户的操作进行响应，显著提高了调试和修改程序的效率，缩短了周转时间。

目前尽管批处理操作系统仍然继续在某些领域使用，但是分时操作系统作为多道程序系统的一个典型代表，集中体现了多道程序系统的一些技术特征，成为当今计算机操作系统的主流。

3）实时操作系统

实时操作系统（Real Time Operating System）主要用于过程控制、事务处理等有实时要求的领域，其主要特征是实时性和可靠性。"实时"指系统能够及时响应发生的外部事件（一般是一些随机事件），并以足够快的速度完成对事件的处理。在对时间响应的要求上，实时操作系统比分时操作系统要严格得多，响应一般在毫秒级、微秒级，而批处理操作系统甚至可以不受响应时间的要求。为了保证程序可靠运行，系统应提供安全措施，比如多级容错、硬件冗余等，避免因发生错误或丢失信息而造成的重大经济损失，甚至导致灾难性后果。实时操作系统的目标是对外部请求在严格的时间范围内做出响应，有高度的可靠性和完整性。

4）网络操作系统

网络操作系统（Network Operating System）是在一般操作系统功能的基础上提供网络通信和网络服务功能的操作系统。网络操作系统为网上计算机提供方便而有效的网络资源，提供网络用户所需的各种服务软件和相关规程的集合。

5）分布式操作系统

分布式操作系统（Distributed Operating System）是以计算机网络为基础，由多个分散的处理单元经互联网络连接而形成的，可实现分布处理的操作系统。它的基本特征是处理上的分布，即功能和任务的分布。分布式操作系统中的每个处理单元既有高度的自治性，又相互协调，能在系统范围内实现资源管理，动态地分配任务，并行地运行分布式程序。分布式操作系统的所有系统任务可在系统中所有处理机上运行，自动实现全系统范围内任务的分配并自动调度各处理单元的工作负载。

2. 其他分类方法

操作系统如果按用户数量来分类，可分为单用户操作系统（如早期的 MS-DOS、OS/2、早期的 Windows 系列）和多用户操作系统（如 UNIX、Linux、Windows 等）。其中单用户操作系统又分为单用户单任务操作系统和单用户多任务操作系统。

根据应用领域来分类，可分为桌面操作系统、服务器操作系统、嵌入式操作系统。

根据源代码开放程度来分类，可分为开源操作系统（如 Linux、FreeBSD）和闭源操作系统（如 macOS、Windows 等）。

根据数据总线位数来分类，可以将操作系统分为 8 位、16 位、32 位、64 位和 128 位操作系统。早期的操作系统一般只支持 8 位和 16 位的数据读写访问，现代的操作系统，如 Linux 和 Windows 10 操作系统都支持 32 位和 64 位数据访问。

3.2 Windows 10 操作系统

Windows 10 操作系统是美国微软公司研发的新一代跨平台及设备的操作系统，它凭借简单的图形用户界面、良好的兼容性和强大的功能深受用户的青睐。具有适用于服务器、计算机和手机等不同机型的系统版本，功能强大且简单易用。目前，在微型计算机（PC 机和笔记本计算机）中安装的操作系统大多是 Windows 10 操作系统。

3.2.1 Windows 10 操作系统简介

Windows 10 操作系统适用于计算机、平板电脑、手机、Xbox 及其他小型电子设备。2014 年 10 月 1 日，微软在旧金山召开新品发布会，对外展示了新一代 Windows 操作系统，将它命名为"Windows 10"，新系统的名称跳过了数字"9"。2015 年 7 月 29 日微软发布了 Windows 10 操作系统正式版。

在正式版本发布的一年内，所有符合条件的 Windows 7 操作系统、Windows 8.1 操作系统都将可以免费升级到 Windows 10 操作系统，所有升级到 Windows 10 操作系统的设备，微软声称都将提供永久的服务支持。

Windows 10 操作系统是微软发布的最后一个独立 Windows 版本，下一代 Windows 10 操作系统将以更新的形式出现。Windows 10 操作系统最初发布时，一共发布了 7 个发行版本，分别面向不同用户和设备。Windows 10 操作系统的版本类型有：家庭版（Home）、专业版（Pro）、企业版（Enterprise）、教育版（Education）、移动版（Mobile）、移动企业版（Mobile Enterprise）及物联网核心版（IoT Core）。

2015 年 7 月 29 日起，微软通过 Windows Update 向所有的 Windows 7 操作系统、Windows 8.1 操作系统用户免费推送 Windows 10 操作系统，用户亦可以使用微软提供的系统部署工具进行升级。

2021 年 2 月，Windows Latest 报道，微软的一款新的更新补丁正在向 Windows 10 操作系统版本 20H2、2004 及以上版本推出，将永久删除 Adobe Flash Player。

2021 年 5 月，Windows 10 操作系统版本 21H1 更新推出，包含一系列改进的 Windows 功能体验包。

3.2.2 Windows 10 操作系统的新功能

Windows 10 操作系统是 Windows 新一代的操作系统，它既继承了 Windows 系列的传统优势，又加强了对硬件的支持及系统内核的优化，全新的界面给用户耳目一新的感觉。

Windows 10 操作系统与以往版本相比，增加了许多新功能，这些新功能将带给用户全新的视觉冲击和操作体验，具体体现在以下几方面。

1．回归的"开始"菜单

熟悉的桌面"开始"菜单终于在 Windows 10 操作系统中正式"归位"了，不过它旁边增加了一个 Modern 风格的区域，将改进的传统风格与新的现代风格有机地结合起来。传统桌面的"开始"菜单既照顾了 Windows 7 操作系统老用户的使用习惯，同时考虑到 Window 8/Windows 8.1 操作系统用户的习惯，仍旧提供触摸操作式"开始"屏幕，两代系统用户切换到 Windows 10 操作系统后在使用上不会有太多的不习惯。超级按钮 Charm bar

仍旧为触摸用户保留，用户能够通过【Windows+C】组合快捷键唤出非触摸设备。

2. Cortana（小娜）

在 Windows 10 操作系统里，增加了个人智能助理——Cortana（小娜）。小娜的功能非常强大，用户只要通过"你好小娜"的指令就可以唤出微软小娜，全新的小娜已完成了本地化的内容整合，用户能够与小娜用普通话聊天，也可以让小娜帮忙打开中国本地应用，例如，QQ、百度、淘宝等。小娜将成为一个"无所不知"的网站导航。

Windows 10 操作系统还增加了通过小娜发送短信及接收未接来电通知的功能。用户只需要用同一个微软账户登录计算机和手机，同时开启小娜，当用户有通讯录联系人未接来电的时候，就可以在计算机上接到通知，还能够通过小娜发短信。当用户有未接来电时，计算机就会弹出提示，用户能选择是否用小娜发送短信回复对方。

3. Windows 10 操作系统增加了生物识别功能

Windows 10 操作系统新增了一种自动计量生物学登录功能，这是该公司首次提供的一种跨设备的服务。

该功能名为"Windows Hello"，用户可以扫描自己的脸部、虹膜或指纹，并且存储在本地设备上，也就是可以用生物学技术登录手机、笔记本电脑和个人计算机，能够保证用户的数据不会被黑客窃取。要使用 Windows Hello 功能，需要配备 Intel Real Sense 3D 摄像头，一般摄像头无法支持，而对一般用户来说，PIN 解锁未尝不是一种好的体验。

4. 分屏多窗口功能增强

Windows 10 操作系统能够在屏幕中同时摆放 4 个窗口，可以在单独的窗口中显示正在运行的其他应用程序，并且还可以智能给出分屏建议。微软在 Windows 10 操作系统侧边增加了一个 Snap Assist 按钮，通过它能够将多个不同桌面的应用展示出来，同时可以和其他应用自由组合成多任务模式。

5. 内置 Windows 应用商店

Windows 10 操作系统增加了"应用商店"，也就是 Windows 应用商店。用户只要在"开始"菜单里打开"应用商店"，就能够从 Windows 应用商店中浏览、下载照片、音乐、游戏、社交、图书、视频、运动、新闻、天气和健康、购物、金融、烹饪、旅游等方面的应用，其中包括许多免费的应用和付费的应用。Windows 应用商店是一项很好的功能，能够简化 Windows 用户获得应用的流程。

Windows 应用商店帮助程序员将自己的应用程序卖到全世界，只要有 Windows 10 操作系统，就能展示程序员开发的应用。Windows 10 操作系统应用商店很像一款手机或平板电脑上的智能系统。访问 Windows 10 应用商店需要用户登录自己的账号，这样用户下载过的 Windows 10 操作系统应用都能同步保存在账户中。

6. 新的浏览器——Edge

Microsoft Edge 浏览器（以下简称 Edge）是在 Windows 10 操作系统及以后版本中开放使用的新的浏览器，同时，Windows 10 操作系统里的 Internet Explorer 将与 Edge 浏览器共存，前者采用传统页面引擎，提供旧版本兼容支持；后者使用全新页面引擎，带给用户不一样的浏览体验。这意味着，在 Windows 10 操作系统里，Internet Explorer 和 Edge 是两个不同的独立的浏览器，目的和功能有着明确的区分。进入 2021 年下半年，微软停止 Internet Explorer 的技术支持，要求用户改用 Edge。

7. 手机助手

手机助手是 Windows 10 操作系统里能够帮助用户对手机进行快速设置的新的应用。用户能在计算机上设置好自己所使用的微软服务，如音乐、Cortana 和照片等，将手机连到计算机上，就能同步信息和数据。如果手机是 Android 或 iOS 系统的，也能够从自己的计算机里向手机同步喜欢的内容，如音乐、OneDrive 和照片等。

8. 通知中心

在 Windows 10 操作系统里，新增了行动中心（通知中心）功能。用户单击任务栏右下角的"通知"按钮，就能打开通知面板，在通知面板上方会显示信息、更新内容和电子邮件等消息，在通知面板下方则包含了常用的系统功能，如连接、平板模式和便签等，但用户尚不能对收到的信息进行回应。9941 版本后的通知中心还增加了"快速操作"的功能，提供快速进入设置和开关设置的服务。

9. 多桌面

Windows 10 操作系统中新增的一个功能就是虚拟桌面，该功能能够让用户在同一个操作系统中拥有多个桌面环境，也就是用户能够根据自己的需要，在不同的桌面环境中进行切换。单击"任务视图"按钮，就能在下方看到桌面 1 和桌面 2，单击桌面名称就能快速切换，如果要新建桌面，可单击"新建桌面"按钮。

10. 任务栏

Windows 10 操作系统的任务栏里新增了"Cortana""搜索栏""任务视图"按钮，而且系统托盘内的标准工具也和 Windows 10 操作系统的设计风格匹配。用户能够轻松地查看到能用的网络连接，管理移动设备，或对系统显示器亮度和音量进行调节。

11. 主题

Windows 10 操作系统提供了多种 Windows 主题，每个主题都集合了窗口颜色、桌面背景、屏幕保护程序和声音等元素，设置某个主题之后，这些元素将随之改变。用户能够根据自己的需要设置自己喜爱的主题样式，找到符合自己的风格。

此外，Windows 10 操作系统还有许多新功能，如新增了云存储工具软件 OneDrive，用户能够将文件保存在网盘里，方便在不同的计算机或手机中访问；增加了桌面贴靠辅助，能够让窗口占据屏幕左、右两侧的区域，还可将窗口拖曳到屏幕的四个角落使其自动拓展并填充 1/4 的屏幕；另外还有智能家庭控制、视觉效果更佳等。总之，相比 Windows 7、Windows 8 操作系统，Windows 10 操作系统在性能、可用性和个性化功能等方面都有了很大的提升。随着 Windows 10 操作系统使用人数的增多，它的更多功能将被挖掘出来。

3.2.3　Windows 10 操作系统的用户界面

Windows 10 操作系统提供了一个友好的图形用户界面，主要有桌面、图标、任务栏、窗口、菜单、对话框等。同时，Windows 10 操作系统的操作过程是先选择、后操作，即先选择要操作的对象，然后选择具体的操作命令。

1. 桌面

启动 Windows 后，最先接触的就是"桌面"，如图 3-2 所示。桌面实际上是 Windows 10 操作系统启动后显示的画面，可以放一些经常使用的应用程序、文件和工具，这样用户就能快速、方便地启动和使用它们。桌面上有图标、按钮和任务栏，如"回收站""开始"按钮，双击它们，可以执行一些最常用的应用程序功能。

图 3-2　Windows 10 操作系统的桌面

2．图标

从图 3-2 可见，桌面上放置了一些图标，这些图标代表不同的资源、文件夹或应用程序等。桌面上的图标会因安装软件的不同而有所区别。Windows 10 操作系统桌面上的图标一般包括"此电脑""回收站""控制面板""网络"，以及一些应用程序的快捷方式图标。

1）图标的类型

Windows 10 操作系统针对不同的对象使用不同的图标，可分为文件图标、文件夹图标和快捷方式图标三大类。

① 文件图标。

文件图标是使用最多的一种图标。在 Windows 10 操作系统中，存储在计算机中的文件、文档、应用程序等都使用这种图标表示，并且根据文件类型的不同，采用不同的图案来显示。双击文件图标可以直接启动该应用程序或打开该文档。

② 文件夹图标。

文件夹图标是表示文件系统结构的一种提示，通过它可以进行文件的有关操作，如查看文件。

③ 快捷方式图标。

快捷方式图标的左下角带有弧形箭头，它是系统中某个对象的快捷访问方式。它与文件图标的区别是，删除文件图标就是删除文件，而删除快捷方式图标并不会删除文件，只是将该快捷访问方式删除而已。

2）图标的调整

① 创建新对象（图标）。

用户可以从其他文件夹中通过鼠标拖动的方式添加一个新的对象，也可以通过右击桌面空白处，并在弹出的快捷菜单中选择"新建"级联菜单中的某项命令来创建新对象。

② 删除桌面上的对象（图标）。

Windows 10 操作系统提供了以下 4 种删除选定对象的基本方法。

• 右击想要删除的对象，在弹出的快捷菜单中选择"删除"命令。

- 选中想要删除的对象，按【Delete】快捷键。
- 将对象拖动到"回收站"图标内。
- 选中想要删除的对象，按【Shift + Delete】组合快捷键（注意：使用该方法将直接删除对象，而不放入回收站）。

③ 图标显示模式的调整。

Windows 10 操作系统提供大图标、中等图标和小图标 3 种图标显示模式，右击桌面空白处，在弹出的快捷菜单中选择"查看"级联菜单中的某项显示模式命令即可实现，如图 3-3 所示。

④ 排列桌面上的对象（图标）。

可以用鼠标把图标拖放到桌面上的任意地方；也可以右击桌面的空白处，在弹出的快捷菜单中选择"排序方式"级联菜单中的"名称""大小""项目类型""修改日期"实现排序，如图 3-4 所示。另外，可以选择"查看"级联菜单中的"将图标与网格对齐"命令（使命令前面有"√"符号），使所有图标自动对齐。同时，如果选择"自动排列图标"命令，则用户在桌面上拖动任意图标时，该图标将会自动排列整齐。

图 3-3　"查看"级联菜单

图 3-4　"排序方式"级联菜单

3. 任务栏

任务栏通常处于屏幕的下方，如图 3-5 所示。

图 3-5　Windows 10 操作系统任务栏

Windows 10 操作系统取消了原来的快速启动栏，同时取消了此前 Windows 各版本在任务栏中显示运行的应用程序名称和小图标，取而代之的是没有标签的图标，类似于原来在快速启动工具栏中的图标，用户可以拖放图标进行定制，并可以在文件和应用程序之间快速切换。右击程序图标将显示用户最近使用的文件和关键功能。

在任务栏中不再仅仅显示正在运行的应用程序，也可以显示设备图标。例如，如果将数码相机与计算机相连，任务栏中会显示数码相机图标，单击该图标就可以卸掉外置的设备。

Windows 10 操作系统可以让用户设置应用程序图标是否要显示在任务栏的停靠栏（任务栏右下角）上，或者将图标轻松地在提醒领域及左侧的任务栏中互相拖放。用户可

图 3-6 "工具栏"级联菜单

以通过设置来减少过多的提醒、警告或者弹出窗口。

任务栏包括"地址""链接""桌面"等子栏。通常这些子栏并不会全部显示在任务栏上，用户根据需要选择以后才会显示。具体操作方法：右击任务栏的空白处，弹出快捷菜单，在"工具栏"的级联菜单中选择需要显示的子栏即可，如图 3-6 所示。

任务栏的最右侧有一个"显示桌面"图标，单击该图标可以使桌面上所有打开的窗口透明，以方便浏览桌面，再次单击该图标，可还原之前打开的窗口。

4．窗口

窗口与完成某种任务的一个程序相联系，是运行的程序与用户交换信息的界面。当用户打开一个文件或使用应用程序时，会出现一个窗口，窗口是用户进行操作的重要组成部分，熟练地对窗口进行操作，能提高用户的工作效率。

1）窗口的组成

在中文版 Windows 10 操作系统中有许多种窗口，其中大部分都包括相同的组件，图 3-7 是一个标准的窗口，它由标题栏、菜单栏、工具栏、状态栏、工作区域、滚动条等几部分组成。

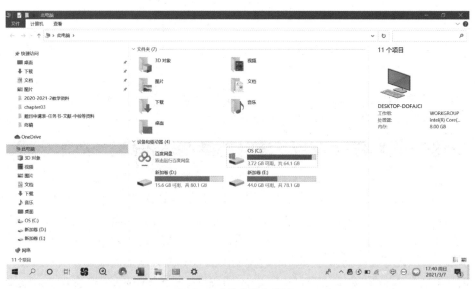

图 3-7 "此电脑"窗口

① 标题栏：位于窗口的最上部，它标明了当前窗口的名称，左侧有控制菜单按钮，右侧有最小化、最大化或向下还原及关闭按钮。

② 菜单栏：在标题栏的下面，它提供了用户在操作过程中要用到的各种访问途径。

③工具栏：包括一些常用的功能按钮，用户在使用时可以直接从中选择各种工具。

④状态栏：它在窗口的最下方，标明了当前有关操作对象的一些基本情况。

⑤工作区域：它在窗口中所占的比例最大，展示了该地址里的全部内容。

⑥滚动条：当工作区域的内容太多而不能全部显示时，窗口将自动出现滚动条，用户可以通过拖动水平或者垂直的滚动条来查看所有的内容。

2）窗口的类型及结构

窗口主要有资源管理器窗口、应用程序窗口和文档窗口三类。其中，资源管理器窗口主要用于显示整个计算机中的文件夹结构及内容；应用程序启动后就会在桌面提供一个应用程序窗口与用户进行交互，该窗口主要以菜单方式提供用户进行操作的全部命令；当通过应用程序建立一个对象时，就会建立一个文档窗口，一般文档窗口没有菜单栏、工具栏等，只有标题栏，所以它不能独立存在，只能隶属于某个应用程序窗口。

3）打开窗口

当需要打开一个窗口时，可以通过下面两种方式来实现：

①直接双击要打开的窗口图标；

②在选中的图标上右击，在弹出的快捷菜单中选择"打开"命令。

4）移动窗口

移动窗口时，用户只需要在标题栏上按下鼠标左键并拖动，将其移动到合适的位置后再松开，即可完成移动的操作。

5）缩放窗口

窗口不但可以移动到桌面上的任何位置，而且还可以改变大小并将其调整到合适的尺寸。当用户只需要改变窗口的宽度时，可把鼠标指针放在窗口的垂直边框上，当鼠标指针变成双向的箭头时，按下鼠标左键可任意拖动。当只需要改变窗口的高度时，可把鼠标指针放在窗口的水平边框上，当鼠标指针变成双向的箭头时，按下鼠标左键可任意拖动。当需要对窗口进行等比缩放时，可把鼠标指针放在边框的任意角上，按下鼠标左键可任意拖动。

6）调整窗口大小

用户在对窗口进行操作的过程中，可以根据自己的需要，把窗口最小化、最大化等。

①"最小化"按钮：在暂时不需要对窗口进行操作时，可把它最小化以节省桌面空间，用户直接在标题栏上单击"最小化"按钮，窗口会以按钮的形式缩小到任务栏。

②"最大化"按钮：窗口最大化时铺满整个桌面，这时不能再移动或者缩放窗口。用户在标题栏上单击"最大化"按钮即可使窗口最大化。

③"向下还原"按钮：当把窗口最大化后想恢复打开时的初始状态，单击"向下还原"按钮即可实现对窗口的还原。

用户在标题栏上双击鼠标左键可以进行最大化与向下还原两种状态的切换。

7）切换窗口

当用户打开多个窗口时，需要在各个窗口之间进行切换，下面是两种切换的方式。

①当窗口处于最小化状态时，用户可以在任务栏上选择所要操作窗口的按钮，然后单击即可完成切换。当窗口处于非最小化状态时，可以在所选窗口的任意位置单击，当标题栏的颜色变深时，表明完成对窗口的切换。

②按【Alt+Tab】组合快捷键来完成切换，用户可以在键盘上同时按下【Alt】和【Tab】快捷键，屏幕上会出现切换任务框，其中列出了当前正在运行的所有窗口的小图标，用户可以按住【Alt】快捷键，然后再按【Tab】快捷键，从切换任务框中选择所要打开的窗口，选中后再松开这两个快捷键，所选择的窗口即可成为当前窗口，如图3-8所示。

图 3-8　切换任务框

8）关闭窗口

用户完成对窗口的操作后，关闭窗口时常用下面4种方式。

①直接在标题栏上单击"关闭"按钮。

②双击窗口控制菜单按钮。

③单击窗口控制菜单按钮，在弹出的控制菜单中选择"关闭"命令。

④使用【Alt+F4】组合快捷键。

5．菜单

Windows 的功能和操作基本上体现在菜单中，只有正确使用菜单才能用好计算机。Windows 10 操作系统提供4种类型的菜单，它们分别是开始菜单、菜单栏菜单、快捷菜单和控制菜单。

1）开始菜单

Windows 10 操作系统的开始菜单具有透明化效果，功能设置也得到了增强。单击屏幕左下角任务栏上的"开始"图标，在屏幕上会出现开始菜单。也可以通过按【Ctrl+Esc】组合快捷键来打开开始菜单，此方法在任务栏处于隐藏状态的情况下使用较为方便。通过开始菜单可以启动一个应用程序。

Windows 10 操作系统开始菜单中的程序列表也一改以往缺乏灵活性的排列方式，菜单具有"记忆"功能，会即时显示用户最近打开的程序或项目。菜单也增加了"最近访问的文件"功能，该功能将各程序分类整合，方便用户查看和使用"最近访问的文件"。

注意：

　　若在某菜单的右侧有向右的三角形箭头，则当鼠标指针指向该菜单时会自动打开其级联菜单，即最近打开的文件列表。选择或将鼠标指针停留在开始菜单中的"所有程序"命令上，会打开其他应用程序菜单。

Windows 10 操作系统的开始菜单还有一个附加程序的区域。对于经常使用的应用程序，用户可右击这些应用程序的图标，在弹出的快捷菜单中选择"固定到'开始'屏幕"命令，即可在开始菜单中的附加程序区域显示该应用程序的快捷方式。若要在开始菜单中移除某应用程序，则右击该应用程序的图标，在弹出的快捷菜单中选择"从'开始'屏幕取消固定"命令即可。

2）菜单栏菜单

Windows 10 操作系统的每个应用程序窗口都有菜单栏菜单，其中包含"文件""编辑""帮助"等菜单。菜单命令只作用于本窗口中的对象，对窗口外的对象无效。

菜单命令的操作方法：先选择窗口中的对象，然后选择一个相应的菜单命令。需要注意的是，有时系统有默认的选择对象，若直接选择菜单命令，则会对默认的选择对象执行操作；若没有选择对象，则菜单命令是不可选的，即不能执行所选择的命令。

3）快捷菜单

当右击一个对象时，Windows 10 操作系统会弹出作用于该对象的快捷菜单。快捷菜单命令只作用于右击的对象，对其他对象无效。需要注意的是，右击对象不同，其快捷菜单命令也不同。

4）控制菜单

单击 Windows 10 操作系统窗口标题栏最左侧或右击标题栏空白处，可以打开控制菜单。控制菜单主要提供对窗口进行向下还原、移动、最小化、最大化和关闭操作的命令，其中，移动窗口可使用键盘中的上、下、左、右方向键进行操作。

菜单中某些命令的前面或后面有各种不同的符号，这些符号是有特定意义的。

① 菜单项高亮度显示：表示当前选中的菜单项。

② 快捷键：菜单项后面圆括号中的字母称为快捷键。如果按住【Ctrl】键，再按该字母键，就可以选择对应的命令。

③ 前有"√"：称为选中标记，控制某些选项的开关。如果处于选中状态（前面有"√"），再选一次就取消选中。

④ 前有"•"：单选标记，用于切换程序的不同状态，选择其他选项，该标记就移动到其他选项的前面。

⑤ 后有"…"：选择后会出现一个对话框。

⑥ 后有"▶"：下级菜单箭头，表示该菜单项还有下一级菜单。

6. 对话框

对话框是 Windows 10 操作系统与用户进行信息交互的界面，人们通过它将信息和数据提供给操作系统处理。在 Windows 10 操作系统或其他应用程序窗口中，当选择某项命令时，会弹出一个对话框，例如，在 Windows 10 操作系统中，进行文件或文件夹删除时会弹出提示对话框，如图 3-9 所示。

对话框是一种简单的窗口，通过它可以实现程序和用户之间的信息交流。为了获得用户信息，运行的程序会弹出对话框向用户提问，用户可以通过回答问题来完成对话；Windows 10 操作系统也使用对话框来显示附加信息和警

图 3-9　"删除文件夹"对话框

告，或解释没有完成操作的原因；用户也可以通过对话框对 Windows 10 操作系统或应用程序进行设置。

图 3-10 各种控件

对话框中可以使用很多控件，一个对话框中也可以同时包括多种类型的控件，按【Tab】快捷键，可以在对话框的各项目之间进行切换。

常用的控件有命令按钮、单选按钮、复选框、文本框、列表框、加减器、工具栏等，如图3-10所示。

1）命令按钮

命令按钮用于执行某种操作，如关闭系统、打印文件等。常用的命令按钮有"确定""取消""应用""配置"等。如果命令按钮后面有"…"，则表示单击该按钮后会弹出另一个对话框。

2）单选按钮

前面有一个圆圈的按钮称为单选按钮，如同选择题中的单项选择题一样，一次只能在所提供的多个选项中选择一项，选中的圆圈中有"•"。

3）复选框

前面有方框的控件称为复选框，相当于多项选择题，可以选择多个不互相排斥的选项。复选框中的选项可以根据需要任意选定，单击某个项目前面的方框，就会在其中显示"√"，表示选中；单击有"√"的方框就会取消对该项目的选择。

4）文本框

文本框也称为编辑框，用来输入文本信息。

5）列表框

列表框会把所有可选项目都列示出来，让用户从中选择所需选项。当列表项过多时，就会出现一个垂直滚动条。列表框可以减少输入，并能使数据和操作标准化，是用户与Windows 通信的主要手段之一。列表框主要有 3 种：普通列表框、下拉列表框和组合列表框。

6）加减器

控件右侧的上、下箭头就是加减器。上箭头称为增加按钮，单击它，可以使文本框中的数字增加；下箭头称为减少按钮，单击它，可以使文本框中的数字减少。除了通过单击增、减按钮输入数据，也可以直接在文本框中输入数据。

7）工具栏

Windows 10 操作系统应用程序窗口可以根据具体情况添加某种工具栏。工具栏提供了一种方便、快捷地选择常用操作命令的方式，当鼠标指针停留在工具栏的某个图标上时，会在旁边显示该图标的功能提示，单击该图标即可执行相应的操作。

3.2.4　Windows 10 操作系统的用户管理

Windows 10 操作系统提供了较全面的多用户管理功能，能够为每个用户建立自己的账号，设置每个用户独立的工作环境。可以为每个有权使用计算机的用户建立单独的访问功能，使每个用户有自己的用户名和用户密码。用户可以配置自己的工作桌面、图标、收藏夹和设置，建立真正属于自己的"我的文档"文件夹。用户可通过共享文件夹交换信息，个人文件夹只能在用户的授权下才能访问。

1. 创建用户账户

在创建用户账户之前，应先确定所建用户的类型。Windows 10 操作系统至少有以下几种用户：计算机管理员、受限用户和 Guest 用户。

在同一系统中可有一个或多个计算机管理员，计算机管理员是最高级的用户，能够创建、更改和删除其他账户，进行计算机系统的配置，安装应用软件并访问所有文件。

受限用户只能更改或删除自己的密码，更改、设置自己的桌面，查看与建立自己的文档，查看和使用共享文件夹中的文件。但不能修改系统配置，也不能安装软件。

用户名为 Guest 的特殊用户在登录系统时不需要密码，不需要专门创建，任何人都可以此身份登录系统，进行有限的系统访问（权限很低）。在一般情况下，应禁止 Guest 登录系统，因为它可能给系统的应用带来潜在的安全隐患。

现以创建一个名为"程序员"、密码为"123"的计算机管理员账户为例，介绍在 Windows 10 操作系统中创建用户账户的操作过程。

① 以计算机管理员的身份登录系统，然后选择"开始"→"控制面板"命令，在"控制面板"窗口中，单击"用户账户"图标。将弹出如图 3-11 所示的"用户账户"窗口，其中列出了所有已经创建的用户账户名。在这里可以进行账户的集中管理，如建立新用户名、修改用户密码、删除用户名、修改用户的类型等。

图 3-11 "用户账户"窗口 [①]

② 在图 3-11 中，单击"管理其他账户"选项，显示"管理账户"窗口，如图 3-12 所示，单击"在电脑设置中添加新用户"按钮，弹出"其他用户"窗口，如图 3-13 所示。

图 3-12 "管理账户"窗口

图 3-13 "其他用户"窗口

③ 单击"将其他人添加到这台电脑"，弹出"本地用户和组（本地）"窗口，如图3-14所示。从第 1 列中选择"用户"后，在第 2 列选择用户类型 Guest，在第 3 列选择"新用户"，弹出"新用户"对话框，依次输入"用户名""密码""新密码"等信息，单击"创建"按钮即可建立一个新的 Guest 类型的账户，它的类型是"供来宾访问计算机或访

---

① 软件图中"帐户"的正确写法应为"账户"。

图 3-14　"本地用户和组（本地）"窗口

问域的内置账户"。

2．用户切换与注销

用户切换指在不关闭当前正在运行的用户程序，不退出当前工作的情况下，让其他用户登录系统并进行工作。在 Windows 10 操作系统中切换用户的操作步骤如下：单击"开始"按钮，在菜单中单击已登录用户名的图标，从弹出的快捷菜单中选择需要切换的用户名。该操作将显示用户登录的欢迎屏幕，其他用户也可以从此登录系统。完成任务后，该用户可以以相同的方式注销账户，然后就可以轻松地返回原先状态。

注销是停止当前用户正在执行的任务，关闭当前用户打开的所有应用程序，使该用户从系统退出。注销只是使用户从系统退出，并不会删除或修改用户的任何数据，被注销的用户在任何时候都可以重新登录系统。

3．用户文档

建立一个新用户账户后，Windows 10 操作系统会为新建用户创建个性化的桌面，用户也可以自行设置桌面的图标，桌面设置的变化不会影响其他用户的桌面布局。每个用户账户都可以拥有不同于其他用户的桌面，每个用户都可以安装属于自己的软件。

系统还会为新用户建立一个完全个性化的"我的文档"，存入该文件夹的文件只有用户自己才能打开，其他用户的文件不会存入该文件夹，因为每个用户都有"我的文档"。单击"开始"按钮，在菜单中选择"文档"，即可直接进入"我的文档"。

4．设置、修改用户密码

Windows 10 操作系统在创建用户时可以为新用户账户设置密码也可以不设置密码。账户建好之后，随时可设置、修改或删除已有用户账户的密码。图 3-12 中会显示所有的用户账户，单击用户图标，如刚创建的新用户 haust，弹出如图 3-15 所示的窗口，从中可以执行为新用户更改账户名称、更改密码、更改账户类型、删除账户等操作。

5．删除用户

若要取消某个用户的系统使用权限，则

图 3-15　"更改账户"窗口

应当从系统中删除该用户账户。账户删除与账户注销是完全不同的概念，注销仅指用户退出系统，但其账户名称、密码、文档、程序和软件都保留在系统中，任何时候都可继续登录系统；删除则是从系统中删掉账户名称、密码等，用户不能再用该账户名称登录系统。

删除用户的操作很简单，在"管理账户"窗口中单击要被删除的账户，进入"更改账户"窗口，选择"删除账户"选项，再按屏幕提示进行操作。

3.2.5　Windows 10 操作系统的文件管理

Windows 10 操作系统将用户的数据以文件的形式存储在外存储器中进行管理，同时为用户提供"按名存取"的访问方法。因此，用户只有正确掌握文件的概念、命名规则、文件夹结构和存取路径等相关内容，才能使用正确的方法对文件进行管理。

1. Windows 10 操作系统文件系统概述

1）文件的概念

文件是指保存在存储介质中的程序或数据信息的集合，其内容可以是文字、程序、图表、图像、声音或视频等。任何程序和数据都是以文件的形式存放在计算机的外存储器（如磁盘）中的，并且每个文件都有自己的名字，称为文件名。它是计算机用来区分不同文件的唯一标识。文件的大小没有限制，内容多，文件就大；内容少，文件就小。例如，可以把一本书保存为一个文件，也可以把每一章都保存为一个文件。

从文件的读写性能来看，只能读出不能修改的是只读文件，既能读出又能被修改的称为读 / 写文件。

2）文件标识符

文件标识符是计算机系统能够唯一区别磁盘上各个文件的符号，由磁盘驱动器号、目录路径、主文件名和扩展名 4 部分组成。结构如下：

＜磁盘驱动器号 :＞＜目录路径＞＜主文件名＞<.扩展名＞

① 磁盘驱动器号。

磁盘驱动器号是一个逻辑符号，指出文件存放在哪个磁盘上。在计算机系统中对磁盘驱动器有一个简单的约定："A:"和"B:"一般表示软盘驱动器，"C:"表示第 1 个硬盘驱动器，"D:"表示第 2 个硬盘驱动器，"E:"表示第 3 个硬盘驱动器……以此类推。

> **注意：**
>
> 在表示磁盘驱动器时，驱动器字母后的冒号":"是不能少的。

② 文件名。

文件名是存取文件的依据，对于一个文件来讲，它的属性包括文件的名称、大小、创建或修改时间等。

文件名一般由主文件名和扩展名两部分组成，形式为"主文件名 . 扩展名"。扩展名可以没有，没有扩展名的文件名也是合法的。

在 Windows 10 操作系统中允许使用长文件名，只要文件名的总长度（文件名和类型扩展名的字符总数）不超过 256 个字符就可以。文件名中除开头外的任何地方都可以有空格，但不能包含 ?、\、/、*、"、<、>、|、:。

主文件名的选用应尽量反映出文件本身的含义，可用英文或汉语拼音来表示，扩展名用来区分不同的文件类型。表 3-1 列出了常见的文件类型。

表 3-1　常见的文件类型

扩展名	文件类型	扩展名	文件类型
.bmp	位图文件	.gif	图形文件
.asm	汇编语言源程序文件	.dat	数据文件
.bak	备份文件	.dbf	FOX 系列的数据库文件
.mdb、.accdb	Access 数据库文件	.exe	DOS 可执行文件

（续表）

扩展名	文件类型	扩展名	文件类型
.bas	BASIC 语言源程序文件	.hlp	帮助文件
.bin	二进制类型文件	.xls、.xlsx	Excel 表格类型文件
.doc、.docx	Word 文档类型文件	.ini	系统初始化文件
.ppt、.pptx	PowerPoint 演示文件	.txt	文本文件
.c、.cpp、.h	C++（或 C）语言源程序文件	.tmp	暂存文件（临时文件）
.com	DOS 系统命令文件，是可执行文件	.sys	系统配置或设备驱动程序文件
.zip	使用 WinRAR、ZIP 压缩的文件	.wav	音频文件
.gif	GIF 图像文件	.html、.htm	HTML 文件
.jpg	JPEG 图像文件	.wps	WPS 办公类型文件
.pdf	文档的电子映像；PDF 代表 Portable Document Format（可移植文档格式）		

下面几个标识符不能用作文件名，它们有特殊的含义。

CON 常用来表示标准的输入 / 输出设备（键盘或显示器），AUX 表示音频输入接口，COM1 或 COM2 表示第 1 个或第 2 个串行通信口，LPT、LPT1、LPT2 表示并行通信口，即打印机接口，PRN 表示打印机，NUL 表示测试使用的虚拟设备。

③ 可执行文件和数据文件。

可执行文件包含了控制计算机执行特定任务的指令，文件的内容按照计算机可以识别的机器指令格式进行存储，扩展名通常是 .exe 或 .com。普通的编辑软件不能识别这种文件的格式。例如，在记事本中打开一个可执行文件，就会显示出一些乱码。

数据文件是指包含可以查看、编辑和打印的词语、数字、字母、图形、图像、表格等内容的文件。

3）文件查找中的通配符

为了方便查找磁盘文件，文件系统引入了"？"和"*"两个特殊的字符，称为通配符。"*"表示该位置可以为多个任意字符，"？"表示该位置可以是一个任意字符。

通配符可以用在主文件名或扩展名中，通过它可以同时操作一组文件，提高文件操作的效率。例如，"*.ini"表示所有扩展名为".ini"的文件名，"*.*"表示所有的文件，"Foxplus.*"表示所有主文件名为 Foxplus 的文件，"A*.com"表示所有的以 A 开头的 com 类型的文件，"H？？.com"表示以"H"开头共 3 个字符，扩展名是 com 的文件。

4）文件属性

在 Windows 10 操作系统中，文件有其自身特有的信息，包括文件的类型、在存储器中的位置、所占空间的大小、修改时间和创建时间，以及文件在存储器中存在的方式等，这些信息统称为文件的属性。一般，文件在存储器中存在的方式有只读、隐藏，对应的文件属性有只读属性、隐藏属性。了解和利用文件属性，可以更好地使用和保护磁盘文件。

隐藏属性（H）：在查看磁盘文件的名称时，系统一般不会显示具有隐藏属性的文件名。具有隐藏属性的文件不能被删除、复制或更名。

只读属性（R）：对于具有只读属性的文件，可以查看它的名称，它能被应用，也能被复制，但不能被修改或删除。如果将可执行文件设置为只读文件，那么将不会影响它的正常执行。将一些重要的文件设置成只读属性，可以避免意外删除或修改。

右击某个文件夹或文件，从弹出的快捷菜单中选择"属性"命令，就会弹出"文件属性"对话框，从中可以更改文件夹或文件的属性。

2．文件夹的树状结构

外存储器存放着大量不同类型的文件，为了便于管理，Windows 10 操作系统将外存储器组织成一种树状结构，这样就可以把文件按某一种类型或相关性存放在不同的文件夹中。这就像在日常工作中把不同类型的文件用不同的文件夹来分类整理和保存一样。在文件夹中除了可以包含文件，还可以包含文件夹，其包含的文件夹被称为"子文件夹"。

1）文件夹结构

Windows 10 操作系统采用了多级层次的文件夹结构，如图 3-16 所示。对于同一个外存储器来讲，它的最高一级只有一个文件夹（称为根文件夹）。根文件夹的名称是系统规定的，统一用"\"表示。根文件夹内可以存放文件，也可以建立子文件夹（下级文件夹）。子文件夹的名称是由用户按命名规则指定的。子文件夹内又可以存放文件和再建立子文件夹。这就像一棵倒置的树，根文件夹是树的根，各子文件夹是树的分支，而文件则是树的叶子，叶子上是不能再长出枝杈来的，所以我们把这种多级层次文件夹结构称为树状结构。

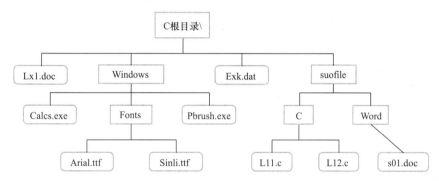

图 3-16　Windows 10 操作系统的文件夹结构

2）访问文件的语法规则

当访问一个文件时，用户必须告诉 Windows 10 操作系统三个要素：文件所在的驱动器、文件在树状结构中的位置（路径）和文件的名。

① 驱动器表示。Windows 10 操作系统的驱动器用一个字母后跟一个冒号的形式来表示。例如，C: 表示 C 盘的代表符、D: 表示 D 盘的代表符等。

② 路径。文件在树状结构中的位置可以用从根文件夹出发至该文件所在的子文件夹之间依次经过的一连串用反斜线隔开的文件夹名的序列来描述，这个序列称为路径。如果文件名包括在内，则该文件名和最后一个文件夹名之间也用反斜线隔开。

例如，若要访问图 3-16 中的 s01.doc 文件，则可用如图 3-17 所示的语法描述。

路径有绝对路径和相对路径两种表示方法。绝对路径就是上面的描述方法，即从根文件夹起到文件所在的文件夹为止的写法。相对路径是指从当前文件夹起到文件所在的文件夹为止的写法。当前文件夹指的

图 3-17　访问 s01.doc 文件的语法描述

是系统正在使用的文件夹。例如，假设当前文件夹是图 3-16 中的 suofile 文件夹，要访问
L12.c 文件，则可用"C:\suofile\C\L12.c"绝对路径描述方法，也可以用"suofile\C\L12.c"
相对路径描述方法。

3．文件格式

1）FAT 文件格式

FAT 是早期 MS-DOS 系统用来管理磁盘文件的系统，伴随 DOS 系统 20 多年了。FAT
拥有大量的用户，支持 MS-DOS 和各个版本的 Windows 操作系统。FAT 系统的文件名由
1 ～ 8 个以字母开头的字符和数字串组成，扩展名由 1 ～ 3 个合法字符组成。

FAT 是较早期的文件系统，非常简单，是为小硬盘和简单的文件结构设计的，适用于
500MB 以下的磁盘，在超过 1GB 的磁盘上使用 FAT 效率就很低了。FAT 的磁盘管理能力
相当有限，在 DOS 系统中只能管理 2GB 以下的磁盘，一个具有 120GB 的硬盘对 FAT 系
统而言，也只有 2GB（如果只有一个逻辑分区），Windows 操作系统中也不能超过 4GB。
另外，FAT 文件系统的安全性也较低。

2）FAT32 文件格式

FAT32 是 Windows 95 操作系统开始推出的 32 位文件系统，与 FAT 文件系统兼容。
同时在以下几方面进行了改进。

① 支持更大的磁盘存储空间。FAT32 支持 512MB ～ 2TB 的磁盘，不能识别小于
512MB 的磁盘。

② 更高效的文件存取效率。FAT32 采用了比 FAT 更小的簇存取文件，可以更有效
地保存信息。例如，两个大小都是 2GB 的磁盘，一个采用 FAT 文件系统，另一个采用
FAT32 文件系统，那么采用 FAT 系统的硬盘的簇的大小是 32KB，采用 FAT32 系统的硬盘
的簇的大小是 4KB（因为两种文件系统用于保存簇的编号的字节数不同）。这样，FAT32
比 FAT 的存储效率高 15%。

③ FAT32 文件系统可以重新定位根目录和使用 FAT 的备份副本。另外，FAT32 分区
的启动记录被包含在一个含有关键数据的结构中，减少了计算机系统崩溃的可能性。

④ FAT32 突破了 FAT 的 8.3 文件名的限定，支持长文件名。

3）NTFS 文件格式

NTFS 文件系统最初用于早期的 Windows NT 操作系统，现有 32 位和 64 位两种类型，
兼有 FAT 和 FAT32 文件系统的优点，并具有这两种文件系统所没有的高性能、高可靠性
和兼容性，能够快速地读 / 写和搜索大容量的磁盘，具有较强的容错和系统恢复能力。

安全性和稳定性是 NTFS 系统的最大特点，NTFS 为磁盘目录与磁盘文件提供了安全
设置，可以指定磁盘文件的访问权限，使病毒难以侵袭计算机。此外，NTFS 能够自动记

录文件的变更操作，具有文件修复能力，当出现错误时能够迅速修复系统，稳定性好，不易崩溃。

NTFS 支持大容量的磁盘分区，32 位的 NTFS 允许每个分区达到 2TB（1TB=1024GB），支持小到 512 字节的簇，硬盘利用率最高；支持长文件名，只要文件夹或文件名的长度不超过 255 个字符都可以。与 DOS 相比，NTFS 主要有以下区别：

① 扩展名可以使用多个分隔符，如可以创建一个名为"P.A.B.FILE98"的文件。

② 文件名中可以使用空格，但不能使用 ' 、'、" 、"、? 、\、*、<、>。

③ 文件名中可以使用汉字。

4．文件与应用程序关联

关联是指将某种类型的文件同某个应用程序通过文件扩展名联系起来，以便在打开任何具有此类扩展名的文件时，自动启动该应用程序。通常在安装新的应用程序时，应用程序会自动建立与某些文件之间的关联。例如，Word 应用程序与".docx"文件相关联，当双击该类文件时，Windows 10 操作系统就会先启动 Word 应用程序，再打开该文件。

如果一个文件没有与任何应用程序相关联，那么双击该文件，就会弹出一个请求用户选择打开该文件的"打开方式"提示框，如图 3-18 所示，用户可以从中选择一个能对文件进行处理的应用程序，然后 Windows 10 操作系统就启动该应用程序，并打开该文件。如果勾选图 3-18 中的"始终使用此应用打开 .jpg 文件"复选框，就建立了该类文件与所选应用程序的关联。

用户还可以右击一个文件，在弹出的快捷菜单中选择"打开方式"命令，并在其级联菜单中选择"选择默认程序"命令。这种方法可以使用户重新定义一个文件关联的应用程序。

图 3-18　"打开方式"提示框

5．文件与文件夹操作

文件与文件夹的操作包括新建、选定、打开、复制、移动、删除和重命名等。

1）新建文件或文件夹

新建文件或文件夹有多种方法，用户可以创建新的文件夹来存放具有相同类型或相近类型的文件，创建新文件夹可执行下列操作步骤：

① 打开某一磁盘或文件夹目录。

② 选择"文件"→"新建"→"文件夹"命令或需创建的文件类型命令；或右击工作区的空白处，在弹出的快捷菜单中选择"新建"命令来完成。

③ 在新建的文件或文件夹名的文本框中输入名称，再按【Enter】键或单击其他位置即可。

2）选定文件或文件夹的方法

选定单个文件：将鼠标指向要选定的文件图标，单击鼠标时可以看见该文件图标的颜色与其他图标不同，就表示该文件已经被选定了。

选定多个文件：如果要选定的文件是不相邻的，可按住【Ctrl】键，然后单击每个要选定的文件；如果要选定的文件是相邻的，可首先单击第 1 个要选定的文件，接着按住【Shift】键，再用鼠标单击最后一个要选定的文件；如果要选定一组文件，而这些文件是相邻的，只要用鼠标指针将它们"围住"就可以了。

选定全部文件或文件夹：选择"编辑"菜单中的"全部选定"命令，将选定文件夹区中的所有文件或文件夹（或按【Ctrl+A】组合快捷键）。

3）打开文件或文件夹的方法

双击选定的文件或文件夹即可打开。

4）复制文件或文件夹

① 通过"此电脑"或"资源管理器"窗口，找到要复制的文件或文件夹。

② 选中要复制的文件或文件夹并右击，从弹出的快捷菜单中选择"复制"命令。此操作会把所选定的文件（文件夹）复制到 Windows 10 操作系统的剪贴板中。

③ 找到存放所选内容的目标文件夹并右击，从弹出的快捷菜单中选择"粘贴"命令。

用户也可以使用拖放方式进行文件或文件夹的复制。步骤如下。

① 在桌面上同时打开两个窗口，一个显示源文件夹，另一个显示目标文件夹。

② 复制时，把鼠标指针指向要复制的文件或文件夹（若要一次复制多个文件，应先选定它们），按住【Ctrl】键，同时将它拖放到目标文件夹。在拖动过程中，鼠标指针的下面将显示一个带"+"的小方框，提示用户正在复制文件。

③ 把文件或文件夹拖放到目标文件夹后，释放鼠标，然后释放【Ctrl】键（应先释放鼠标，后释放【Ctrl】键，否则会变成移动文件），文件或文件夹就被复制到了目标文件夹或目标磁盘。

如果被复制文件（文件夹）与目标文件夹位于不同的磁盘，那么在拖放复制的过程中不需要按住【Ctrl】键。

用户还可以用鼠标右键进行拖放式的文件复制：选定要复制的文件，按住鼠标右键把选定的文件拖动到目标文件夹，然后释放鼠标右键，将弹出一个快捷菜单，选择其中的"复制到当前位置"命令。

如果要将文件复制到本机硬盘之外的其他磁盘（如 U 盘、移动硬盘），除了使用上面的方法进行复制，还可以选中要复制的文件或文件夹并右击，从弹出的快捷菜单中选择"发送到"命令，并从其二级菜单选择目标文件夹。

5）移动文件或文件夹

① 通过"此电脑"或"资源管理器"窗口，找到要移动的文件或文件夹。

② 选中要移动的文件或文件夹，并单击右键，从弹出的快捷菜单中选择"剪切"命令。此操作会把所选定的文件（文件夹）移动到 Windows 10 操作系统的剪贴板中。

③ 找到存放所选内容的目标文件夹并右击，从弹出的快捷菜单中选择"粘贴"命令。

也可以使用拖放方式进行文件或文件夹的移动，步骤如下。

① 在桌面上同时打开两个窗口，一个显示源文件夹，另一个显示目标文件夹。

② 移动时，把鼠标指向要移动的文件或文件夹（若要一次移动多个文件，应先选定它们），按住【Shift】键，同时将它拖放到目标文件夹。

③ 把文件或文件夹拖放到目标文件夹后，释放鼠标，然后释放【Shift】键（应先释放鼠标，后释放【Shift】键，否则会变成复制文件），文件或文件夹就被移动到了目标文

件夹或目标磁盘。

注意：

在同一驱动器上移动程序文件是建立该文件的快捷方式，而不是移动文件。

6）删除文件或文件夹

硬盘或 U 盘中的文件如果不再需要，就应该把它们删除，以释放出更多的磁盘空间供其他程序使用，不定期删除无用文件也能加快 Windows 10 操作系统运行速度。删除文件的步骤如下：选择要删除的文件或文件夹（一次可以选定多个文件或文件夹），然后按【Delete】键。也可以右击文件或文件夹，从弹出的快捷菜单中选择"删除"命令，就可以把文件或文件夹删除。

正常情况下，删除文件都会弹出删除提示对话框，但 Windows 10 操作系统默认删除文件时不弹出确认删除文件的提示对话框，而是直接删除，这样有可能会出现误删文件的情况。设置在 Windows 10 操作系统删除文件时弹出删除提示对话框的步骤如下。

① 右击桌面上的回收站图标，在弹出的菜单中选择"属性"命令。

② 在弹出的"属性"对话框中将"显示删除确认对话框"前的复选框打上"√"。

③ 单击应用按钮。这样，删除文件时就会弹出删除提示了。

7）重命名文件或文件夹

改变文件或文件夹名称的过程如下：右击要更改名称的文件或文件夹，从弹出的快捷菜单中选择"重命令"命令，删除旧文件名，输入新的文件名即可。

6．设置文件夹选项

打开"此电脑"或"资源管理器"窗口，单击"文件"菜单，从弹出的下拉菜单中，选择"更改文件夹和搜索选项"命令，弹出"文件夹选项"对话框，如图 3-19 所示。

① 不显示隐藏文件或系统文件。

在默认情况下，隐藏文件和系统文件被设置为不显示。如果隐藏文件或系统文件已被显示，则可在"文件夹选项"对话框的"查看"选项卡中选择"不显示隐藏的文件、文件夹或驱动器"和"受保护的操作系统文件（推荐）"选项，隐藏文件的类型主要有".dll"".sys"".vxd"".drv"".ini"等。

② 显示所有文件。

显示所有文件，包括隐藏文件和系统文件，可在"文件夹选项"对话框的"查看"选项卡中选择"显示隐藏的文件、文件夹和驱动器"选项。使用该选项要慎重，因为当所有的文件都显示出来之后，如不小心破坏了系统文件，则可能影响系统的正常运行。

图 3-19　"文件夹选项"对话框

③ 显示文件扩展名。

在默认情况下，Windows 10 操作系统将常见的文件类型扩展名隐藏起来不显示，所以在查看磁盘上的文件时，经常看不见文件的类型名，在很多时候这是不方便的。用户可以通过"文件夹选项"对话框中的"隐藏已知文件类型的扩展名"选项对此进行重新设置，使文件类型扩展名被显示出来。

7. 设置共享文件夹

Windows 10 操作系统网络方面的功能设置更加强大，用户不仅可以使用系统提供的共享文件夹，也可以设置自己的共享文件夹，与其他用户共享自己的文件夹。

设置用户共享文件夹的操作如下。

① 选定要设置共享的文件夹。

② 右击需要共享的文件夹，选择"授予访问权限"命令。

③ 再选择"特定用户"，在下拉列表中找到需要共享的人，如图 3-20 所示。

④ 单击右侧的"添加"按钮，再单击右下方的"共享"按钮。

⑤ 设置完毕后，单击"完成"按钮即可。

8. 搜索文件或文件夹

如果只记得文件或文件夹的名称，而忘记了它们在磁盘上的存储目录，那么可以通过查找功能找到其所在的磁盘位置。至少可以用以下两种方式进行文件搜索：右击"开始"按钮，选择"搜索"选项，或者在"此电脑"或"资源管理器"窗口右上角的搜索框输入要搜索的内容。

下面是通过第 2 种方法搜索计算机中的 DOC 文档的过程。右击"开始"按钮，从弹出的快捷菜单中选择"文件资源管理器"命令，在弹出如图 3-21 所示窗口的左侧单击"此电脑"图标，在右上角的搜索框中输入搜索条件"*.doc"，计算机将进行搜索，并把全部磁盘所有文件夹中扩展名为".doc"的文件显示出来。

图 3-20　添加共享用户　　　　　　　　　　图 3-21　文件搜索

9. 回收站

Windows 10 操作系统并不是真正从磁盘上将"此电脑""资源管理器"和其他窗口中被删除的文件删除，而是把这些文件的删除信息放到了"回收站"中（与直接将文件拖放到"回收站"中的效果完全相同），只要没有执行"清空回收站"操作，就可以将它们恢复到原来的保存位置。这样，当不慎删除了有用的文件后，还能够从"回收站"中把它们找回来，挽回不必要的损失。

1）查看"回收站"中的文件

双击桌面上的"回收站"图标，就可以打开"回收站"，从中可以看到所有被删除的文件或文件夹，如图 3-22 所示。如果要查看"回收站"中的详细内容，如被删除的文件名、删除前所在的文件夹、文件的大小、被删除的日期及文件的类型等，只需单击"回收站"窗口中的"查看"选项卡，单击"详细信息"命令，就可以看到以列表的方式排列的"回收站"中的内容。

图 3-22　查看"回收站"的内容

"回收站"中的每个图标就是一个被删除的文件或文件夹，它们的图标与"资源管理器"或"此电脑"中看到的图标相同。但在"回收站"中双击一个图标却不能打开它，系统将弹出一个关于该图标所对应的文件或文件夹被删除的属性，从中可以查看该文件的名称、删除前的位置、删除的日期、文件的类型和文件的大小等。

2）删除、还原、清空"回收站"中的文件

在"回收站"窗口中右击要恢复的文件或文件夹，会弹出操作"回收站"的一个快捷菜单，有"还原""剪切""删除""属性"等命令。选择"还原"命令，相应的文件就会被放回到原来的位置，而且所有数据、信息都与删除前一样。文件被还原后，它在回收站中的图标就消失了。

如果选择"删除"命令，被选中的文件或文件夹就会被真正删除。单击如图 3-22 所示的"回收站工具"选项卡中的"清空回收站"按钮，则"回收站"中的全部文件或文件夹都会被删除。

10. 资源管理器

Windows 10 操作系统提供的资源管理器窗口是一个管理文件和文件夹的重要工具，它清晰地显示了整个计算机中的文件夹结构及内容，如图 3-23 所示。使用它，用户能够方便地进行文件的打开、复制、移动、删除或重新组织等操作。

1）Windows 10 操作系统资源管理器窗口的启动

方法 1：在 Windows 10 操作系统桌面，依次单击"开始"→"Windows 系统"菜单项，在展开的 Windows 系统菜单中，找到并单击"文件资源管理器"命令即可。

方法 2：右击"开始"图标，在弹出的快捷菜单中选择"文件资源管理器"命令。

方法 3：按【Win + E】组合快捷键。

无论使用哪种方法启动 Windows 10 操作系统资源管理器，都可以打开 Windows 10 操作系统资源管理器窗口。

2）Windows 10 操作系统资源管理器窗口的操作

① 组成。

Windows 10 操作系统资源管理器窗口（如图 3-23 所示）分为上、中、下三部分。窗口上部包括"地址栏""搜索栏""菜单

图 3-23　Windows 10 操作系统资源管理器窗口

栏"。窗口中部分为左、右两个区域，即导航栏区（左侧区域）和文件夹区（右侧区域），用鼠标拖动左、右区域之间的分隔条，可以调整左、右区域的大小。导航栏区显示计算机资源的组织结构，整个资源被统一划分为快速访问、网盘、计算机和网络 4 大类；文件夹区显示的是在导航栏中选定对象所包含的内容。窗口下部是状态栏，用于显示某选定对象的一些属性。

快速访问：主要包含最近打开过的文件和系统功能使用的资源记录，如果需要再次使用其中的某一个，则只需选定即可。

网络：可以直接在此快速组织和访问网络资源。

计算机：显示本地计算机外存储器上存储的文件和文件夹列表，以及文件和文件夹存储的实际位置。

网盘：又称网络 U 盘、网络硬盘，是由互联网公司推出的在线存储服务。服务器机房为用户划分一定的磁盘空间，用户可免费或付费使用其提供的文件的存储、访问、备份、共享等文件管理功能，并且其拥有高级的世界各地的容灾备份。用户可以把网盘看成一个放在网络上的硬盘或 U 盘，无论是在家中、单位还是在其他任何地方，只要用户的计算机连接到因特网，就可以管理、编辑网盘中的文件，不需要随身携带文件，更不怕丢失。

② 基本操作。

• 导航栏的使用

Windows 10 操作系统资源管理器窗口的导航栏为用户提供了选择资源的列表项，选择某一项，则其包含的内容会在右侧的文件夹区中显示。

在导航栏的列表项中可能包含子项。用户可展开列表项，显示子项，也可以折叠列表项，不显示子项。为了能够清楚地知道某个列表项中是否含有子项，Windows 10 操作系统在导航栏中用图标进行标记。列表项前面有 ">"，表示该列表项中含有子项，用户可以单击 ">" 展开列表项；列表项前面有 "∨"，表示该列表项已被展开，再次单击该符号将折叠列表项。

• 地址栏的使用

Windows 10 操作系统资源管理器窗口中的地址栏具备简单、高效的导航功能，用户可以在当前的子文件夹中，通过地址栏选择上一级的其他资源进行浏览。

• 选择文件和文件夹

要选择文件和文件夹，首先要确定该文件或文件夹所在的驱动器和文件或文件夹所在的文件夹，即在导航栏中，从上到下一层一层地选择该文件或文件夹所在的驱动器和文件夹，然后在文件夹区中选择所需的文件或文件夹。在 Windows 10 操作系统资源管理器窗口的导航栏中选定一个文件夹之后，在文件夹区中会显示出该文件夹下包含的所有子文件夹和文件，在其中选择所需要的文件或文件夹即可。导航栏显示的是文件和文件夹的路径，文件夹区中显示的是被选定文件夹的内容。

文件夹内容的显示模式有 "超大图标""大图标""中图标""小图标""列表""详细信息""平铺""内容" 8 种。

11. 剪贴板的使用

剪贴板是 Windows 10 操作系统中一个非常实用的工具，它是一个在 Windows 程序和文件之间传递信息的临时存储区。剪贴板不仅可以存储文字，还可以存储图像、声音等其他信息。通过它可以把多个文件的文字、图像、声音粘贴在一起，形成一个图文并茂、有声有色的文件。

剪贴板的使用步骤：先将对象复制或剪切到剪贴板这个临时存储区中，然后将插入点定位到需要放置对象的目标位置，再执行"粘贴"命令将剪贴板中的信息传递到目标位置。

在 Windows 10 操作系统中，可以把整个屏幕或某个活动窗口作为图像复制到剪贴板中。

① 复制整个屏幕：按【Print Screen】键。

② 复制窗口、对话框：先将窗口或对话框选择为活动窗口或活动对话框，然后按【Alt + Print Screen】组合快捷键。

3.2.6　Windows 10 操作系统的控制面板

"控制面板"窗口是用户对计算机系统进行配置的重要工具，可用来修改系统配置，实现个性化设置。

单击"开始"按钮，选择"控制面板"命令，打开经典视图下的"控制面板"窗口，如图 3-24（a）所示。如果在右上角的"查看方式"菜单中，选择"小图标"命令，就会出现小图标视图下的"控制面板"窗口，如图 3-24（b）所示。当然，用户也可以选择"大图标"模式的查看方式。

（a）经典视图 - 按类别查看　　　　　　　　　（b）小图标视图

图 3-24　"控制面板"窗口

1. "个性化"设置

在中文版 Windows 10 操作系统中为用户提供了设置个性化桌面的空间，系统自带了许多精美的图片，用户可以将它们设置为背景；通过显示属性的设置，用户还可以改变桌面的外观，或选择屏幕保护程序，还可以为背景加上声音。通过这些设置，用户的桌面会更加赏心悦目。

右击桌面空白处，在弹出的快捷菜单中选择"个性化"命令，直接打开"个性化"（背景）窗口，如图 3-25 所示。

图 3-25　"个性化"窗口

在"个性化"窗口下面可以对已选中的主题做进一步的个性化设置。

（1）设置个性化"背景"：单击左侧"背景"，右侧将显示"背景"的设置选项，用户可以设置自己的桌面背景。在"背景"下拉列表框中，用户可以选择"图片""纯色""幻灯片放映"的背景方案。Windows 10 操作系统提供了多种风格的图片，用户可根据自己的喜好进行选择，也可以通过"浏览"的方式从已保存的文件中调入自己喜爱的图片。用户单击"选择契合度"下拉列表框，可以选择图片的填充方式。

（2）设置"窗口颜色"：单击左侧"颜色"，右侧将显示"颜色"的设置选项。在"选择颜色"下拉列表框中可以选择"浅色""深色""自定义"的配色方案，也可以打开或者关闭"透明效果"，还可以选择自己喜欢的主题色。

（3）设置"锁屏界面"：单击左侧"锁屏界面"，右侧将显示"锁屏界面"的设置选项。当用户暂时不对计算机进行任何操作时，可以使用"锁屏界面"，这样既可省电，又可有效地保护显示器，并且可以防止其他人在计算机上进行任意操作，从而保证数据的安全性。在"背景"下拉列表框中提供了"Windows 聚焦""图片""幻灯片放映"三种方式。用户还可以进一步选择在锁屏界面上显示详细状态的应用以及在锁屏界面上显示快速状态的应用。

（4）设置"主题"：单击左侧"主题"，右侧将显示"主题"的设置选项。用户可以根据喜好在"背景""颜色""声音""鼠标光标"等几个方面进行定制化设置，也可选用系统已经预设好的主题方案。

2. 调整鼠标

鼠标是操作计算机过程中使用最频繁的设备之一，几乎所有的操作都要用到鼠标。在安装 Windows 10 操作系统时系统已自动对鼠标进行过设置，但这种默认的设置可能并不符合用户个人的使用习惯，这时用户可以按照个人的喜好对鼠标进行一些调整。

单击"控制面板"按钮，打开"控制面板"窗口，选择"硬件和声音"，再选择"设备和打印机"，单击"鼠标"按钮，打开"鼠标 属性"对话框，选择"鼠标键"选项卡，如图 3-26 所示。

在"鼠标键配置"中，系统默认左侧的键为主要键，若选中"切换主要和次要的按钮"复选框，则将设置右侧的键为主要键；在"双击速度"中拖动滑块可调整鼠标的双击速度，双击旁边的文件夹图标可检验设置的速度；在"单击锁定"中，若选中"启用单击锁定"复选框，则在移动项目时不用一直按着鼠标键就可实现锁定，单击"设置"按钮，在弹出的"单击锁定的设置"对话框中可调整实现

图 3-26　"鼠标键"选项卡

单击锁定需要按鼠标键或轨迹球按钮的时间。

3. 更改日期和时间

若用户需要更改日期和时间，可单击任务栏最右侧的时间栏，选择"日期和时间设置"命令，或选择"控制面板"→"时钟、语言和区域"→"日期和时间"选项，在"日期和时间"对话框中选择"日期和时间"选项卡，如图 3-27 所示。

单击"更改日期和时间"按钮即可修改日期和时间。更改完毕后，单击"确定"按钮即可。

4. 设置输入法

在控制面板"大图标"查看方式下单击"区域"图标，弹出"区域"对话框，在"格式"中选择"语言首选项"即可打开"时间和语言"对话框。

图 3-27　"日期和时间"对话框

输入法是输入文字的方法。在 Windows 10 操作系统中默认的是英文输入方式，要输入汉字，则必须要由中文输入法来输入。中文 Windows 10 操作系统默认安装了一些中文输入法，比如全拼、微软拼音输入法等。如果要使用其他的汉字输入法，用户就必须安装相应的中文输入法应用软件。

1）安装输入法

在"时间和语言"窗口选择"语言"，然后单击右侧"首选语言"中的"添加语言"按钮，如图 3-28 所示。也可以直接通过右击"任务栏"上的"语言栏"的输入法图标，在弹出的快捷菜单中选择"设置"命令来进行设置，之后的设置过程两者是相同的。

2）切换输入法

单击"任务栏"上的"语言栏"的输入法图标，在弹出的快捷菜单中选择要切换的输入法，也可按【Ctrl+Shift】组合快捷键在各种输入法之间轮流切换。按【Ctrl+Space】组合快捷键启动或关闭中文输入法。

5. 添加字体

字体是计算机屏幕上显示的、文档中使用的、打印机输出的字符的样式。Windows 10 操作系统提供了多种字体，作为中文版 Windows 10 操作系统用户，使用最多的字体主要是宋体、仿宋、黑体、楷体等。

单击"个性化"窗口的"字体"，右侧显示"字体"的设置选项，如图 3-29 所示。在这里可以添加字体及查看已安装的可用字体。也可以在控制面板的"大图标"

图 3-28　添加语言

或者"小图标"查看方式下打开"字体"文件夹，如图 3-30 所示。添加字体时，直接将字体文件复制到该文件夹中即可。也可以直接打开 C:\Windows\fonts 文件夹。

6. 命令提示符与 PowerShell

为了方便熟悉 DOS 命令的用户通过 DOS 命令使用计算机，Windows 10 操作系统依然提供"命令提示符"窗口来保留 DOS 的使用方法。

图 3-29 "字体"的设置选项

图 3-30 "字体"文件夹

同时按下【Win】键和【R】键，调出运行窗口。在运行窗口中输入 cmd，单击"确定"按钮，这样就会打开"命令提示符"窗口，如图 3-31 所示。

图 3-31 "命令提示符"窗口

在 Cortana 搜索框中输入 cmd，按下回车键，就会在界面上方看到命令提示符，单击它，也可以打开"命令提示符"窗口。在"命令提示符"窗口中用户就可以使用 DOS 命令进行操作。

在 Windows 10 操作系统中"Windows PowerShell"窗口要比"命令提示符"窗口功能更强大，可以为我们运行更多的命令，也称为"CMD 的升级版"。选择"开始"→"所有程序"→"Windows PowerShell"→"Windows PowerShell"命令，就可以打开"Windows PowerShell"窗口，如图 3-32 所示。

图 3-32 "Windows PowerShell"窗口

打开之后，和之前的"命令提示符"窗口一样，只是背景色是蓝色的。

Windows PowerShell 提供了大量命令来执行各种管理任务，可让用户轻松完成管理系统任务。

3.2.7　Windows 10 操作系统的软 / 硬件管理

1. 安装 / 卸载应用程序

当把含有新软件的光盘插入光驱时，绝大多数应用程序都包含自动安装程序（setup. exe），安装程序就会自动启动，并在屏幕上显示安装向导，根据向导提示就能够完成安装。

如果要安装的软件没有自动安装功能，则可以打开该软件所在的 U 盘或光盘，在 U 盘或光盘中找到安装程序的程序图标（通常为 setup.exe 或 install.exe）并双击它，即可进行软件的安装。

Windows 10 操作系统应用程序中一般包含了自动卸载工具（uninstall.exe），如果要删除一个应用程序，可以运行它的反安装程序（uninstall.exe），这样就能彻底地把它删除。如果要删除一个不包括自动卸载工具的程序，可以利用 Windows 10 操作系统提供的卸载工具来删除。用户可以选择"控制面板"→"程序和功能"命令，打开"程序和功能"窗口，如图 3-33 所示，从"卸载或更改程序"列表中选择要卸载的程序后，单击"确定"按钮。

在"程序和功能"窗口中单击左侧的"打开或关闭 Windows 功能"选项，打开"Windows 功能"窗口，如图 3-34 所示。若要打开一种功能，则选择对应选项的复选框；若要关闭一种功能，则取消选择对应选项的复选框。

图 3-33　"程序和功能"窗口　　　　　图 3-34　"Windows 功能"窗口

2. 安装硬件设备

随着计算机技术的发展，计算机的配置变得十分灵活，随时可以为计算机增加设备。增加设备除了要进行硬件的物理连接，还必须在 Windows 操作系统中安装相应的设备驱动程序，并分配合适的硬件资源，这一过程称为添加新硬件。

1）自动检测方式

Windows 操作系统具有即插即用（Plug-and-Play，PNP）功能，一些新硬件插入计算机的扩展槽后，能够被自动识别，并自动安装相应的驱动程序，不需要人工设置。

绝大多数计算机扩展卡（如声卡、网卡、调制解调器等）都具有即插即用的功能。安装这类设备的基本过程：先关闭计算机的电源，打开计算机的主机箱，选择一个合适的总线扩展槽，把新增硬件插入扩展槽中；插好之后，重新启动计算机，Windows 操作系统会检测到新连接的设备，此时屏幕上就会出现一个提示对话框，告诉用户找到了一个新的硬件设备，并询问是否安装该设备的驱动程序；根据屏幕向导的提示安装设备驱动程序后，该硬件就安装好了。

2）手动添加方式

对于某些不能被计算机自动检测到的设备或自动安装过程中出现故障的硬件，需要使用手动添加的方式，利用系统的安装向导来进行安装。操作过程如下：打开"控制面板"窗口，选择"硬件和声音"→"添加硬件"选项，系统将弹出添加硬件的向导，用户根据添加硬件向导的提示，一步一步地执行完安装向导，就能够安装好硬件设备。

图 3-35 "设备和打印机"窗口

3）安装打印机

如果系统连接了打印机，则可以将生产商提供的安装光盘插入光驱，运行光盘中的安装程序，然后根据安装向导的提示，很快就能够完成打印机的安装。

如果没有打印机安装盘，或者并没有打印机连接到计算机上，也可以为计算机安装打印机，以便在 Word 和 Excel 之类的程序中实现打印预览功能。以后若有打印机，直接将它连接到计算机就可用了。安装过程如下：选择"开始"→"设备和打印机"命令，打开"设备和打印机"窗口，如图 3-35 所示。双击"添加打印机"，将弹出打印机安装向导第 1 步的对话框，单击其中的"下一步"按钮，根据安装向导的提示，指定打印机的类型、型号和驱动程序等内容，很容易完成整个安装过程。

3. 任务管理器

Windows 任务管理器是集成了程序运行、进程管理、计算机性能与网络监控及用户调度的多功能管理程序，非常实用。它不仅具有管理程序和用户的功能，还具有计算机安全保护的能力。任务管理器可以随时中止非法程序和进程的运行，也能够立即停止非法用户对计算机的操作，还可以帮助用户查看系统状态、管理启动项、监测 CPU 和内存等。

通过任务管理器可以查看哪些应用程序正在运行，也可以中止某些程序的运行，这为停止某些非法程序的执行提供了一种控制手段。在系统运行的时候，按【Ctrl+Alt+Delete】组合快捷键，从弹出的快捷菜单中选择"任务管理器"选项，就会弹出如图 3-36（a）所示的"任务管理器"窗口。按【Ctrl+Shift+Esc】组合快捷键或者右击任务栏空白处，在弹出的快捷菜单中选择"任务管理器"选项也可以快速打开任务管理器。

选中"任务"列表中的一个程序名，然后单击"结束任务"按钮，就会结束该程序的运行。

正在运行的程序段称为进程，操作系统的功能由许多进程来完成，应用程序在运行过程中也会产生若干个进程。黑客程序、病毒程序也是通过进程入侵和破坏系统的。

任务管理器的"进程"选项卡具有监管进程的功能，单击任务管理窗口的"进程"选项卡，即可弹出如图 3-36（b）所示的列表。进程列表将当前正在运行的进程全部显示出来，通过该列表能够查看哪些进程和程序正处于执行状态。如果对 Windows 系统非常了解，可以借此分析系统的运行是否正常。若突然发现一个从未见过的进程名，则很有可能是系统被病毒感染了。

（a）"任务管理器"窗口 　　　　　　　　　（b）"进程"选项卡

图 3-36 应用程序管理

3.2.8 Windows 10 操作系统的磁盘管理

1. 磁盘分区

磁盘管理工具可以对磁盘进行格式化、分区或删除已有分区等操作，过程如下：在桌面上右击"此电脑"图标，在快捷菜单中选择"管理"命令，弹出"计算机管理"窗口，选择"计算机管理"窗口左侧目录区中的"存储"→"磁盘管理"选项，如图 3-37 所示。"计算机管理"窗口列出了当前计算机系统的所有磁盘分区状况，包括物理盘的个数、每个物理盘的存储容量、采用的文件系统、已用磁盘空间和空闲磁盘空间等信息。

在 Windows 10 操作系统中删除或划分磁盘分区非常简单。在如图 3-37 所示的"计算机管理"窗口中，先选中要删除（或格式化）的分区，再选择"操作"→"所有任务"命令，然后从"所有任务"菜单中选择所需要的操作选项。更简便的方法是右击要处理的分区，然后通过快捷菜单实现需要的操作。

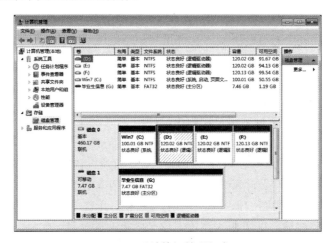

图 3-37 "计算机管理"窗口

2．磁盘格式化

新磁盘需要格式化后才能使用。此外，磁盘在使用一段时间后某些磁道或扇区可能会损坏，格式化可以将磁盘中的坏磁道和扇区标识出来，计算机就不会在已经损坏的扇区中写入数据，从而提高磁盘信息的可靠性。磁盘格式化具有破坏性，会删除磁盘上的所有数据，所以要小心使用。

3．磁盘清理

Windows 10 操作系统提供了一个"磁盘清理"程序，能够清除磁盘中的垃圾文件。在某些情况下，这个程序还会自行启动。例如，当向空闲空间小于磁盘总容量 3% 的硬盘分区复制文件时，"磁盘清理"程序会提示磁盘空间已经很少，并且询问是否运行"磁盘清理"程序，删除不必要的文件。运用"磁盘清理"程序清理垃圾文件的操作步骤如下。

图 3-38　"磁盘清理"对话框

① 选择"开始"→"Windows 管理工具"→"磁盘清理"命令，运行"磁盘清理"程序，让用户选择要清理的驱动器。

② 选择要清理的磁盘后，弹出一个相应的"磁盘清理"对话框，如图 3-38 所示，从中可以选择对不同类型的文件进行清除，其中较常用的如下。

• Temporary Internet Files：存放 Internet 临时文件的目录。

• 已下载的程序文件：用户在浏览 Internet 时自动下载的小程序。

• 回收站：从别的文件夹中删除到回收站中的文件。

• 临时文件：一些程序在执行过程中所产生的临时性文件。一般情况下，程序会在关闭之前自行清除这些文件，但当程序非正常关闭（如断电）时，这些临时文件就会因为来不及清除而保存在临时文件夹中，时间长了也可能占用较大的磁盘空间。

4．查看磁盘常规属性

磁盘的属性通常包括磁盘的类型、文件系统、空间大小、卷标信息等常规信息，以及磁盘的查错、碎片整理等处理程序和磁盘的硬件信息等。

查看磁盘的常规属性可执行以下操作：

① 双击"此电脑"图标，打开"此电脑"窗口。

② 右击要查看属性的磁盘图标，在弹出的快捷菜单中选择"属性"命令。

③ 打开相应磁盘的"属性"对话框，选择"常规"选项卡，如图 3-39 所示。

④ 在该选项卡中，用户可以在最上面的文本框中输入该磁盘的卷标；在该选项卡的中部显示了该磁盘的类型、文件系统、已用空间及可用空间等信息；在该选项卡的下部显示了该磁盘的容量，并用饼图的形式显示已用空间和可用空间的比例信息。

⑤ 单击"应用"按钮，即可应用在该选项卡中更改的设置。

5. 碎片整理和优化驱动器

一般来说，文件的内容在磁盘中是连续存放的，但随着无用文件的删除（磁盘使用时间长了之后），磁盘上会产生一些不连续的空闲小区域，重新写入的同一个文件就可能被拆分成多块，每块被保存在一个或多个空闲小区域中，这就是碎片。

计算机使用的时间越长，产生的碎片就越多，每次打开碎片文件时，计算机都必须搜索硬盘，查找碎片文件的各组成部分，这会减慢磁盘访问的速度，降低磁盘操作的综合性能。对磁盘上的文件进行移动，将破碎的文件合并在一起，并重新写入硬盘上相邻扇区，以便提高访问和检索的速度，这个过程称为碎片整理。

图 3-39 "常规"选项卡

Windows 10 操作系统提供了磁盘整理程序，用于重新组织磁盘上的文件，以提高计算机的访问速度。运行磁盘碎片整理程序的步骤如下：选择"开始"→"所有程序"→"Windows 管理工具"→"碎片整理和优化驱动器"命令，弹出"优化驱动器"窗口，从中选择要整理的磁盘，然后单击"优化"按钮，如图 3-40 所示。

图 3-40 "优化驱动器"窗口

3.2.9 Windows 10 操作系统的常用快捷键

快捷键或组合快捷键（也称键盘快捷方式）是指两个或多个键的组合，当按下这些快捷键时，可执行通常需要鼠标或其他指针设备才能完成的任务。快捷键可使用户与计算机的交互更容易，在使用 Windows 10 操作系统和其他程序时节省用户的时间和精力。

下面以 Windows 10 操作系统为例介绍常用的快捷键。快捷键的使用需要长期的练习和应用，一旦应用自如，操作计算机的速度就会大幅提升。

1. 常规键盘快捷键

常规快捷键及其功能如表 3-2 所示。

表 3-2　常规快捷键及其功能

序　号	快捷键（组合快捷键）	功　　能
1	F1	帮助
2	Ctrl+C	复制选中对象
3	Ctrl+X	剪切选中对象
4	Ctrl+V	粘贴选中对象
5	Ctrl+Z	撤销
6	Ctrl+Y	重做
7	Delete（Ctrl+D）	删除选中对象至回收站
8	Shift+Delete	直接删除选中对象（不放入回收站）
9	F2	重命名选中对象
10	Ctrl+A	全选
11	F3	在当前文件夹内搜索
12	Alt+Enter	显示选中对象属性
13	Alt+F4	关闭当前对象或退出当前程序
14	Alt+ 空格	打开当前窗口的快捷方式菜单
15	Alt+Tab	在当前运行的窗口中切换
16	Esc	取消当前任务
17	F5（Ctrl+R）	刷新
18	Ctrl+Shift+Esc	打开任务栏管理器

2. 资源管理器或对话框常用快捷键

资源管理器或对话框常用快捷键及其功能如表 3-3 所示。

表 3-3　资源管理器或对话框常用快捷键及其功能

序　号	快捷键（组合快捷键）	功　　能
1	Tab	在选项卡上向前移动
2	Shift+Tab	在选项卡上向后移动
3	Ctrl+N	打开新窗口
4	Ctrl+W	关闭当前窗口
5	Ctrl+Shift+N	新建文件夹
6	F11	最大化或最小化活动窗口
7	Ctrl+ 鼠标滚轮	改变文件或文件夹图标的大小和外观
8	Alt+D	选中地址栏（定位到地址栏）
9	Ctrl+E（F）	选中搜索框（定位到搜索框）

3.　自然键盘快捷键

在"Microsoft 自然键盘"或包含 Windows 徽标键（以下简称 Win）和应用程序键（以下简称 KEY）的其他兼容键盘中，用户可以使用如表 3-4 所示的快捷键。

表 3-4　自然键盘快捷键及其功能

序　号	快捷键（组合快捷键）	功　　能
1	Win	打开或关闭"开始"菜单
2	Win+Pause	显示"系统属性"对话框
3	Win+D	显示桌面，第 2 次单击恢复桌面
4	Win+M	最小化所有窗口
5	Win+Shift+M	将最小化的窗口还原到桌面
6	Win+E	打开"此电脑"
7	Win+F	搜索文件或文件夹
8	Win+L	锁定计算机或切换用户
9	Win+R	打开"运行"对话框
10	Win+T	循环切换任务栏上的程序
11	Win+ 数字	启动锁定到任务栏中的由该数字所表示位置处的程序。若该程序已在运行，则切换到该程序
12	Win+Tab	通过 AeroFlip3-D，使用箭头键循环切换任务栏上的程序
13	Win+ 空格键	切换输入语言和键盘布局
14	Win+ 向上键	最大化窗口
15	Win+ 向左键	最大化窗口到左侧的屏幕上
16	Win+ 向右键	最大化窗口到右侧的屏幕上
17	Win+ 向下键	最小化窗口
18	Win+U	打开控制面板轻松访问中心

大多数程序还提供内部的快捷键，这些快捷键可使用户对菜单和其他命令的操作变得更加容易。如果菜单中某个字母带下画线，那么通常表示若按【Alt】键与带下画线的键的组合，则可产生与单击该菜单项相同的效果。

3.3　其他操作系统

3.3.1　Linux 操作系统

Linux 操作系统是一种广泛使用的类 UNIX 操作系统，不仅可以在 Intel、AMD 系列个人计算机上运行，也可以在 DEC Alpha、SUN SPARC 等许多工作站上运行。

Linux 操作系统是真正的多用户、多任务操作系统，继承了 UNIX 操作系统的主要特点，具有强大的信息处理功能，特别是在 Internet 和 Intranet 的应用中占有明显优势。

Linux 操作系统是一款自由的、免费的和源代码开放的操作系统，Linux 有许多不同的

图 3-41　精简版 Linux 操作系统

版本，如 CentOS、redhat、Ubuntu 等，其中，redhat 发行量最大，CentOS 是基于 redhat 发行版重新编译之后的开源版本，它们均使用了 Linux 操作系统内核。Linux 操作系统可安装在各种计算机硬件设备中，如手机、平板电脑、路由器、台式计算机。精简版 Linux 操作系统如图 3-41 所示。

Linux 操作系统的功能强大且全面，与其他操作系统相比，具有一系列显著特点。

1. 与 UNIX 系统兼容

Linux 操作系统已成为具有全部 UNIX 操作系统特征，遵从 IEEE POSIX 标准的操作系统。对于 UNIX System V 来说，其软件程序源代码在 Linux 操作系统上重新编译后就可以运行；而对于 BSD UNIX 来说，它的可执行文件可以直接在 Linux 操作系统环境下运行。所以，Linux 操作系统实际上是一个完整的 UNIX 类操作系统。在名称、格式、功能上，Linux 操作系统使用的命令多数与 UNIX 相同。

2. 自由软件和源代码公开

Linux 操作系统项目从一开始就与 GNU 项目紧密结合，它的许多重要组成部分直接来源于 GNU 项目。任何人只要遵守 GPL 条款，就可以自由使用 Linux 源程序。通过 Internet，Linux 操作系统得到了迅速传播和广泛使用。

3. 性能高和安全性强

在相同的硬件环境下，Linux 操作系统可以像其他操作系统那样运行，提供各种高性能的服务，可以作为中小型 ISP 或 Web 服务器工作平台。

Linux 操作系统提供了先进的网络支持，如内置 TCP/IP、运行大量网络管理、网络服务等方面的工具，用户可利用它建立高效稳定的防火墙、路由器、工作站、Intranet 服务器和 WWW 服务器。Linux 操作系统还包含了大量系统管理软件、网络分析软件、网络安全软件等。

因为 Linux 源代码是公开的，所以可消除系统中是否有"后门"的疑惑。这对于关键部门、关键应用来说，是至关重要的。

4. 便于定制和再开发

在遵从 GPL 版权协议的条件下，各部门、企业、单位或个人可根据自己的实际需要和使用环境对 Linux 操作系统进行裁剪、扩充、修改或者再开发。

5. 互操作性高

Linux 操作系统支持数十种文件系统格式，能够以不同的方式实现与非 Linux 操作系统的不同层次的互操作。

（1）客户-服务器（Client/Server）网络。Linux 操作系统可以为基于 MS-DOS、Windows 及其他 UNIX 操作系统提供文件存储、打印机、终端、后备服务及关键性业务应用。

（2）工作站。工作站间的互操作性可以让用户把他们的计算需求分散到网络的不同计算机上。

（3）仿真。在 Linux 操作系统上使用 MS-DOS 与 Windows 平台的仿真工具可以运行 DOS/Windows 程序。

6. 全面的多任务和真正的 64 位操作系统

与其他 UNIX 操作系统一样，Linux 操作系统是真正的多任务系统，允许多个用户同时在一个系统上运行多个程序。Linux 操作系统还是真正的 64 位操作系统，在 Intel 80386 及以后的 Intel 处理器的保护模式下工作，支持多种硬件平台。

3.3.2　Mac 操作系统

macOS 是 Macintosh OS 的简称，是苹果公司出品的计算机操作系统的名称，是苹果机专用操作系统，在其他计算机上无法安装。苹果公司不但生产大部分硬件，而且连所用的操作系统都是它自行开发的。早期操作系统的版本是以大型猫科动物来命名的，Mac 操作系统 LOGO 与 Mac 操作系统常见界面如图 3-42 所示。

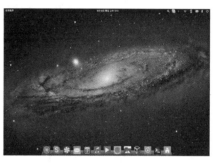

图 3-42　Mac 操作系统 LOGO 与 Mac 操作系统常见界面

Mac 操作系统的功能强大且全面，与其他操作系统相比，具有一系列显著特点。

1. 简洁干净

macOS 无磁盘碎片，无须硬盘整理，无须分区，不用关机，几乎无死机，基本没用过进程管理器。所有和使用无关的东西，都被隐藏起来，用户很容易学习和使用。

2. 设置简单

macOS 的网络设置简便易行，且切换方便，同样的操作在 Windows 操作系统下则相对烦琐。

3. 软件风格统一

macOS 的软件操作风格统一，简单好用，使用非常顺畅。

4. 稳定性高

macOS 的 Bug 少，更新也少，不像 Windows 操作系统需要经常打补丁，且补丁占用空间较大。

5. 安全性高

现在的计算机病毒几乎都是针对 Windows 操作系统的，由于 macOS 的架构与 Windows 的不同，所以相对而言很少受到病毒的攻击。

3.3.3　移动操作系统

1. Android 操作系统

Android 是一个基于 Linux 操作系统内核（不包含 GNU 组件），自由及开放源代码的操作系统。Android 操作系统最初由 Andy Rubin 开发，主要支持手机操作。第 1 部

Android 智能手机发布于 2008 年 10 月。Android 操作系统逐渐扩展到平板电脑及其他移动设备领域上，如电视、数码相机、游戏机、智能手表等。Android 操作系统 LOGO 与 Android 操作系统常见界面如图 3-43 所示。

图 3-43　Android 操作系统 LOGO 与 Android 操作系统常见界面

Android 操作系统的功能强大且全面，与其他操作系统相比，具有一系列显著特点。

1）开放性

Android 操作系统的首要特点就是开放性，开放性对于 Android 操作系统的发展而言，有利于积累人气，这里的人气来自消费者和厂商，而对消费者来讲，最大的好处就是可以获得丰富的软件资源。开放的平台也会带来更大竞争，消费者可以用更低的价位购得心仪的手机。同时也可以通过一些第三方优化过的系统利用刷机来实现更好的用户体验，如 MIU、Flyme 等。对于移动终端厂商而言，开放性使他们更易加入 Android 操作系统联盟。

2）丰富的硬件

由于 Android 操作系统的开放性，因此众多厂商会推出千奇百怪、功能特色各异的多种产品。功能上的差异和特色，却不会影响到数据同步，甚至是软件的兼容效果，例如，用户原先使用诺基亚 Symbian 风格手机，之后改用 iPhone，用户可将 Symbian 中优秀的软件带到 iPhone 上使用，并且可以方便地转移联系人等资料。

3）方便开发

Android 操作系统提供给第三方开发商一个十分宽泛、自由的环境，不会受到条条框框的约束和阻挠，有利于创造新颖别致的软件。

4）丰富的 Google 应用

Google 服务（如地图、邮件、搜索等）已经成为连接用户和因特网的重要纽带，而 Android 操作系统手机将无缝结合这些优秀的 Google 服务。

2．iOS 操作系统

iOS 操作系统是由苹果公司为 iPhone 开发的操作系统。它主要服务 iPhone、iPod touch 以及 iPad。它和 macOS X 操作体系相同。本来这个体系名为 iPhone OS，不过在 2010 年 6 月 7 日 WWDC 大会宣布改名为 iOS。它只能在苹果公司本身商品（iPhone、iPod touch 和 iPad）上运转。iOS 操作系统 LOGO 与 iOS 操作系统常见界面如图 3-44 所示。

iOS 操作系统的特点如下。

1）安全性

苹果公司对 iOS 操作系统生态采取了封闭的措施，并建立了完整的开发者认证和应用审核机制，因而恶意程序基本上没有登台亮相的机会。iOS 操作系统设备使用严格的安全技术和功能，并且使用起来十分方便。iOS 操作系统设备上的许多安全功能都是默认的，无须对其进行大量的设置，而且某些关键性功能，如设备加密，是不允许配置的，这样用户就不会意外关闭这项功能。

图 3-44　iOS 操作系统 LOGO 与 iOS 操作系统常见界面

2）软件与硬件整合度高

iOS 操作系统的软件与硬件的整合度相当高，这使其分化大大降低，在这方面，iOS 操作系统要远胜于碎片化严重的 Android 操作系统，这也增加了整个系统的稳定性，使得 iPhone 很少出现死机、无响应的情况。

3）界面美观、易操作

无论美观性还是易用性，iOS 操作系统都致力于为用户提供最优质的使用体验。iOS 操作系统给用户的第一感觉就是简洁、美观、有气质，并且操作简单，上手快。

4）应用数量众多

iOS 操作系统拥有的应用程序是所有移动操作系统中最多的，iOS 操作系统拥有数量庞大的应用和第三方开发者，几乎每类应用都有数千款，并且优质应用极多。

5）拥有虚拟内存机制

iOS 操作系统不能使用页面文件扩展进程的地址空间，iOS 操作系统中每个进程都拥有自己的虚拟地址空间。当系统内存不足时，会给应用程序发送一条消息，应用程序收到后会释放自己地址空间的空闲内存。

6）拥有统一要求的垃圾处理机制

垃圾处理机制不会使 iOS 操作系统越用越慢，也无须额外安装垃圾处理软件来拖慢系统的运行速度。

3. 鸿蒙操作系统

华为公司推出的经历十年多时间自主研发的鸿蒙操作系统（HarmonyOS 操作系统）是基于微内核的全场景分布式操作系统，可按需扩展，使系统安全更有保障。HarmonyOS 操作系统 LOGO 与 HarmonyOS 操作系统常见界面如图 3-45 所示。

鸿蒙操作系统的特点如下。

1）鸿蒙操作系统的设计与理念

鸿蒙操作系统是全新的基于微内核的面向全场景的分布式操作系统。由于微内核用内存管理单元 MMU 对进程空间进行隔离保护，所以没有授权的进程将无法访问其他进程的空间，从而阻止了恶意程序对其他进程数据的窃取。鸿蒙操作系统核心只保留了处理的时间、内存、通信、中断等基本的资源管理功能，所有其他功能由应用层来管理，以服务的形式提供功能。服务之间采用进程间通信 IPC。

图 3-45　HarmonyOS 操作系统 LOGO 与 HarmonyOS 操作系统常见界面

鸿蒙操作系统实现模块化耦合，对应不同设备可弹性部署；首次将分布式架构用于终端操作系统，实现跨终端无缝协同体验；采用的确定时延引擎和高性能 IPC 技术使系统更流畅；微内核架构可重塑终端设备安全性；通过统一 IDE 支撑一次开发，多端部署，实现跨终端生态共享。

2）鸿蒙操作系统的创新

① 内部解耦。

为适应不同的硬件，鸿蒙操作系统把每一层内部都解耦，形成几千个模块，每个模块的接口全部用头文件写好，打上标签说明该模块是怎样的设备。可针对不同设备进行弹性部署，如智慧屏、穿戴设备、车机、音箱、手机等，同时，创新的分布式软总线使拥有不同功能的硬件可以彼此协同。

② 虚拟硬件。

创新地打破传统终端硬件的边界，例如，手机中的显示器、处理器芯片、内存等实体硬件，可以通过软件按需求组合成不同硬件形态的虚拟硬件功能模块。

③ 一次开发，多端部署。

鸿蒙操作系统从设计之初就为多终端服务，如边缘计算、IoT、服务器等通过用户接口 UI 控件的抽象和解耦，业务逻辑原子化，不同应用的适配，可以快速实现一次开发，多端部署。

④ 分布式微内核。

微内核的分布式特点有利于 IoT 的生态协同。现有的各种操作系统只适用于某一种硬件，如 Windows 操作系统只适用于 x86 计算机、iOS 适用于苹果手机等，无法满足 IoT 时代众多不同种类终端的需要，也无法针对每种硬件分别开发一种操作系统或应用程序，这导致不同硬件终端的生态无法共享协同，开发效率低。因此，鸿蒙操作系统在 IoT 应用中的优势更加明显。

3）鸿蒙操作系统应用广泛

鸿蒙操作系统可应用于手机专有服务、智慧屏专有服务、穿戴设备专有服务、车机专有服务、音箱专有服务等领域，还可使这些不同设备协同工作，切换设备时实现无缝对接。

鸿蒙操作系统使手机、计算机、汽车、智能穿戴等设备的操作系统互相兼容，有利于物联网的升级管理和兼容，它将成为未来走向智能社会的一个操作系统。

鸿蒙操作系统与高速、低延时、广接入的 5G 相结合，为智能手机与智能穿戴设备的联动、智能自动驾驶汽车、物联网系统提供了新的基础技术支撑。

习　题

一、选择题

1．Windows 10 操作系统中的"桌面"是指 ＿＿＿＿＿。

A）资源管理器窗口　　　　　　　　　B）屏幕上的活动窗口

C）放计算机的桌子　　　　　　　　　D）窗口、图表或对话框等的屏幕背景

2．在 Windows 10 操作系统中，当一个应用程序窗口被最小化后，该应用程序 ＿＿＿＿＿。

A）被终止执行　　　B）被转入后台执行　　　C）被暂停执行　　　　D）被删除

3．在输入中文时，下列操作中，不能进行中英文切换的是 ＿＿＿＿＿。

A）单击中英文切换按钮　　　　　　　B）按【Ctrl+Space】组合快捷键

C）用语言指示器菜单　　　　　　　　D）按【Shift+Space】组合快捷键

4．下列选项中，不能完成创建新文件夹任务的是 ＿＿＿＿＿。

A）在桌面右击，在弹出的快捷菜单中选择"新建"→"文件夹"命令

B）在文件或文件夹属性对话框中进行操作

C）在 Windows 10 操作系统资源管理器窗口的"文件"菜单中选择"新建"命令

D）右击 Windows 10 操作系统资源管理器窗口的导航栏区或文件夹区，在弹出的快捷菜单中选择"新建"命令

5．当用鼠标拖放功能实现文件或文件夹的快速移动时，正确的操作是 ＿＿＿＿＿。

A）单击拖动文件或文件夹到目标文件或文件夹上

B）右击拖动文件或文件夹到目标文件或文件夹上，然后在弹出的快捷菜单中选择"移动到当前位置"命令

C）按住【Ctrl】键，然后单击拖动文件或文件夹到目标文件或文件夹上

D）按住【Shift】键，然后右击拖动文件或文件夹到目标文件或文件夹上

6．在 Windows 10 操作系统资源管理器窗口中，如果想一次选定多个分散的文件或文件夹，正确的操作是 ＿＿＿＿＿。

A）按住【Ctrl】键并右击，逐个选取

B）按住【Ctrl】键并单击，逐个选取

C）按住【Shift】键并右击，逐个选取

D）按住【Shift】键并单击，逐个选取

7．在 Windows 操作系统应用程序中，某些菜单命令的右侧带有"…"，表示 ＿＿＿＿＿。

A）一个快捷键命令　　　　　　　　　B）一个开关式命令

C）带有对话框，以便进行进一步设置　D）带有下一级菜单

8．在菜单中，前面有"√"标记的项目表示 ＿＿＿＿＿。

A）单选选中　　　B）有对话框　　　C）复选选中　　　　D）有级联菜单

9．有关 Windows 10 操作系统窗口的叙述中，正确的是 ＿＿＿＿＿。

A）窗口最大化后都将充满整个屏幕，不论是应用程序窗口，还是文档窗口

B）在窗口之间切换时，必须先关闭活动窗口，才能使另一窗口成为活动窗口

C）文档窗口只存在于应用程序窗口内且没有菜单栏

D）应用程序最小化就意味着该应用程序停止运行

10. 下列不属于对话框的组成部分的是 _____。

A）选项卡　　　　　B）菜单栏　　　　　C）命令按钮　　　　　D）数值选择框

11. 以下说法不正确的是 _____。

A）菜单项前有"√"时，表示该菜单项当前已经被选中有效

B）菜单项暗淡，表示该菜单项当前不可用

C）菜单项前有实心原点时，表示一组单选项中当前被选中

D）菜单项后带"…"，表示该菜单项被执行时会弹出子菜单

12. 永久删除文件或文件夹的方法是 _____。

A）直接拖进回收站　　　　　　　　B）按住【Alt】键，并拖进回收站

C）按【Shift+Delete】组合快捷键　　D）右击对象，选择"删除"命令

13. 下列关于"回收站"的说法中正确的是 _____。

A）"回收站"可以暂时或永久性保存被删除的磁盘文件

B）放入"回收站"中的信息不能恢复

C）"回收站"所占用的磁盘空间是大小固定、不可修改的

D）"回收站"只能存放 U 盘中被删除的文件

14. "控制面板"是 _____。

A）硬盘系统区的一个文件　　　　　　B）硬盘上的一个文件夹

C）一组系统管理程序　　　　　　　　D）内存中的一个存储区域

15. 在某个文档窗口中进行了多次剪切、复制的操作，当关闭了文档窗口后，剪贴板中的内容为 _____。

A）第 1 次剪切、复制的内容　　　　　B）空白

C）最后一次剪切、复制的内容　　　　D）所有剪切、复制的内容

16. 在 Windows 10 操作系统中所采用的目录结构为 _____。

A）树状　　　　　B）星状　　　　　C）环状　　　　　D）网络状

17. 设置屏幕显示属性时，与屏幕分辨率及颜色质量有关的设备是 _____。

A）CPU 和硬盘　　　B）显卡和显示器　　　C）网卡和服务器　　　D）CPU 和操作系统

18. 下列组合快捷键不会用到剪贴板的是 _____。

A）Ctrl+V　　　　B）Ctrl+X　　　　C）Ctrl+C　　　　D）Ctrl+A

19. Windows 10 操作系统中快速打开任务栏管理器的组合快捷键是 _____。

A）Win+Tab　　　B）Ctrl+Shift+Esc　　　C）Alt+Enter　　　D）Ctrl+F6

20. _____ 是一套多用户、多任务免费使用和自由传播的操作系统。

A）Windows 10 操作系统　　　　　　B）UNIX 操作系统

C）Linux 操作系统　　　　　　　　　D）VxWorks 操作系统

二、问答题

1. 简述在 Windows 10 操作系统中桌面的基本组成元素及其功能。

2. 如何查看、改变文件或文件夹的属性？

3. 怎样在桌面上创建快捷方式？快捷方式和文件有何差别？

4. 资源管理器是 Windows 10 操作系统最主要的文件浏览管理工具，用它可以实现哪些操作？

5. 如何查看当前计算机正在运行的程序进程，有哪些方法可以关闭一个正在运行的应用程序？

6. 在 Windows 10 操作系统环境下卸载应用程序时一般不采用直接删除的方式，请问常用的卸载方法有哪些？

7. 简述在 Windows 10 操作系统中设置用户账户的方法。

8. Windows 10 操作系统设置文件夹共享属性时，有多少种权限选择？

第 4 章　WPS Office 2019 办公软件

4.1　WPS Office 概述

WPS Office 是由金山软件股份有限公司自主研发的一款办公软件套装，具有 30 多年研发历史，拥有完全国产自主知识产权，支持文字文档、电子表格、演示文稿、PDF 文件、流程图、脑图等多种办公文档处理。它具有内存占用低、运行速度快、体积小巧、插件平台强大、免费在线存储空间大及在线文档模板多等诸多优势，是一款开放、高效、安全、兼容性强、具有中文本地化优势的优秀国产办公软件。

4.1.1　选择 WPS Office 的理由

1. WPS Office 具有良好的兼容性

WPS Office 应用 XML 数据交换技术，无障碍全面兼容 Microsoft Office。可直接打开、编辑、保存 Microsoft Word（doc、docx）、Excel（xls、xlsx）和 PowerPoint（ppt、pptx）文档，也可以直接用 Microsoft Office 编辑 WPS Office 系列的部分类型文档（wps、et、dps）。

2. WPS Office 更适合中文编辑习惯

WPS Office 提供了文字工具、段落布局、斜线表头、横向页面等诸多更适合中文使用习惯、符合本土化办公需求的特色功能，让用户能更轻松愉快、高效地进行电子文档的编辑。

3. WPS Office 个人版免费且支持多种终端平台

WPS Office 个人版对用户永久免费，用户只需访问官方网站，下载并安装对应版本即可。WPS Office 已完整覆盖了桌面和移动两大终端领域，支持 Windows 操作系统、Linux 操作系统、Mac 操作系统、Android 操作系统和 iOS 操作系统 5 大操作系统，让工作、学习不再受限于地理位置，可随时随地进行操作。

4. WPS Office 具有一站式服务

WPS Office 不仅是一款优秀的办公工具软件，更是一个开放的在线办公服务平台。基于 WPS Office 云服务，用户可以利用一个账号，随时登录计算机端或移动端设备，阅读、编辑和保存文档，还可将文档共享给工作伙伴，实现多人实时在线协作编辑，让电子文档打破终端、时间、空间等限制，满足用户自由、高效的办公需求。

4.1.2　启动 WPS Office 2019

WPS Office 办公软件有很多版本，本章的所有操作步骤和演示截图都是在 WPS Office 2019 版中进行的。

1. 启动

启动 WPS Office 主要有两种方式：双击桌面快捷方式图标，如图 4-1 所示；单击"开始"菜单，选择"WPS Office"命令，如图 4-2 所示。

图 4-1　WPS Office 桌面快捷方式　　　图 4-2　"开始"菜单"WPS Office"命令

　　WPS Office 2019 有两种窗口管理模式：整合模式和多组件模式。用户可以单击 WPS Office "首页"中的"全局设置"图标，在弹出的菜单中选择"设置"命令，打开"设置中心"窗口，并在"其他"中单击"切换窗口管理模式"命令，打开如图 4-3 所示的窗口。WPS Office 2019 启动后的默认窗口管理模式是"整合模式"，文字、表格、演示等文档以"标签"的形式出现在同一个窗口内，类似于浏览器窗口中的"标签"，如图 4-4 所示，便于用户在不同类型的文档间切换。在整合模式下，桌面快捷方式图标只有一个 WPS Office 图标。"开始"菜单中只有"WPS Office"一个菜单项。

图 4-3　"切换窗口管理模式"窗口

　　通过切换窗口管理模式可以切换到"多组件模式"，桌面上和"开始"菜单中会分别出现各个组件的图标，如图 4-5 所示。单击相应的图标可以单独启动对应的组件。

当前打开的文档

图 4-4 整合模式下的 WPS Office 工作窗口

图 4-5 多组件模式各组件图标

2. WPS Office 首页

首页是 WPS Office 为用户准备的工作起始页。用户可以从首页开始和继续各类工作任务，如新建文档、访问最近使用过的文档、查看日程等。

它分为 6 个主要区域，如图 4-6 所示。

图 4-6 WPS Office 首页

全局搜索框：提供文档、办公技巧和模板等搜索服务，支持搜索本地文档、云文档、办公技巧和帮助、模板资源，同时也支持打开 WPS Office 云文档分享的网址链接。

设置和账号：包括"意见反馈""皮肤设置""全局设置"按钮，以及个人头像。"意见反馈"按钮可以打开服务中心，帮助用户查找和解决使用 WPS Office 过程中遇到的问题；"皮肤设置"按钮可帮助用户切换界面皮肤；"全局设置"按钮可以帮助用户进入 WPS Office 的设置中心，设置 WPS Office 界面、工作环境、配置兼容组件、切换 WPS Office 窗口管理模式、查看 WPS Office 的版本号；未登录 WPS Office 账号时，单击个人头像会打开 WPS Office 的账号登录框，登录之后，会显示用户的名称和头像，以及会员状态，单击可打开"个人中心"窗口进行账号管理。

导航栏：帮助用户快速新建和打开文档，以及在文档管理和日程管理视图间切换。

应用中心：用于放置常用的扩展办公工具和服务入口。

文档列表：位于首页中间的是文档列表，帮助用户快速访问和管理文档。

消息中心：消息中心由多个区域构成，主要用于展示与账号相关的状态变更信息和协作消息，也会有办公技巧等内容推送。在"文档列表"区单击任意文件后，消息中心会显示与当前选定文件相关的访问记录、历史版本、协作状态等信息。

4.1.3 WPS Office 文档基本操作

WPS Office 最重要的三个组件是文字、表格和演示，分别用于文字编辑排版、电子表格数据处理和演示文稿幻灯片的制作。无论使用哪个组件都必须先掌握最基本的操作，即新建、打开、保存、另存为、关闭文档。

1. 新建文档

1）新建入口

新建文档有两个入口，一个是 WPS Office 首页导航栏的"新建"按钮，另一个是首页顶部的"+"新建按钮，如图 4-7 所示，这两个入口都可以进入文档新建界面。

图 4-7 新建入口[①]

2）新建界面

新建界面以标签页的形式提供了创建多种类型办公文档的能力，如图 4-8 所示。用户在此界面既可以直接创建各种类型的空白文档，也可以根据 WPS Office 提供的各类模板

---

① 软件图中"帐号"的正确写法应为"账号"。

创建文档，单击上方文档类型选择区的选项，可以显示对应的模板资源。

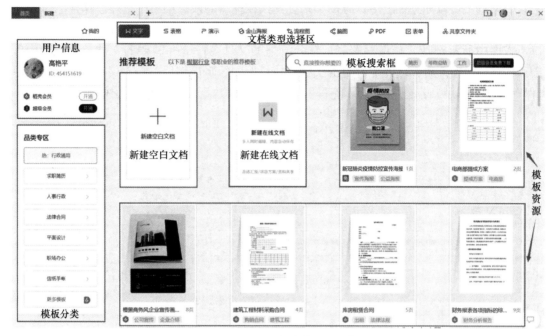

图 4-8　新建界面

文档类型选择区：单击可切换要创建的文档类型。目前 WPS Office 支持创建文字、表格、演示、金山海报、PDF、流程图、脑图、表单等多种类型的文档。

新建空白文档：单击此按钮可新建所选类型的空白文档。

新建在线文档：单击此按钮可新建多人同时编辑，内容在线保存的文档。

模板资源：用户可选择一个模板创建文档，提高工作效率。

模板搜索框：用户可通过此搜索框快速查找想要的模板。

模板分类：用户可按分类浏览查找所需的模板。

2．打开文档

打开已有文档有多种方式。

（1）单击首页左侧导航栏中的"打开"按钮，在弹出的"打开文件"窗口中，可以打开最近编辑过的文档，也可以打开网盘中的云文档，或者打开"我的电脑"选项中的本地文档。

（2）单击首页"文档列表"中的某个文档，即可打开该文档。单击"最近"选项、"星标"选项、"共享"选项或"我的云文档"选项可显示不同类别的文档列表。用户可以根据需要将文档分类移动到不同的文档列表中，以便使用时能够快速打开。

（3）直接双击本地磁盘文件夹中保存的文档的图标。

3．保存文档

保存 WPS Office 文档有以下几种方式。

（1）按组合快捷键【Ctrl+S】。

（2）单击"文件"菜单中的"保存"或"另存为"命令。

（3）单击快速访问工具栏中的"保存"按钮。

（4）右击窗口标签栏上需保存的文档标签，在弹出的快捷菜单中选择"保存"命令。

初次保存文档或选择"另存为"命令时，都会弹出如图 4-9 所示的"另存文件"窗口，按图中所示选择文档保存路径，输入合适的文件名，选择需要的文件类型，最后单击"保存"按钮即可。已经保存过的文档，执行新的编辑操作后，再次保存时，直接使用"保存"命令即可。若想为文档保存一份副本，则需要执行"另存为"操作。

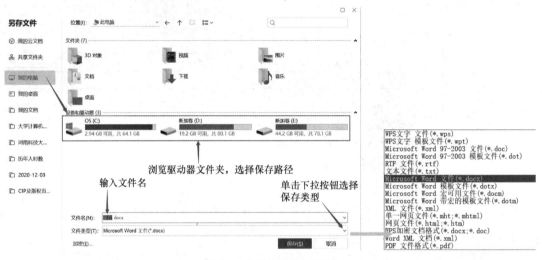

图 4-9 "另存文件"窗口

4．关闭文档

关闭文档的方式如下。

（1）将光标定位在文档标签上，直接双击即可关闭文档。

（2）单击窗口标签栏上需关闭的文档标签右侧的"关闭"按钮。

（3）右击窗口标签栏上需关闭的文档标签，在弹出的快捷菜单中选择"关闭"命令。

4.1.4 云服务

用户注册账号后，将自动获得个人专属的云空间。登录账号后，用户可以在 WPS Office 首页文档列表左侧栏最底部查看当前账号的个人云空间使用情况。WPS Office 的所有云服务都以拥有个人云空间为前提。存储在云空间中的文件和 WPS Office 的个人账号绑定，当用户在其他设备（如其他计算机或移动终端）登录 WPS Office 账号时，就能访问存储在云空间内的文件（即云文档）。

1．云文档

1）上传本地文档为云文档

用户可以通过首页将存储在计算机上的本地文件上传至云空间，如图 4-10 所示。第 1 步，单击"首页"选项卡，第 2 步单击"我的云文档"命令，第 3 步单击窗口右侧上部的"新建"按钮，选择"上传文件"，打开"添加文件"窗口，浏览驱动器打开目标文件夹，单击需要上传的本地文档，最后单击窗口下方的"打开"按钮即可。

图 4-10　上传本地文档为云文档的步骤

也可以右击本地文档，在弹出的快捷菜单中选择"上传到 WPS 云文档"命令。

2）保存为云文档

新建文档或当前正在编辑的文档也可以保存至云空间，成为云文档。单击"保存"按钮，或"另存为"按钮，在弹出的"另存文件"窗口中单击左侧上方的"我的云文档"命令，在右侧 WPS 网盘中选择某个文件夹或当前位置，修改合适的文件名，单击"保存"按钮，即可将文档保存至云空间，如图 4-11 所示。

图 4-11　保存为云文档

2. 云同步备份文档

文档云同步功能可自动备份查看过或编辑过的文档。登录 WPS Office 账号后，通过 WPS Office 首页的"设置"图标进入"设置中心"窗口，将"文档云同步"选项设为开启状态，如图 4-12 所示，所有使用 WPS Office 打开的文档，将自动备份到当前登录的 WPS Office 账号的云空间中。使用其他计算机或移动设备登录同一账号后，便能立即查看到之前打开过的文档，继续完成对该文件的编辑或查看。如果本地设备突然断电，未及时保存文档，云端备份文档会自动保存所有编辑操作。

图 4-12　开启文档云同步

3. 历史版本管理与恢复

历史版本是 WPS Office 云为保护用户的文档数据安全设置的一个功能，用户编辑过的文档版本都会按时间顺序自动保存在"历史版本"中，方便用户随时恢复之前编辑过的版本。

选中 WPS Office 客户端的文档、WPS Office 首页文档或 WPS Office 网盘中的云文档，右击打开快捷菜单，选择"历史版本"命令，可以打开"历史版本"对话框，该文档所有历史版本会按时间顺序排列显示，选择某一时刻版本即可进行恢复，如图 4-13 所示。

历史版本		WPS Office 2019办公软件.docx		创建者: 高艳平	
	时间	大小	最近	操作	
2021 01-18	> 6　09:41:25	1.04MB	高艳平	打开	最新版
01-17	> 11　18:04:50	838.40KB	高艳平	预览	...
	> 11　11:58:49	703.73KB	高艳平	预览	...
01-15	15:12:20	277.53KB	高艳平	预览	...
2020 12-23	> 15　19:21:46	277.59KB	高艳平	预览	...
11-30	15:54:14	109.68KB	高艳平	预览	...
11-28	> 3　20:33:13	109.69KB	高艳平	预览	...

图 4-13　"历史版本"对话框

4. 云共享文档

文档在线存储的优势在于用户能够随时随地共享文档信息，以提高文档协作的效率。在云办公服务中，存储在云空间中的文件都能够以链接的形式共享给他人。单击"分享"按钮，将进入分享流程，如果是首次分享，需要先设置分享权限并创建分享链接，如图4-14 所示。创建链接后，如图 4-15 所示，单击"复制链接"按钮，通过微信、QQ 等社交工具软件把共享链接分发给其他人，他们打开链接就能实现文档的多人在线共享编辑了，也可以单击"获取免登录链接"按钮，这样获取链接的人不需要登录账号也能在线共享编辑该文档。

图 4-14　分享文档

图 4-15　共享文档链接

4.2 WPS Office 文字

WPS Office 文字是 WPS Office 办公软件的组件之一，保存由 WPS Office 文字生成的文档时，文件类型默认保存为"*.docx"，也可以通过"文件类型"下拉列表选择保存为"*.wps"或其他需要的类型（"*"代表用户所起的文件名）。

4.2.1 文字文档界面

一份 WPS Office 文字文档的创建、编辑、排版和美化等主要是通过设置 WPS Office 文字中的不同功能选项来实现的，因此，首先要了解文字工作界面窗口的组成部分。如图4-16 所示，窗口主要包括：快速访问工具栏、选项卡标签、功能区、对话框启动器按钮、任务窗格、滚动条、文档标签、显示比例按钮、视图快捷按钮、审阅快捷按钮、定位快捷按钮等，以下介绍部分常用功能。

图 4-16 窗口

1）文档标签

当前打开的所有文档都以标签的形式显示在标签栏时，单击不同标签可以切换文档。

2）快速访问工具栏

快速访问工具栏中包含了"新建""打开""保存""撤销""恢复""打印"等一系列常用工具按钮，可以直接单击使用，减少操作步骤，提高编辑效率。

3）选项卡标签

选项卡中包含了若干组相关的命令或按钮，用户使用这些命令或按钮才能编辑文档。WPS Office 的选项卡包含"标准选项卡"和"上下文选项卡"两大类，在当前窗口显示哪些选项卡可以通过"文件"下拉列表中的"选项"命令打开"选项"对话框，在对话框左侧列表中单击"自定义功能区"，自定义设置窗口中的选项卡区域显示哪些选项卡。

4）功能区与对话框启动器按钮

选项卡的"功能区"一般由多组命令按钮组成，每一组中一般包含与功能相关的命令。有些命令组的右下角有一个按钮，被称为对话框启动器按钮，单击可以打开该组命令对应的对话框。

5）定位快捷按钮

定位快捷按钮可以打开"定位"对话框，快速定位至某页、某节或某行等页面位置。

6）审阅快捷按钮

审阅快捷按钮可以打开"字数统计""拼写检查"对话框，或"文档校对"窗口。

7）视图快捷按钮

视图快捷按钮可以快速切换文档窗口的视图方式。

8）显示比例按钮

可以拖动滑块精确调整文档窗口的显示比例大小，或全屏显示文档，按【Esc】键可退出全屏显示，也可以长按【Ctrl】键，滚动鼠标滚轮调节。

9）任务窗格切换

单击任务窗格切换中的按钮可以切换不同的任务窗格，如"样式"任务窗格、"属性"任务窗格、"帮助"任务窗格等，并利用任务窗格编辑或排版文档。

除了上面介绍的界面中的标签、按钮和窗格等，实际编辑文档过程中，还有些是需要通过单击其他功能按钮才能调出的，举例如下。

对话框：一般通过单击对话框启动器按钮或选项卡功能区中的功能按钮调出，常见形式是一个新弹出的窗口。

下拉按钮：一般位于功能按钮的下方或者右侧，以一个倒三角形图标显示。

下拉列表：一般是通过下拉按钮调出的，也有部分下拉列表可以直接通过单击功能按钮的图标调出。常见形式是一个紧贴功能按钮下方的竖状功能框，在部分下拉列表选项的右侧也有下拉按钮，该按钮可以调出当前选项的二级下拉列表。

4.2.2　文字文档编辑

按照 4.1.3 节中新建文档的方式，可以新建一个空白的 WPS Office 文档，空白文档创建后，就可以编辑文档内容了。文档编辑主要包括以下操作。

1. 文本输入

1）文字输入

要在文档中输入文字，首先要选择相应的输入法。中英文输入法的切换一般按【Ctrl+Shift】组合快捷键。也可以单击任务栏上的语言栏选择输入法。

> **注意：**
>
> 文本输入进行到一行末尾时，会自动换行，只有一段文字输入结束后需要按【Enter】键，另起一段。在输入的过程中不要随意在文档中手动添加空格和回车符（换行符）。如果遇到内容没有达到文档的右边界就需要另起一行，但此时又不想开始一个新的段落的情况，可以按【Shift+Enter】组合快捷键产生一个软回车符，实现既不产生新段落又可换行的操作。当输入的内容超过一页时，系统会自动换页。如果要强行将后面的内容另起一页，可以根据需要插入"分页符"或"分节符"等分隔符。

2）符号输入

在文本输入过程中经常会用到各种各样的标点和符号，可以利用键盘输入，也可以单击"插入"选项卡中的"符号"下拉按钮，在下拉列表或者打开的"其他符号"对话框中选择需要的符号。

2．文档编辑

1）文本的选定

鼠标选定：包括任意选定和整行选定，方法如下。

① 任意选定：长按鼠标左键并拖动滑过需要选定的文字，被选定的文字呈反相显示。

② 整行选定：移动鼠标指针至文档左侧的页边距区域，鼠标指针变为一个指向右侧的空心箭头，移动鼠标指针指向准备选定的行，单击选定整行，双击选定箭头所指向的段落，三击可选定整个文档。

键盘选定：将光标定位到要选定的文本起始位置，长按【Shift】键的同时，再按键盘上的方向键，即可将选定的范围扩展到想要的位置。按【Ctrl+A】组合快捷键可以选定全文。

组合选定：利用键盘、鼠标配合组合快捷键进行选定，方法如下。

① 选定一个词语：将光标移动到该词语上，双击即可选中一个词语。

② 选定连续区域：将光标插入点定位到要选定的文本起始位置，长按【Shift】键的同时，单击结束位置，可选定连续区域。

③ 选定矩形区域：长按【Alt】键，利用鼠标拖动出要选定的矩形区域（区域横向可以不满一行）。

④ 选定不连续区域：长按【Ctrl】键，再拖动鼠标划过想要选定的不连续区域。

⑤ 选定整个文档：将光标移到文本选定区，长按【Ctrl】键并单击。

2）其他对象的选定

除了文本，页面上还有图片、文本框、艺术字等其他对象，单击这些对象即可选定它们。

3）文本和其他对象的编辑

文本和其他对象的编辑包括复制、移动和删除，操作前需要先选定文本块或其他目标对象。未选定文本或目标对象时，"复制"和"剪切"命令皆不可使用。

复制：选定目标对象右击，在快捷菜单中选择"复制"命令，单击目的位置，右击，在快捷菜单中选择"粘贴"命令，也可以使用组合快捷键【Ctrl+C】复制选定的内容到剪贴板，将光标定位到目的位置，按组合快捷键【Ctrl+V】粘贴，完成复制操作。

移动：选定目标对象右击，在快捷菜单中选择"剪切"命令，单击目的位置，右击，在快捷菜单中选择"粘贴"命令，也可以使用组合快捷键【Ctrl+X】剪切选定的内容到剪贴板，将光标定位到目的位置，按组合快捷键【Ctrl+V】粘贴，完成移动操作。

删除：选定目标对象，按键【Backspace】或【Delete】键即可删除选定的文本或其他对象。

4）查找和替换

编辑文本时，有时需要对文本进行查找和替换操作，WPS Office 的"查找和替换"功能可快速查找或替换文档中的目标文本或字符。

查找：查找指定文本有两种方式。单击"开始"选项卡，再单击"查找替换"下拉按钮，在下拉列表中选择"查找"命令，打开"查找和替换"对话框，选择"查找"选项卡，在"查找内容"文本框中输入要查找的文本或符号并单击"查找上一处"或"查找下一处"按钮，如图 4-17 所示。也可在导航窗格的"查找和替换"搜索栏输入要查找的文本，单击"查找"按钮进行查找。

图 4-17　"查找和替换"对话框

替换：替换功能不仅可以替换文档中查找到的所有目标文本，而且还可以有选择地进行部分替换。打开"查找和替换"对话框的"替换"选项卡，如图 4-17 所示。在"查找内容"文本框中输入要查找的内容，在"替换为"文本框中输入要替换的内容。单击"全部替换"按钮，文中所有查找到的内容全部被替换；单击"替换"按钮并配合单击"查找上一处"或"查找下一处"按钮可有选择性地进行替换。

格式替换：替换功能除用于一般文本替换外，还能实现带有格式的文本和特殊符号的高级替换。单击"查找和替换"对话框左下角的"高级搜索"按钮，可展开"查找和替换"对话框的更多选项，如图 4-18 所示，先单击"替换为"文本框，再单击下方的"格式"下拉按钮，选择"字体"命令，打开"替换字体"对话框，如图 4-19 所示，为替换的内容设置需要的各种格式，单击"确定"按钮后，如图 4-20 所示，在"替换为"的下方可以看到设置好的替换后的文本的格式，单击"全部替换"按钮，实现文本和格式同步替换。

图 4-18　"查找和替换"对话框的更多选项

5）撤销与恢复操作

撤销：用户编辑文本时，如果对之前的操作不满意，要恢复到操作前的状态，那么单击"快速访问工具栏"上的"撤销"按钮（形状为向左弯曲的箭头）即可；或者按组合快捷键【Ctrl+Z】撤销。

恢复：经过撤销操作后，"撤销"按钮右侧的"恢复"按钮将被激活，表明已经进行过撤销操作，如果用户想要恢复被撤销的操作，那么单击"快捷工具栏"中的"恢复"按钮（形状为向右弯曲的箭头）即可；或者按组合快捷键【Ctrl+Y】恢复。

图 4-19　"替换字体"对话框 [①]

图 4-20　为替换文本设置好的格式

4.2.3　文字文档基础排版

1．页面布局

在对文字文档进行排版时，页面布局将会影响到整个页面的显示效果，应在设置格式前对页面的整体布局进行设置，主要通过"页面布局"选项卡进行操作，如图 4-21 所示。

图 4-21　"页面布局"选项卡

1）纸张大小

WPS Office 2019 提供 A3、A4、A5、B5、8 开、16 开、32 开及各种信封尺寸等常见的纸张规格，用户也可以自定义纸张大小，可单击"页面布局"选项卡的"纸张大小"下拉按钮，选择预制大小的纸张规格。也可选择"其他页面大小"命令，在打开的"页面设置"对话框的"纸张"选项卡中自定义设置需要的纸张尺寸，如图 4-22 所示。

2）纸张方向和页边距

单击如图 4-21 所示的"页面布局"选项卡中的"纸张方向"下拉按钮，在打开的下拉菜单中选择"纵向"或"横向"命令，完成纸张方向的设置。在"页面布局"选项卡中可直接调整上、下、左、右的数值，设置对应页边距。也可以在"页面设置"对话框的"页边距"选项卡中设置纸张方向和调整页边距，如图 4-23 所示。

---

① 软件图中"下划线"的正确写法应为"下画线"。

图 4-22　"纸张"选项卡　　　　　图 4-23　"页边距"选项卡

3）文档网格

设置文档网格是为了固定每页的行数和每行的字符数。文档网格只是概念上的网格，在"视图"选项卡中勾选"网格线"复选框，可以显示被隐藏的网格线。页面中文档网格的设置并是非完全独立的，它与段落格式中行距的设置、字符格式中字符间距的设置等相互关联和影响。

打开"页面设置"对话框，切换到"文档网格"选项卡，如图 4-24 所示。

网格有 4 种选择类型。

无网格：选择此项，将采用默认的字符间距和行间距（"字体"对话框中设置的字符间距和"段落"对话框中设置的行间距）。

只指定行网格：选择此项，文档网格为行网格，允许设定每页行数。

页边距固定后，页面版心为可编辑区域。当 A4 纸张上、下页边距为 25.4 毫米、正文基准样式的字号为五号时，行数最多允许指定 48 行；同样纸张和页边距，当正文基准样式的字号为四号时，行数最多允许指定 36 行；上、下页边距变小时，能指定的最大行数可以变大，反之则变小。行跨度是页面版心高度按指定行数的均分，这个行跨度是倍数行距中"倍"的基准。

图 4-24　"文档网格"选项卡

指定行和字符网格：选择此项，文档网格由行和列构成，允许设定每行字符数、字符跨度（字符跨度的理解可以参照上段讲到的行跨度）、每页行数和行跨度等。改变了字符数（或行数），跨度会随之改变，反之亦然。

文字对齐字符网格：选择此项，文档网格由行和列构成，同时要求字符与字符网格对齐。

2. 字体设置

一篇文档要想达到结构清晰、层次鲜明、段落明了，让人在阅读时对文档结构和条理一目了然的效果，可以通过设置字体格式实现，即对文本中的标题、段落文字进行包括字体、字号、字形、颜色、效果等在内的格式设置，设置字体格式的前提是要选中文本。

1）通过"开始"选项卡和对话框设置

使用"开始"选项卡中的各种字体格式命令设置文本格式，如图 4-25 所示。或者单击字体对话框启动器按钮，打开如图 4-26所示的"字体"对话框进行修改。

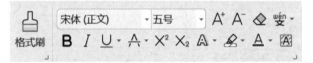

图 4-25 "开始"选项卡字体格式命令

图 4-26 "字体"对话框

2）字号单位

在排版印刷中，文字的高度和宽度形成的文字大小由特有的度量单位来计算，即点数（Point），简写为 pt（磅），"点"作为测量字体字号的单位，并非所谓的长度单位或质量单位，和质量单位"磅"没有任何关系。为了满足中文出版中使用字号作为字体大小的单位的需要，WPS Office 允许用户同时使用"号"和"磅"作为字体的单位。它们的对应关系如表 4-1 所示。

表 4-1　字号单位对照表

字　　号	磅　值	毫　米	英　寸	像　素	备　　注
初号	42	14.81	0.58	56	
小初	36	12.70	0.5	48	
一号	26	9.17	0.36	34	
小一	24	8.46	0.33	32	
二号	22	7.76	0.31	29	
小二	18	6.35	0.25	24	
三号	16	5.64	0.22	21	
小三	15	5.29	0.21	20	1pt=0.03527cm=1/72in
四号	14	4.94	0.19	18	1px=0.75pt
小四	12	4.23	0.17	16	1in=2.54cm=96px
五号	10.5	3.70	0.15	14	
小五	9	3.17	0.13	12	
六号	7.5	2.65	0.10	10	
小六	6.5	2.29	0.09	8	
七号	5.5	1.94	0.08	7	
八号	5	1.76	0.07	6	

pt：Point，1pt=1/72 英寸（in），用于印刷业。

px：Pixel，像素，屏幕上显示的最小单位，用于网页设计，直观方便。

3．段落设置

在 WPS Office 文字文档中，段落是指两个相邻回车符之间的内容。设置不同的段落格式，可以起到美化外观、突出内涵的作用。段落的排版主要包括对段落设置缩进量、行距、段间距和对齐方式等。设置段落格式时可以单击"开始"选项卡中的"段落"工具命令。如图 4-27 所示。也可以单击段落对话框启动器按钮，打开如图 4-28 所示的"段落"对话框进行设置。

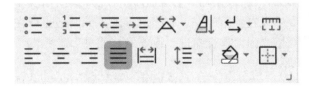

图 4-27　"段落"工具命令

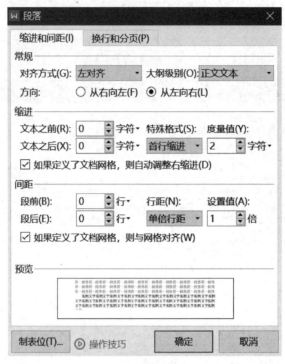

图 4-28　"段落"对话框

1）段落的对齐方式

段落对齐方式包括：左对齐、两端对齐、居中对齐、右对齐和分散对齐，如表 4-2 所示，WPS Office 文字文档默认的对齐方式是两端对齐。如果要设置段落的其他对齐方式，可以利用"开始"选项卡下的各种对齐命令设置，或者在"段落"对话框的"常规"中设置。

表 4-2　段落对齐方式

对齐方式	示　　例
左对齐	WPS Office 文字文档中的对齐方式示例
两端对齐	WPS Office 文字文档中的对齐方式示例
居中对齐	WPS Office 文字文档中的对齐方式示例
右对齐	WPS Office 文字文档中的对齐方式示例
分散对齐	W P S O f f i c e 文 字 文 档 中 的 对 齐 方 式 示 例

2）段落的缩进

WPS Office 文字文档中的段落有 4 种常用的缩进方式，如表 4-3 所示。可以在"段落"对话框的"缩进"中设置段落的左、右缩进方式，同时还可以在"特殊格式"下拉列表框中设置段落的首行格式为"首行缩进"或"悬挂缩进"。

3）段落间距、行距

段落间距是指文档中段落与段落之间的距离。为了满足文档的排版需要，会对文档中每个段落的间距进行设置调整。

表 4-3　段落缩进方式

缩进方式	示　　例	备　　注
左缩进	左缩进：段落中每行的左侧第 1 个字符不是紧挨着正文区域的左侧，而是向右侧移动一定的距离，使其左侧空出一些位置，而且各行空出的字符个数相同	首行缩进 2 字符，左缩进 4 字符
右缩进	右缩进：段落中每行的右侧第 1 个字符不是紧挨着正文区域的右侧，而是向左侧移动一定的距离，使其右侧空出一些位置，而且各行空出的字符个数相同	首行缩进 2 字符，右缩进 4 字符
首行缩进	首行缩进：只有段落的第 1 行向右缩进几个字符，其他各行保持左对齐或两端对齐状态	首行缩进 2 字符，左、右缩进 0 字符
悬挂缩进	悬挂缩进：除段落的第 1 行保持左对齐状态之外，其他各行都向右缩进一些	悬挂缩进 2 字符

行距主要用于调整段落中每行文字之间的距离。调整行距可以让段落中的每行文字在阅读时更方便，且文档的美观度也更高。行距有两种：倍数行距和磅数行距。倍数行距是相对于当前页面行跨度的倍数，是一种相对行距；磅数行距就是"固定值"，是用固定的磅值作为行距的，是一种绝对行距，当"固定值"设置的磅数值小于字符高度时，字符不能完全显示。

设置段落间距、行距首先要单击该段落，或者拖动鼠标选中多个段落（同时为这些段落设置相同的段落格式），可以在"开始"选项卡中"行距"按钮下拉列表中快速设置行距。也可以打开"段落"对话框，在"间距"中调整段前、段后间距；在"行距"下拉列表框中选择行间距类型并根据需要设置行距数值。

4）换行和分页设置

对某些专业文档或长文档排版时，为了使版面规整、美观，文档内容连贯和不间断，往往需要对文档中的段落进行换行和分页设置。可以通过"段落"对话框的"换行和分页"选项卡进行设置，如图 4-29 所示。

孤行控制：孤行是指在页面顶部仅显示段落的最后一行，或者页面底部仅显示段落的第一行的情况。选中该项后，输入文本时则可避免这种情况发生。

与下段同页：保持前、后两个段落始终处于同一页面中。例如，表格、图片的前后带有题注时，可以利用该选项确保题注与表格或者图片始终处于一个页面。

段前分页：自当前段落开始自动显示在下一页，相当于在该段之前自动插入一个分页符。该

图 4-29　"换行和分页"选项卡

选项比手动分页符更加方便操作，且作为段落格式可以在样式中定义。

段中不分页：是指当该段落恰好在页面底部时，整个段落中所有的内容都将全部调整

到下一页显示。

按中文习惯控制首尾字符：按照中文书写习惯控制每行文字的首字符和尾字符，例如，一行可以输入 40 个文字，当用户输入的第 41 个文字是 "，" 时，则可以自动将该符号安置于第 1 行的最后一个位置，从而避免第 2 行的首个文字就是标点符号的情况发生。

允许西文在单词中间换行：选择该选项后，在输入西文单词时，如果一行已满且单词未输入完成，那么会自动另起一行以便未完成的单词继续输入。

允许标点溢出边界：指允许文档中的标点溢出文档版心，通常情况下的文档都允许文档中的标点溢出版心，但国标公文不允许。

5）段落布局设置

WPS Office 文字内置了独有的 "段落布局" 功能，单击 "开始" 选项卡中的 "段落标记" 下拉按钮，在下拉列表中选择 "显示/隐藏段落布局按钮"，文档中的当前段落左侧会出现一个 "段落布局" 图标。选中需要设置的段落，单击 "段落布局" 按钮，该段会被灰色阴影覆盖，拖拉上、下、左、右的圆形按钮即可实现段落的首行缩进、左右缩进、段前/段后间距的减少和增加的效果，并且达到 "所见即所得" 的效果，如图 4-30 所示。

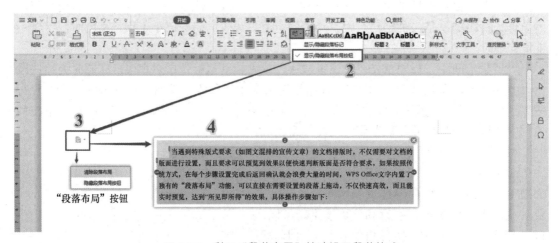

图 4-30 利用 "段落布局" 快速设置段落格式

4．项目符号和编号

用户设置段落格式之后，如果还需要使文档中的某些段落排版层次更加分明，那么可以使用项目符号或编号。

选定文本段落，如图 4-31 所示，单击 "开始" 选项卡中的 "编号" 下拉按钮，在展开的下拉列表中选择某种预设的编号样式，或者选择 "自定义编号" 命令，打开 "项目符号和编号" 对话框，在 "编号" 选项卡下的列表中选择某种编号样式，或选择 "项目符号" 选项卡下的某种项目符号，也可以直接单击 "开始" 选项卡中的 "项目符号" 下拉按钮，直接使用已有的项目符号样式。

如果现有的编号或项目符号样式无法满足需求，那么可以单击 "项目符号和编号" 对话框中 "项目符号" 或 "编号" 选项卡下的 "自定义" 按钮，打开 "自定义项目符号列表" 对话框，如图 4-32 所示，或打开 "自定义编号列表" 对话框，如图 4-33 所示，自定义个性化的项目符号或编号。

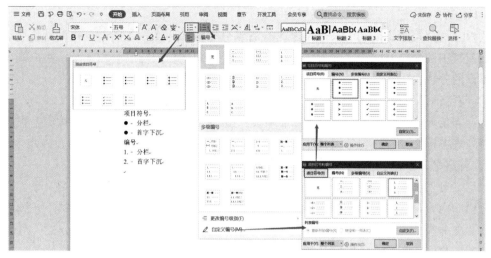

图 4-31　设置"项目符号"或"编号"

图 4-32　"自定义项目符号列表"对话框

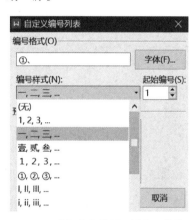

图 4-33　"自定义编号列表"对话框

5．首字下沉

　　首字下沉分为"下沉"和"悬挂"两种方式，设置段落首字下沉的操作：首先将光标插入点定位在欲设置"首字下沉"格式的段落中，单击"插入"选项卡中的"首字下沉"按钮，在打开的"首字下沉"对话框中直接单击"下沉"或"悬挂"按钮，按预设格式设置首字下沉；也可以在"选项"中自定义下沉设置，为下沉的首字设置字体、下沉行数以及与正文的距离，如图 4-34 所示。取消首字下沉单击"无"按钮即可。

图 4-34　"首字下沉"对话框

6．分栏

用户在一些报纸、期刊、杂志中经常会看到分栏显示的文章，所谓分栏就是将文档全部页面或选中的部分页面内容设置为多栏显示。要实现文档内容的分栏显示，用户既可以使用预设的分栏选项，又可以自定义分栏。

1）使用预设的分栏选项

选定需要分栏显示的内容，在"页面布局"选项卡中单击"分栏"下拉按钮，在展开的下拉列表中选择预设好的分栏样式。

2）自定义分栏

自定义分栏可以设置分栏分隔线及指定每栏的宽度和间距，比预设分栏更灵活。选定需要分栏的内容，在"页面布局"选项卡中单击"分栏"下拉按钮，在展开的下拉列表中选择"更多分栏"命令，打开"分栏"对话框，如图4-35所示。用户在"分栏"对话框中对栏数、宽度和间距、分栏应用的范围等进行设置，就可以得到想要的分栏效果。

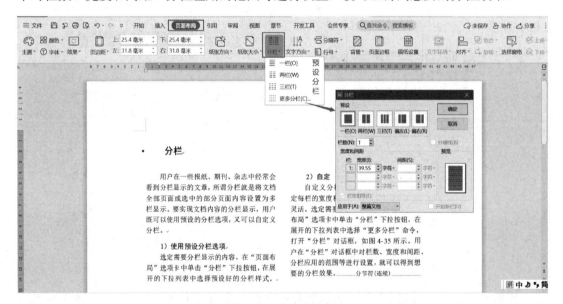

图 4-35　自定义分栏

7．边框与底纹

1）边框

单击"页面布局"选项卡中的"页面边框"按钮，打开"边框和底纹"对话框，选择"边框"选项卡，如图4-36所示。在该对话框中可以根据文档的需要设置边框线型、颜色、宽度，在"应用于"下拉列表框中选择边框要应用的范围是整个"段落"还是当前所选"文字"。

2）页面边框

单击"页面布局"选项卡中的"页面边框"按钮，打开"边框和底纹"对话框，选择"页面边框"选项卡，如图4-37所示。在该对话框中可以根据文档的需要设置页面边框线型、颜色、宽度、艺术型，在"应用于"下拉列表框中选择边框要应用的范围是"整篇文档"还是"本节"等。

图 4-36　"边框和底纹"对话框的"边框"选项卡

图 4-37　"边框和底纹"对话框的"页面边框"选项卡

3）底纹

单击"边框和底纹"对话框的"底纹"选项卡，如图 4-38 所示，在该选项卡中可以根据文档的需要设置文本的填充颜色、图案，在"应用于"下拉列表框中选择边框要应用的范围是整个"段落"还是当前所选"文字"。

文字文档设置边框、页面边框、底纹的效果如图 4-39 所示。

8．页面背景

在默认情况下，新建的文档背景都是单调的白色，WPS Office 提供了为页面添加"水印背景""颜色背景"等功能，用户可以通过这些功能设置页面背景，达到改变文档背景显示效果的目的。

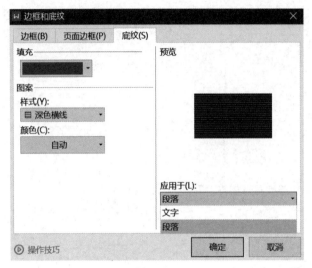

图 4-38 "边框和底纹"对话框的"底纹"选项卡

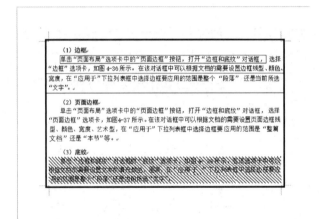

图 4-39 设置效果

1）水印背景

水印包括文字水印和图片水印，两种水印所表现的效果各有特色，用户可以根据需要添加文字水印或图片水印。添加水印的操作步骤如下：

单击"页面布局"选项卡的"背景"下拉按钮，在下拉列表中选择"水印"选项，如图4-40所示，可以直接选择子面板中预设好的文字水印，也可以单击"点击添加"按钮或"插入水印"命令，在打开的"水印"对话框中自定义设置水印，如图4-41所示。若需要自定义设置图片水印，可选择"图片水印"复选框，然后单击"选择图片"按钮，打开"插入图片"对话框，选择插入用作水印的图片文件，可以根据需要设置图片的"缩放"比例以及"冲蚀"复选框，单击"确定"按钮，即可插入图片水印。如果需要设置文字水印，那么选择如图4-41所示的"文字水印"复选框，在"内容"文本框中输入水印文字，然后对"字体""字号""颜色""版式"等进行相应的设置，单击"确定"按钮即可。单击"插入"选项卡"水印"下拉按钮也可以插入水印。

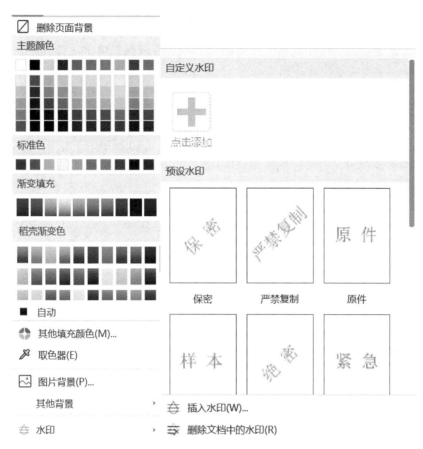

图 4-40 "背景"下拉列表

图 4-41 "水印"对话框

注意：

如果用户不再需要水印效果，可以在"水印"的级联菜单中选择"删除文档中的水印"命令，即可将水印效果删除。

2）颜色背景

在 WPS Office 文字中用户不仅可以为文档设置一种纯色的背景，还可以为文档设置各种填充效果（如渐变、纹理、图案或图片）。在如图 4-40 所示的下拉列表中，可以将某种颜色设置为页面背景，也可以插入一幅图片作为页面背景或选择其他背景效果。

9．格式刷

利用"开始"选项卡中的"格式刷"按钮，可以方便地把已经设置好格式的文本、段落、图片等对象的格式复制到其他同类对象中。先单击具有"源格式"的文本、段落、图片等对象，再单击"格式刷"按钮，鼠标指针将会变成刷子形状，拖动鼠标滑过准备设置格式的文本或段落，或直接单击图片，它们即可拥有与源对象完全相同的格式，之后鼠标指针会恢复正常状态。

选定具有源格式的文本、段落或图片后，若双击"格式刷"按钮，则可以多次使用格式刷复制格式到其他多个同类对象。使用完毕后，再次单击"格式刷"按钮，退出格式刷状态，恢复正常。使用格式刷可以提高格式编辑效率。

4.2.4 样式应用

样式是对文本字符或段落预设的一组格式集合，每种样式都有名称，样式将格式与对象剥离，成为一组独立的格式模板，应用同一种样式的文本或段落会具有一组完全相同的格式。

使用样式的好处有两点：

（1）利用样式，可以便捷、高效地统一文档格式，辅助构建文档纲要，简化文档格式的编辑和修改操作，大大节省文档排版所需的时间，尤其是对于长文档来说，效率更高。

（2）样式有助于长文档构造大纲和创建目录，实现文档目录的自动生成。

1．使用预设样式

WPS Office 文字自带有一些内置的预设样式，如正文、标题 1 至标题 9、强调、题注等，应用内置样式，可以快速实现文档排版。

通过"开始"选项卡"样式"右下角的下拉按钮可以打开"快捷样式库"，或者单击窗口右侧的"样式和格式"按钮，打开"样式和格式"任务窗格，在"快捷样式库"或"样式和格式"任务窗格的样式列表中单击某种预设样式，即可应用样式到当前段落中，如图 4-42 所示。

2．新建样式

如果预设样式列表中的样式无法满足当前文档的应用需求，可以根据需要创建新样式，也就是用户自定义样式。单击快捷样式库中的"新建样式"命令或者单击任务窗格中的"新样式"按钮，可以打开"新建样式"对话框，如图 4-43 所示，在"名称"文本框中输入新建样式的名称，选择"样式类型""样式基于""后续段落样式"，再单击"格式"下拉按钮，选择相应命令，可以打开"字体""段落""制表位"等对话框，设置所需的格式。

图 4-42　使用预设样式

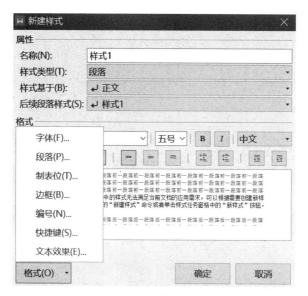

图 4-43　"新建样式"对话框

3．修改样式

可以根据文档排版的需要对已有的某种样式（可以是预设样式或自定义样式）进行修改。修改后，文档中所有应用该样式的文本或段落的格式也将相应变更。

在"样式和格式"任务窗格或"快捷样式库"的样式列表中，右击需要修改的样式的名称，在弹出的快捷菜单中选择"修改"命令，在打开的"修改样式"对话框中根据需要进行相应的格式修改即可，"修改样式"对话框与"新建样式"对话框类似。

4．删除样式

在"样式和格式"任务窗格或"快捷样式库"的样式列表中，右击需要删除的样式的名称，在弹出的快捷菜单中选择"删除"命令即可删除样式，但是 WPS Office 文字自带的预设样式不能删除，只能修改。

4.2.5　设置多级编号

在文档中，可以为不同级别的段落添加编号，从而突出显示文档的层次结构，这种多层次的编号就是多级编号。添加多级编号之后，文档题注的编号才可以自动使用所需的章节编号。

单击需要设置多级编号的段落，再单击"开始"选项卡的"编号"下拉按钮，如图4-44所示，在预设的"多级编号"列表中选择某种样式的多级编号，如果预设的多级编号不符合需求，单击下拉列表中最下方的"自定义编号"命令，打开"项目符号和编号"对话框，选择"多级编号"选项卡，单击右下角的"自定义"按钮，打开"自定义多级编号列表"对话框，如果对话框没有完全展开，那么单击"高级"按钮，可完全展开对话框。单击左侧上部编号列表中的某个级别，单击"前一级别编号"下拉按钮，设置本级别编号的前一级别编号（"1"级别编号没有"前一级别编号"），在右下方"将级别链接到样式"下拉列表框中选择需要链接该编号级别的样式，根据需要设置"起始编号""编号位置""对齐位置"等其他参数，这样就完成了一个编号级别的设置。依次设置其他级别编号后，单击"确定"按钮，即可为不同级别的段落创建一个自定义的多级编号。

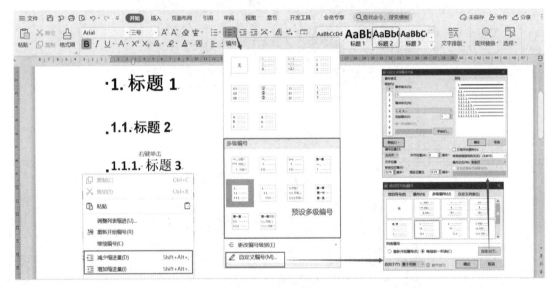

图 4-44　设置多级编号

右击某个级别编号的段落，在弹出的快捷菜单中，通过"减少缩进量"和"增加缩进量"命令可以提升或降低该段落的级别，段落编号也会随之提升或降低。

4.2.6　引用

1. 题注

题注是给图片、表格、图表、公式等对象添加的编号标签，如"图 1-1"。当题注进行添加、删除或移动等操作后，题注编号可以自动更新，无须进行手动修改，避免了人工修改的烦琐和可能出现的错误，确保了编号的准确性。

右击需要插入题注的图片、表格或公式等，在弹出的快捷菜单中选择"题注"命令，或者单击"引用"选项卡中"题注"按钮，打开如图 4-45 所示的"题注"对话框。在"标签"下拉列表框中选择需要的题注类型，如图、表等，单击"确定"按钮即可。如果觉得已有的题注标签不合适，可以单击"新建标签"按钮，创建自己需要的题注标签。题注编号如果需要包含所在的章节编号，可以单击"编号"按钮，打开"题注编号"对话框，勾选"包含章节编号"复选框。

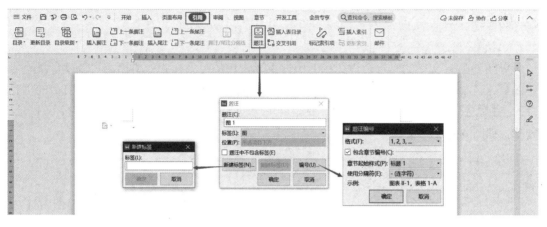

图 4-45　插入"题注"

2. 交叉引用

当在正文中引用图片、表格或公式的编号进行说明时，如"如图 1-1 所示"，文档中进行说明的文字和引用的对象必须是一一对应的，为了避免出错，可以使用交叉引用。

将光标定位到正文中需引用题注编号的插入点，单击"引用"选项卡的"交叉引用"按钮，打开"交叉引用"对话框。设置需要的"引用类型""引用内容"，在下拉列表框中单击选中具体要引用的某一个题注，单击"插入"按钮即可，如图 4-46 所示。

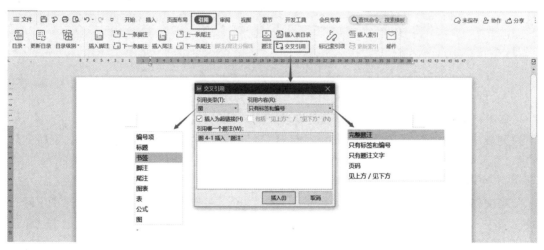

图 4-46　插入"交叉引用"

交叉引用是域的一种，当已插入交叉引用的文档中的某个题注发生修改后，只需要进行一下打印预览，或按【Ctrl+A】组合快捷键选中全文，再按【F9】键，文档中的所有题注序号及交叉引用就会自动更新。

3. 目录

目录的作用是标示出文档中各章节及标题所在的页码位置，一般位于文档的封面页和正文中间。各章节及标题页码的标注，可以让用户快速查找到相关内容，是长文档中不可或缺的一部分。通常情况下，目录可以自动生成，但必须为文档的各级标题应用样式，样式可以是 WPS Office 文字中内置的标题样式，或是修改过的标题样式，也可以是用户自定义的样式。

1）插入目录

WPS Office 文字的"目录样式库"中提供了常用的目录样式，方便用户创建标准、专业的目录。文档编辑完成后，可以在目录页自动生成目录，单击"引用"选项卡的"目录"下拉按钮，在下拉列表中选择"智能目录"列表中的某种目录样式或"自定义目录"命令，如图 4-47 所示。

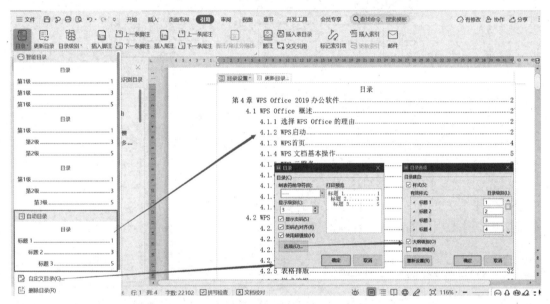

图 4-47　插入目录

2）自定义目录

如果目录样式库中的目录无法满足需求，用户可以自定义目录，在图 4-47 中"目录"下拉列表中单击"自定义目录"命令，打开"目录"对话框，自定义设置"制表符前导符""显示级别"等，还可以单击"选项"按钮打开"目录选项"对话框进行设置。

3）更新目录

当文档内容修改后，需要更新目录。右击目录，在弹出的快捷菜单中选择"更新目录"命令；也可以先单击目录，再单击目录最上方的"更新目录"按钮；或者单击选中目录，再单击"引用"选项卡中的"更新目录"按钮。

4）删除目录

单击如图 4-47 所示的"目录"下拉列表中的"删除目录"命令，或者先单击目录，再单击目录上方的"目录设置"按钮，在下拉列表中选择"删除目录"命令。

5）插入图/表目录

在 WPS Office 文档中，可以像为正文添加目录一样，为文档中所有图片、公式或表格分别添加图目录、公式目录或表目录，方便追踪查阅文档中的图片、公式或表格等。插入图/表目录前，必须先使用题注为所有的图片、公式或表格等添加标题。之后在正文前的目录页单击"引用"选项卡中的"插入表目录"按钮，打开"图表目录"对话框，选择"题注标签"列表中的"图"或其他标签，单击"确定"按钮，如图 4-48 所示。

图 4-48　插入图/表目录

4．脚注和尾注

脚注和尾注主要用于说明文档或图书中引用的资料来源，也可以是文本内容的说明性和补充性信息。脚注位于当前页面的底部或指定文字的下方，一般作为文档某处内容的注释，而尾注则位于文档的结尾处或者指定节的结尾。脚注和尾注均通过一条短横线与正文分隔开。二者均包含注释文本，该注释文本位于页面的结尾处或者文档的结尾处，并且都比正文文本的字号小一些。

1）插入脚注或尾注

如图 4-49 所示，选中需添加脚注或尾注的文本。单击"引用"选项卡中的"插入脚注"按钮，光标跳转到页脚处，输入脚注的内容即可，单击"脚注/尾注分隔线"按钮，可以在正文和脚注之间添加或取消分隔线。插入尾注需单击"插入尾注"按钮，操作过程类似于插入脚注。单击"脚注和尾注"组右下角的对话框启动器按钮，打开如图 4-50 所示的"脚注和尾注"对话框，可以设置脚注和尾注的格式。

2）脚注和尾注的互相转换

如果某个脚注需要转换成尾注，选中脚注后右击，在弹出的快捷菜单中选择"转换至尾注"命令即可。尾注转换脚注也可以通过右击后弹出的快捷菜单完成。如果想要把文档中所有的脚注同时转换成尾注，那么单击"脚注和尾注"对话框中的"转换"按钮，打开"转换注释"对话框，如图 4-51 所示，选择"脚注全部转换成尾注"单选按钮。当然也可以将文档中的尾注全部转换成脚注，或者将脚注和尾注相互转换。

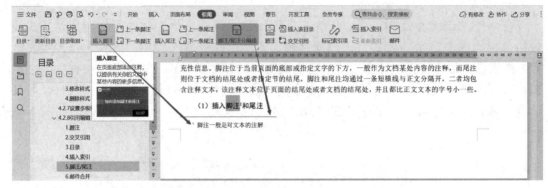

图 4-49　插入脚注

图 4-50　"脚注和尾注"对话框

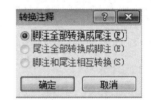

图 4-51　"转换注释"对话框

5. 邮件合并

"邮件合并"是 WPS Office 文字中一种可以将数据源批量引用到主文档中的功能。该功能可以将不同源文档表格的数据统一合并到主文档中，并与主文档中的内容相结合，最终形成一系列版式相同数据不同的文档。

1）创建主文档

主文档是经过特殊标记的 WPS Office 文字文档，它是创建输出文档的"蓝图"。其中包含了基本的文本内容，这些文本内容在所有输出文档中都是相同的，如信件的抬头、主体及落款等。另外还有一系列指令（称为合并域），用于插入在每个输出文档中要发生变化的文本，如收件人的姓名和地址等。

2）选择数据源

数据源实际上是一个数据列表，其中包含了用户希望合并到输出文档的数据。通常它保存了姓名、通信地址、电子邮件地址、传真号码等数据字段。WPS Office 的"邮件合并"功能支持很多类型的数据源，其中包括下列几类常用的数据源。

① 文字文档数据源：使用某个文字文档作为数据源。该文档应只包含 1 个表格，该

表格的第 1 行必须用于存放每列的标题，其他行必须包含邮件合并所需要的数据记录。

② WPS Office 表格：可以从工作簿内的任意工作表或命名区域选择数据。

③ Access 数据库：在 Access 中创建的数据库。

④ HTML 文件：使用只包含 1 个表格的 HTML 文件。表格的第 1 行必须用于存放每列标题，其他行则必须包含邮件合并所需要的数据。

3）邮件合并的最终文档

邮件合并的最终文档包含了所有的输出结果，其中，有些文本内容在输出文档中都是相同的，而有些则会随着收件人的不同而发生变化。

利用"邮件合并"功能可以创建信函、电子邮件、传真、信封、标签、目录（打印出来或保存在单个文本文档中的姓名、地址或其他信息的列表）等文档。

4）邮件合并案例——制作考试成绩通知单

下面以"制作考试成绩通知单"为例说明如何使用"邮件合并"功能。首先创建电子表格文档作为"数据源"，表格内容为成绩单，如图 4-52 所示，然后在 WPS Office 文字文档中制作同学成绩单的模板，如图 4-53 所示，接下来使用"邮件合并"功能批量制作成绩单。

	A	B	C	D
1	姓名	语文	数学	英语
2	张三	80	91	99
3	李四	75	70	75
4	王五	86	87	78
5	赵六	66	90	87

图 4-52 "成绩单"数据源

同学成绩单

语文	
数学	
英语	

图 4-53 同学成绩单模板

单击"邮件合并"选项卡，按如图 4-54 所示的步骤即可生成若干份如图 4-55 所示的成绩单。

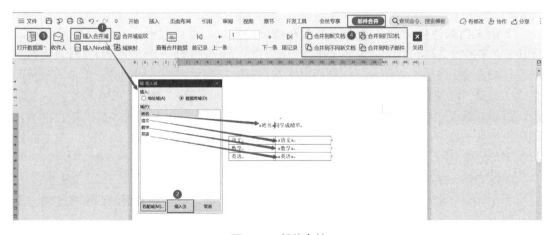

图 4-54 邮件合并

张小明同学成绩单

语文	80
数学	91
英语	99

赵小花同学成绩单

语文	75
数学	70
英语	76

图 4-55　成绩单

4.2.7　文档分隔符

将一篇长文档的不同版面、不同章节等进行分页、分节操作，不仅可以让文档的架构条理更清晰明确、版面更美观、文档整体布局更合理，而且能让文档的排版工作更加简捷高效。下面介绍不同的分隔符，以及分隔符的使用方法。

1．分隔符介绍

1）换行符

硬回车符：按【Enter】键，光标就会自动跳到下一行的开头，并在前一行末尾出现一个左弯曲箭头符号——"硬回车符（换行符）"，换行符之后的内容属于下一个段落。

软回车符：按【Shift+Enter】组合快捷键，光标会自动跳到下一行的开头，在前一行末尾处会出现一个向下的箭头符号——"软回车符"，软回车符可以实现换行但不分段的效果。

2）分页符

默认情况下，当文档的一页版面写满后，文档会自动进行分页。在编辑过程中，当前页内容未满，而接下来的内容需要从新的一页开始时，部分用户会通过"按回车挤段落"的方式让新文本内容跳转至新页面。此操作虽然在视觉上达到了相关版面要求，但在文档修改或排版时会带来大量的重复排版工作量，降低工作效率。使用 WPS Office 文字的"分页符"可以轻松实现分页。

分页符后面的内容自动换页至新页面，但与前一页仍属于同一节。

3）分节符

节是文档的逻辑分割，借用的是文章章节的概念。默认情况下，用户在使用 WPS Office 文字进行文档编辑时，WPS Office 文字将整个文档视为一节，所有对文档页面格式的设置都是应用于整篇文档的。生活中时常会出现需要为文档的不同部分设置不同的页面格式（页眉、纸张方向、页边距、页码、纸张大小等）的情况，例如，毕业论文封面的页眉、页码应该是空白的，目录部分的页码与正文的页码通常并不连续，页码样式也不相同，论文各个章节的页眉也可能不一样，如果不根据需要对文档进行"分节"，上述样式都是不可能实现的。

WPS Office 文字提供 4 种类型的分节符。

下一页分节符：分节符后的内容将自动换页至新页面，并且新页面的内容在逻辑上属于新的一节。

连续分节符：分节符前、后的内容还处于一个页面，不会自动分页，但内容在逻辑上不属于一节。

偶数页分节符：分节符后面的内容自动转入下一个偶数页，分节和分页同时进行，且新节从文档的偶数页开始。

奇数页分节符：分节符后面的内容自动转入下一个奇数页，分节和分页同时进行，且新节从文档的奇数页开始。

2．插入分隔符

单击"页面布局"选项卡的"分隔符"下拉按钮，如图 4-56 所示，在下拉列表中可根据需要选择"分页符""换行符""分栏符"等命令。这些分隔符的样子如图 4-57 所示。

图 4-56　"分隔符"下拉列表　　　　　　　　图 4-57　分隔符的样子

3．隐藏与显示分隔符

有时在页面上可以看到分隔符，有时却看不到，原因是分隔符被隐藏了。单击"开始"选项卡的"显示 / 隐藏编辑标记"按钮，即可显示或隐藏分隔符。

4．删除分隔符

当不想实现分页或分节效果时，删除页面上插入的分隔符即可。首先显示出分隔符，光标在分隔符之前或之后处单击，按【Delete】或【Backspace】键即可删除，也可以选中分隔符删除。

4.2.8　设置页眉和页脚

页眉和页脚是指在文档每一页的顶部和底部加入的信息，这些信息可以是页码、日期、文档标题、文件名或作者名等文字或图形，用来丰富页面内容。这些信息通常打印在文档中每页的顶部或底部。页眉打印在上页边距中，而页脚打印在下页边距中。

1．插入页眉和页脚

单击"插入"选项卡的"页眉和页脚"按钮，可激活"页眉页脚"选项卡，如图 4-58 所示，可以单击"页眉"下拉按钮，在下拉列表中滚动选取所需的页眉格式，进入页眉编辑区域输入页眉信息，输入完成后，单击"关闭"按钮即可。也可以直接双击文档页面顶部的页眉区域进入页眉编辑状态。插入页脚的步骤与插入页眉类似。

2．设置不同的页眉和页脚

有时在编辑排版的过程中，不同章节需要设置不同的页眉和页脚，则首先需要将文档的不同章节分节，然后为第 1 节设置页眉，再单击"页眉页脚"选项卡的"显示后一项"按钮，即可进入下一节页眉的编辑，如果后一节页眉和前一节页眉不同，先单击"同前节"命令，将后一节页眉和前一节页眉断开后，再输入页眉内容。如果后一节页眉又需要和前一节相同，那么再单击"同前节"命令，将后一节页眉链接到前一节。不同章节设置不同页脚的方法类似。

图 4-58　"页眉页脚"选项卡

3. 插入页码

页码是页眉和页脚的一部分。单击"页眉页脚"选项卡的"页码"下拉按钮，可以在下拉列表中选择 WPS Office 文字预设的页码样式，也可以打开"页码"对话框自定义页码样式，设置页码编号是否续前节，选择页码应用范围。WPS Office 中，在页眉或页脚的编辑状态下，可以直接单击"插入页码"按钮，快速插入页码。

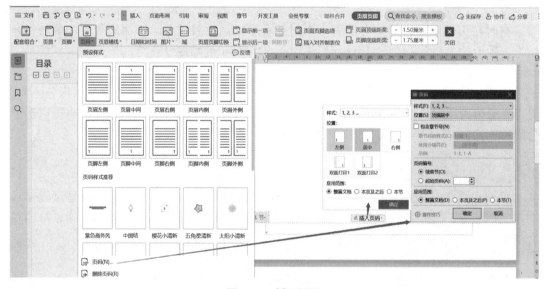

图 4-59　插入页码

注意：

　　如果想更改页眉或页脚的内容，那么直接双击页眉或页脚区域，进行编辑即可。如果不需要页眉和页脚了，那么双击页眉或页脚区域，选中页眉或页脚删除即可。

4.2.9　表格排版

文档编写过程中往往需要利用表格来清晰、明确地表示数据，尤其在编写汇报和统计类型文档时对于文档中表格的应用要求更多。在 WPS Office 文字中，不仅可以便捷、高效地制作文档表格，还可以通过表格工具快速调整以及对表格做一些个性化处理，利用表格样式库对表格快速进行美化，从而使文档中的表格更加专业、美观，操作也更便捷、轻松。

　　1．插入表格

在 WPS Office 中，通常有如下 3 种创建表格的方法。

　　1）快速制作表格

单击"插入"选项卡的"表格"下拉按钮，在展开的下拉列表表格区域滑动鼠标，如图 4-60 所示，让列表中的表格处于选中状态，此时列表上方将显示出相应的列数和行数，再单击，在文档页面中将插入相应行数和列数的表格。

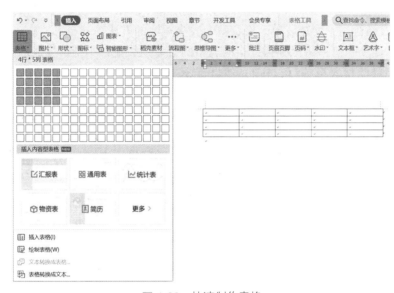

图 4-60　快速制作表格

　　2）利用"插入表格"对话框制作表格

单击"插入"选项卡的"表格"下拉按钮，在展开的下拉列表中选择"插入表格"命令，打开"插入表格"对话框，如图 4-61 所示。设置行数、列数，单击"确定"按钮。

　　3）手动绘制

单击"插入"选项卡的"表格"下拉按钮，在展开的下拉列表中选择"绘制表格"命令，鼠标指针会变成笔的形状，在页面单击并拖动鼠标，可以绘制出需要的表格。

　　2．编辑表格

创建一个表格后，有时还需要对表格的结构进行调整，例如，调整行高和列宽、插入和删除行列、合并和拆分单元格、插入表格标题、输入数据等，以满足用户的需求。编辑表格时，通常先单击表格，系统会自动激活"表格工具"选项卡，如图 4-62 所示，选择功能区中的命令按钮，可以完成对表格的所有编辑操作。

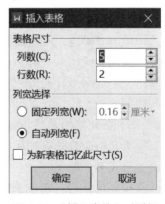

图 4-61　"插入表格"对话框

图 4-62　"表格工具"选项卡

1）数据输入

将光标定位在单元格中，可输入数据，按【Tab】键或按键盘上的方向键，可将光标移到下一个单元格，按【Shift+Tab】组合快捷键可以将光标移到前一个单元格，也可直接单击要输入数据的单元格，输入所需数据。

2）行、列、单元格和表格的选定

拖动鼠标可以选定单个、一行、一列或者连续的单元格区域。光标指向表格左上角，单击出现的"表格的移动控制点"图标，即可选定整个表格。

3）调整表格行高、列宽、单元格及整个表格宽度的方法

使用鼠标直接调整：将鼠标指针指向表格的行、列线上，当指针变成双向箭头时，单击并拖动，即可调整表格各行、列的高度和宽度。长按【Alt】键，可精确调整。将鼠标指针指向表格边缘，当指针变成双向箭头时拖动，可调整表格的大小。

使用"表格属性"对话框调整：将鼠标指针置于表格区域并右击，在弹出的快捷菜单中选择"表格属性"命令，或者单击"表格工具"选项卡的"表格属性"按钮，弹出"表格属性"对话框，利用"表格属性"对话框，可以精确设置表格、列、单元格的宽度及行的高度。

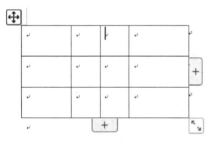

图 4-63　表格插入行列快捷按钮

4）行、列及单元格的插入和删除

插入行和列：首先单击表格某行（或列），右击，在弹出的快捷菜单中选择"插入"级联菜单的相应命令，即可插入行（或列）。如果想一次插入多行（或多列）就需要先选定多行（或多列）。选中表格时，表格的右侧和下方会出现两个"+"按钮，单击此按钮，也可以快速插入行或列，如图 4-63 所示。

删除行或列：先在表格中选定要删除的行或列，右击，在弹出的快捷菜单中选择"删除行"或"删除列"命令，即可删除选中的行或列。

插入单元格：先在表格中选定要插入的单元格的位置，右击，在弹出的快捷菜单中选择"插入"级联菜单中的"单元格"命令，打开"插入单元格"对话框，选择某种插入方式，单击"确定"按钮即可。

删除单元格：先在表格中选定要删除的单元格，右击，在弹出的快捷菜单中选择"删除单元格"命令，打开"删除单元格"对话框，在其中选择某种删除方式，单击"确定"按钮即可。

5）单元格的合并和拆分

单元格的合并是把相邻的多个单元格合并成一个单元格，单元格的拆分是把一个单元格拆分成多个单元格。

合并单元格：首先选定需要合并的多个连续单元格，然后右击，在弹出的快捷菜单中选择"合并单元格"命令，或者在"表格工具"选项卡中选择"合并单元格"命令。

拆分单元格：首先选定要拆分的单元格，然后右击，在弹出的快捷菜单中选择"拆分单元格"命令，弹出"拆分单元格"对话框，输入需要拆分的行、列数值，单击"确定"按钮即可。也可以通过"表格工具"选项卡的"拆分单元格"命令完成单元格拆分。

6）绘制斜线表头

斜线表头是文字文档表格中最常用的一项设置，WPS Office 文字中将该功能直接内置，用户在使用时只需通过简单步骤即可快速给表格绘制一个专业的斜线表头。具体操作步骤如下。

第 1 步：选中需要绘制斜线表头的单元格。

第 2 步：在"表格样式"选项卡中单击"绘制斜线表头"按钮。

第 3 步：在弹出的对话框中选择合适的斜线表头后，单击"确定"按钮，如图 4-64 所示。

第 4 步：斜线表头绘制完成后，直接单击该表头的单元格区域输入相关内容即可。

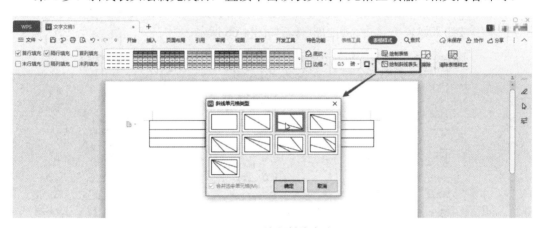

图 4-64　绘制斜线表头

7）设置标题行跨页重复

当表格中行数过多时就会跨页显示，但跨页后表格的标题行只在首行显示，为了便于查阅，可以通过设置标题行跨页重复让表格的标题行可以自动出现在每个页面的表格上方。选中表格中需要重复出现的标题行，单击"表格工具"选项卡中的"标题行重复"按钮即可。

3．表格样式

WPS Office 文字中将表格美化的相关设置放在"表格样式"选项卡中，用户可以通过该选项卡功能区中的相关命令对表格进行美化处理，如图 4-65 所示，包括以下主要功能区域。

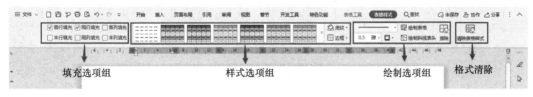

图 4-65　"表格样式"选项卡

填充选项组：用户可以自定义表格的填充样式。

样式选项组：WPS Office 文字中已经预设了部分精美的表格样式，任务栏中显示的是"最佳匹配"样式，用户也可以单击样式旁边的下拉按钮查看更多样式，包括：浅色系、中色系、深色系以及部分样式模板。除此之外，用户还可以设置边框线类型和单元格的底纹颜色。

绘制选项组：用户可通过该选项组进行手动绘制表格、设置表格边框的线型和颜色、设置边框粗细、绘制斜线表头以及清除边框等操作。

格式清除：清除表格中包含的所有样式，将表格还原成"透明"状态。

4．表格与文本的对齐方式及环绕

要进行表格与文本对齐方式及环绕的排版操作，首先需要选中表格，右击，在弹出的快捷菜单中选择"表格属性"命令，打开"表格属性"对话框。选择"表格"选项卡，在"对齐方式"中设置表格与页面的水平对齐关系，可以设为左对齐、居中、右对齐或者自定义设置左缩进。在"文字环绕"中设置表格与文字环绕的方式，可以设为"无"或者"环绕"。单击"定位"按钮可以设置表格的水平、垂直位置与距正文的距离等。还可以单击"选项"按钮来设置单元格之间的距离。如图 4-66 所示。

图 4-66 "表格属性"对话框与"表格定位"对话框

5．表格中的数据处理

在日常操作中我们经常需要对表格中的数据进行计算和排序的操作。简单的求和、取平均值、求最大值及最小值等，可以直接在 WPS Office 中计算完成。

1）表格中的数据计算

单击"表格工具"选项卡的"公式"按钮，打开"公式"对话框，如图 4-67 所示，可以在单元格中输入公式或者在"粘贴函数"下拉列表框中选择合适的函数进行数据计算。

2）表格中的数据排序

单击"表格工具"选项卡的"排序"按钮，打开"排序"对话框，如图 4-68 所示，可以对表格中的数据按照关键字进行排序，既可以选定单个关键字进行单列排序，也可以选定多个排序关键字进行多列排序。对图 4-67 表格中的"总分"列进行排序，结果如图 4-68 所示。

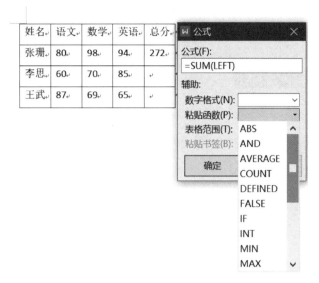

图 4-67　"公式"对话框

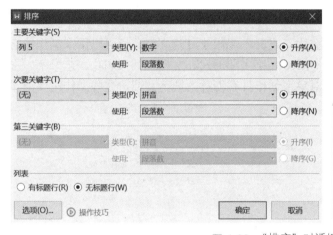

图 4-68　"排序"对话框

注意:

　　排序时，表格中不能有合并或拆分的单元格，即表格必须是标准的由行、列构成的二维表格。

　　6．表格与文本之间的相互转换

　　1）表格转换为文本

　　将光标定位在表格中，单击"表格工具"选项卡的"转换为文本"按钮，打开"表格转换成文本"对话框，如图 4-69 所示，选择文字分隔符，单击"确定"按钮可将表格转换为文本。

　　2）文本转换为表格

　　首先输入一段用逗号、空格或段落标记等分隔的文字，选择该段文字，单击"插入"选项卡的"表格"下拉按钮，在下拉列表中选择"文本转换成表格"命令，打开"将文字转换成表格"对话框，如图 4-70 所示。在"列数"微调框中输入表格的列数，在"文字分隔位置"中选择文字之间的分隔符，单击"确定"按钮即可将文本转换为表格。

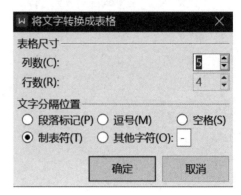

图 4-69　"表格转换成文本"对话框　　　　图 4-70　"将文字转换成表格"对话框

4.2.10　图文混排

WPS Office 文字的排版功能非常强大，它并不局限于处理文字，还可以用来制作非常美观的宣传海报、杂志封面等，WPS Office 文字主要通过在文档中插入图片、艺术字、形状、文本框、智能图形、公式等多种对象来创作具有创意的精美文档，这些操作主要通过如图 4-71 所示的"插入"选项卡实现。

图 4-71　"插入"选项卡

1. 图片

1）插入图片、图标

把光标移到文档中需插入图片的位置，单击"插入"选项卡的"图片"下拉按钮，在打开的"插入图片"对话框中单击"本地图片"按钮，在打开的对话框中浏览驱动器文件夹，选择图片所在的位置路径，选中要插入的图片文件，单击对话框下方的"打开"按钮，即可将图片插入到文档中。若需插入图标，则单击"图标"下拉按钮，可直接在列表中选择需要的图标。

2）插入屏幕截图

使用 WPS Office 文字的屏幕截图功能可以方便地截取活动窗口或任意屏幕区域，而无须借助其他工具。

单击"插入"选项卡的"更多"按钮，在下拉列表中选择"截屏"命令可以截取当前打开的某一活动窗口，将它作为图片插入文档。WPS Office 文字提供了屏幕截图编辑工具，截取屏幕后，可直接编辑所截取的图片，并插入文档。WPS Office 文字还提供了"屏幕录制"功能。

3）图片工具选项卡

图片的移动、复制和删除操作类似于文本的相应操作。设置图片格式，首先需要单击文档中的图片，激活如图 4-72 所示的"图片工具"选项卡。使用该选项卡可以对图片进行如下设置。

图 4-72　"图片工具"选项卡

① 添加、替换、压缩、缩放、裁切图片。

② 设置图片高度、宽度，锁定图片纵横比。

③ 抠除背景，设置图片的亮度与对比度、颜色、效果、边框样式。

④ 进行图片旋转、组合、对齐、文字环绕，调整图片所在的层。

⑤ 图片转文字、图片转 PDF、图片翻译。

2．艺术字

艺术字是装饰性文字，用来美化文档，使文档更具有艺术性。艺术字的操作主要包括插入和编辑。插入艺术字时，首先选定要制作成艺术字的文字或将光标置于需要插入艺术字的位置，单击"插入"选项卡中的"艺术字"下拉按钮，在展开的下拉列表中选择预设样式，如图 4-73 所示，单击输入文字即可。如果要编辑艺术字，可以在完成艺术字插入后，双击该艺术字，即可在功能区激活"绘图工具"选项卡（如图 4-74 所示）和"文本工具"选项卡（如图 4-75所示），在这两个选项卡中可以设置艺术字的颜色、样式、大小、形状、字体等。

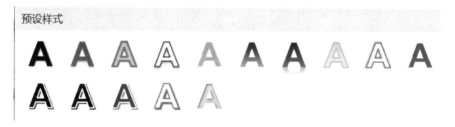

图 4-73　"艺术字"下拉列表

图 4-74　"绘图工具"选项卡

图 4-75　"文本工具"选项卡

3．文本框

文本框是将文字精确定位的有效工具。文档中的内容放入文本框后，就可以随时被拖动到文档的任意位置，还可以根据需要缩放调整。

插入文本框：单击"插入"选项卡中的"文本框"下拉按钮，在下拉列表中可以选择"横向"或"纵向"命令，鼠标指针会变成黑色十字状，在页面上单击并拖动鼠标，即可插入一个文本框，在其中可以输入所需文字。

编辑文本框：在文档中插入文本框后，还可以对文本框进行编辑，选中文本框，会激活"绘图工具"选项卡和"文本工具"选项卡，使用其中的命令可以编辑或格式化文本框。

4．形状

形状由多种多样的几何图形构成，它比图片更灵活多变，利用形状可以轻而易举地将图形和文字结合在一起，增加文档的表现力。

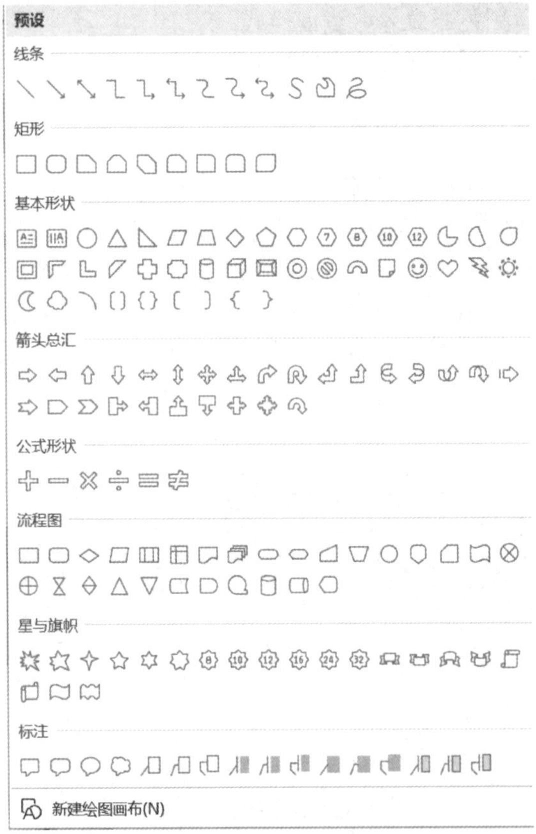

图 4-76　"形状"下拉列表

1）绘制形状

单击"插入"选项卡中的"形状"下拉按钮，在下拉列表中单击所需的形状，如图 4-76 所示，鼠标指针会变成黑色十字状，在文档页面上，长按鼠标左键并拖动鼠标，即可绘制出相应的图形。画正圆、正方形时需在拖动鼠标的同时长按【Shift】键。对绘制的形状也可以进行格式设置和编辑等操作，单击文档中的形状，即可激活"绘图工具"选项卡，利用功能区中各种命令按钮，可对形状进行形状填充、形状轮廓、形状效果等设置，形状填充可以改变自选图形的颜色，形状轮廓可以确定图形是否需要外边框，以及设置外边框的线条样式，形状效果可以设置图形的阴影、发光以及三维等效果。

2）更改形状

在文档中插入的形状如果不符合要求，不需要删除，只需对形状进行更改即可。选中要更改的形状，单击"绘图工具"选项卡的"编辑形状"下拉按钮，在展开的下拉列表中选择"更改形状"命令，然后在形状库中选择需要的形状即可。

3）在形状中添加文字

右击要添加文字的形状，在弹出的快捷菜单中选择"添加文字"命令，即可输入文字，或者右击选择"编辑文字"命令可以对形状中已经输入的文字进行修改。

4）组合多个形状

在文档中，为了防止绘制的多个形状之间的相对位置发生改变，导致整个形状混乱变形，可以将多个形状组合。在长按【Shift】键或【Ctrl】键的同时逐个单击要组合的形状，待准备组合的形状全部选定后，右击选定的形状，在弹出的快捷菜单中选择"组合"命令，即可将多个形状组合成一个。

注意:

> 当形状与图片进行组合时，形状和图片的"文字环绕"方式都不能设置为"嵌入形"环绕。

5）形状的叠放次序

绘制多个形状时，它们之间可能会重叠，可以根据需要对每个形状的放置次序进行调整。右击要调整的形状，在弹出的快捷菜单中选择"置于顶层"或"置于底层"，或者进行上移、下移，也可以利用"页面布局"选项卡中的"排列"命令调整图形的叠放次序。图片、文本框、艺术字等对象如果也存在需要调整叠放次序的问题，方法类似。

5. 智能图形

WPS Office 2019 中的智能图形类似于 Microsoft Office 中的 SmartArt 图形，单击"插入"选项卡中的"智能图形"下拉按钮，若选择"智能图形"命令，则打开如图 4-77 所示的"选择智能图形"对话框；若选择"关系图"命令，则打开如图 4-78 所示"关系图"对话框，其中是预设的形状、文字及样式的集合，包括组织结构图、并列、总分、循环、象限、流程、对比、时间轴 8 种类型，每种类型下有多个图形样式和在线样式，用户可以根据需要选择合适的样式，然后对图形的内容和效果进行编辑。

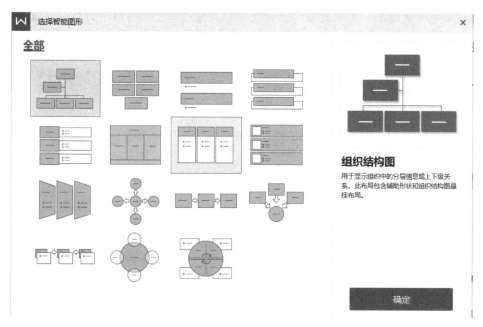

图 4-77　"选择智能图形"对话框

6. 公式

在日常工作中，经常需要在文档中插入数学公式。单击"插入"选项卡的"公式"按钮，可打开"公式编辑器"窗口，如图 4-79 所示，完成公式的输入。

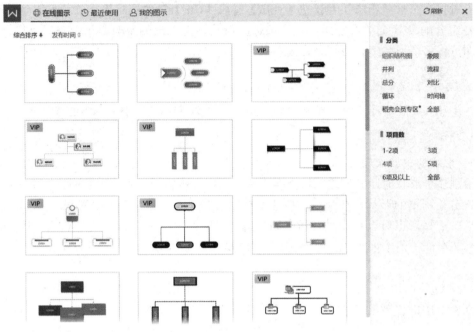

图 4-78 "关系图"对话框

注意:

创建好智能图形后，还可以为之进行各种美化，以提升视觉效果，如修改智能图形中的文本背景颜色、形状轮廓、形状效果等。另外，智能图形中的每个形状，都可以调整它的级别，将它升级或降级，或者移动它的位置。

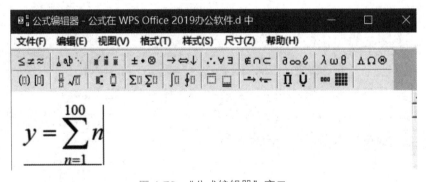

图 4-79 "公式编辑器"窗口

4.2.11 文档审阅与修订

1. 修订文档

当文档启用"修订"状态时，WPS Office 文字会自动记录文档中所有内容的变更痕迹，并且会把当前文档中的修改、删除、插入等痕迹以及相关内容都标记出来。

1）开启修订状态

通常情况下，编辑文档时默认关闭"修订"状态。如果需要启用并标记修订过程以及修订内容，需要用户将"修订"功能打开。单击"审阅"选项卡中的"修订"按钮，当该按钮处于高亮状态时，表明"修订"状态已打开，文档进入"修订"状态。在修订状态下，文档中删除的内容会显示在右侧的页边空白处，新加入的内容会以有颜色的下画线和有颜色的字体标注出来。所有修订动作会在右侧记录下来，并记录修订者的名称，如图 4-80 所示。

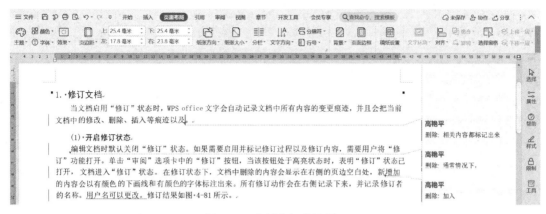

图 4-80　文档修订效果展示

2）退出修订状态

当文档处于修订状态时，单击"审阅"选项卡中的"修订"按钮，该按钮的高亮状态消失，代表已经退出修订状态。

2．为文档添加批注

当同一份文档需要进行多人审阅时，为了方便沟通变更的文档内容，需要在文档中插入"批注"信息。在 WPS Office 文字中，"批注"和"修订"都会显示在文档右侧，但是两者功能不同，"批注"的内容不会修改原文，且在批注框右侧的"编辑批注"下拉按钮中有"答复""解决""删除"图标，而修订则会直接修改文档的原文内容。可对"批注"做的操作主要有以下三种。

• 添加批注：如果需要为文档的某段内容添加批注，只需将光标定位于该段文本，然后单击"审阅"选项卡中的"插入批注"按钮，在批注框中输入批注信息即可。

• 删除批注：右击要删除的批注，在打开的快捷菜单中执行"删除批注"命令，即可删除该条批注，或单击"审阅"选项卡中的"删除"下拉按钮，选择"删除批注"命令，也可以通过"编辑批注"下拉按钮删除批注。如果需要删除文档中的全部批注，可以单击"审阅"选项卡中的"删除"下拉按钮，选择"删除文档中的所有批注"命令，即可删除文档中所有批注。

• 解决和回复批注：当文档中的批注已经完成时，可以单击批注后的"编辑批注"下拉按钮，在下拉列表中选择"解决"命令，随后该批注标记为"已解决"，且批注内容置灰。如果需要就该批注做回复说明，可以单击批注后的下拉按钮，选择"答复"命令，并在输入框内输入需要回复的内容，该批注将以对话形式显示，更加直观明确，如图 4-81 所示。

3．审阅修订和批注

当文档完成修订后，文档的创作者需要对修订和批注的情况进行最终审阅，对修订和批注做出"拒绝"或者"接受"处理，确定文档的最终版本。

1）接受／拒绝修订和批注

单击"审阅"选项卡中的"上一条"或"下一条"按钮可定位到文档中的修订或批注框。单击"审阅"选项卡中的"接受"或"拒绝"按钮可接受或拒绝某一条修订内容。单击"编辑批注"下拉按钮，在下拉列表中可以选择"答复""解决""删除"命令。

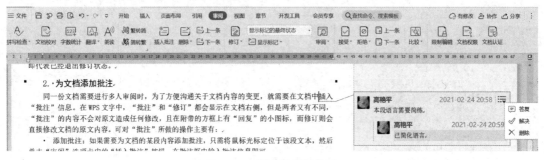

图 4-81　解决和回复批注

若要接受或拒绝当前文档中的所有修订（包括内容、格式等），可以单击"接受"或"拒绝"下拉按钮，在弹出的下拉列表中选择"接受对文档所做的所有修订"或"拒绝对文档所做的所有修订"命令。

2）查看审阅者

当文档被多人修订或审阅后，可以在"审阅"选项卡中单击"显示标记"下拉按钮，在下拉列表中勾选"审阅人"选项，然后再单击"审阅"下拉按钮，选择显示某个审阅人或所有审阅人所做的修订，如图 4-82 所示。

图 4-82　查看审阅者

4．拼写检查

除修订功能外，还可以通过 WPS Office 文字中的其他功能对文档进行常见的管理和审阅工作，如拼写检查、文档校对等。

编辑文档时，难免会因为一时疏忽而造成文本的拼写或语法错误。WPS Office 文字中的"拼写检查"功能可以根据文本的拼写和语法要求对选定的文本或者当前文档做智能检查，并将检查结果实时呈现，同时推荐最精准的表达，帮助用户避免错误。

第 1 步：单击"审阅"选项卡中的"拼写检查"下拉按钮，在下拉列表中选择"设置拼写检查语言"命令，弹出如图 4-83 所示的"设置拼写检查语言"对话框。在对话框中设置默认语言，完成后单击"设为默认"按钮。

第 2 步：选中需要检查的文本，如果是对当前文档做全篇检查，则单击文档任意位置即可。

第 3 步：直接单击"审阅"选项卡中的"拼写检查"按钮，检查完毕后弹出"拼写检查"对话框，用户根据检查的结果和实际需要选择"更改""忽略"等按钮即可，如图 4-84 所示。

图 4-83　"设置拼写检查语言"对话框

图 4-84　"拼写检查"对话框

也可以单击"文件"选项卡中的"选项"命令，打开"选项"对话框，单击对话框中的"拼写检查"按钮进行相关设置，设置完成后单击"确定"按钮。

5. 文档校对

在编写长文档时，因为文字较多，不方便对文档进行逐字逐句校对，此时可以使用 WPS Office 文字中的"文档校对"功能对文档中的内容进行校对。在连接因特网的前提下，在"审阅"选项卡中单击"文档校对"按钮（第 1 次使用时，需要加载），弹出"WPS Office 文档校对"对话框，单击"开始校对"按钮后添加科学领域的关键字进行校对。单击"马上校对"按钮后在页面的右侧会出现校对后的结果，根据校对需要进行设置和选用即可，如图 4-85 所示。

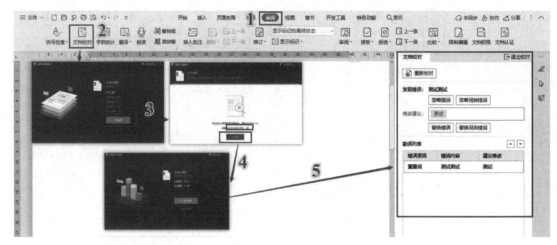

图 4-85　文档校对

6．文档比较

文档在流转共享环节可能会被不同阅读者修订和批注，并形成多个不同的版本。通过 WPS Office 文字提供的"比较"功能可以精确显示两个版本文档之间的差异，方便了解文档修订前、后版本的变化情况。操作步骤如下。

第 1 步：单击"审阅"选项卡中的"比较"下拉按钮，选择下拉列表中的"比较"命令，弹出"比较文档"对话框，如图 4-86 所示。

图 4-86　"比较文档"对话框

第 2 步：在"原文档"区域中，通过浏览打开原始文档。在"修订的文档"区域中，通过浏览打开修订文档。

第 3 步：单击"确定"按钮，会显示两个文档的比较结果，如图 4-87 所示，以便用户更直观地查阅两者的区别。通过"比较"下拉列表中"显示源文档"的级联菜单可以隐藏或显示"原文档"和"修订的文档"。单击"审阅"下拉按钮，在下拉列表中选择"审阅窗格"命令，也会自动显示两个文档间的具体差异以及相关修订人做的修订痕迹。

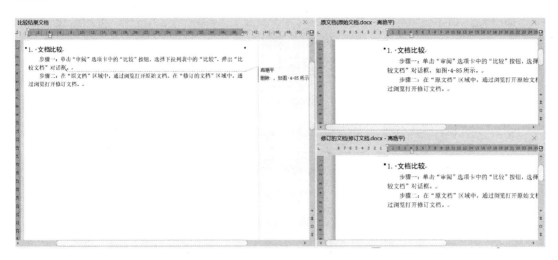

图 4-87　"文档比较"显示效果

7．繁简转化

在阅读中有时需要进行汉字的繁体和简体转化。选定需要转化的文字，单击"审阅"选项卡中的"简转繁"命令可将简体汉字转化为繁体汉字，单击"繁转简"命令可将繁体汉字转化为简体汉字。

4.2.12　文档的打印

电子文档编辑完成后，通常需要打印成纸质文档，以便存档或传阅。打印文档之前首先可通过"打印预览"确认整篇文档的文本内容以及排版效果是否符合要求，确认无误后再打印该文档。

选择"文件"→"打印"→"打印预览"命令，确认文档效果是否符合要求。可在"打印预览"对话框中单击"更多设置"按钮或单击"直接打印"下拉按钮，在下拉列表中选择"打印"命令，弹出"打印"对话框。在"打印"对话框中可进行更多的打印选项设置。设置完成后，单击"确定"按钮即可将文档打印输出。单击快捷工具栏中的"打印"按钮，也可调出"打印"对话框，在对话框内设置好打印参数后，单击"确定"按钮即可打印文档，使用快捷工具栏可以简化操作步骤，提高效率。

4.3　WPS Office 表格

WPS Office 表格也是 WPS Office 办公软件的组件之一，由 WPS Office 表格生成的文档保存时文件类型默认保存为"*.xlsx"，也可以选择保存为"*.et"或其他需要的类型。WPS Office 表格拥有强大的表格计算能力，兼容支持 .xls 和 .xlsx 文档的查看和编辑，以及多种 Excel 加 / 解密算法。WPS Office 表格已支持 305 种函数和 34 种图表模式，为解决手机输入法输入函数困难的问题，提供专用公式输入编辑器，方便用户快速录入公式。

4.3.1 表格的工作环境

1. 表格界面

如图 4-88 所示，表格界面的主要组成元素有：工作簿标签、"新建"按钮、快速访问工具栏、功能区、选项卡标签栏、名称框、编辑栏、行号、列标、活动单元格、工作表标签、滚动条、状态栏、视图切换按钮、显示比例滑块等。

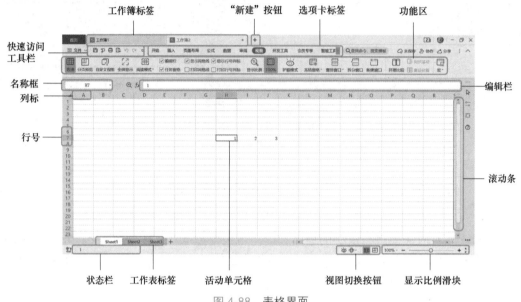

图 4-88　表格界面

2. WPS Office 表格常用术语

1）工作簿和工作表

工作簿就是一个电子表格文件，默认扩展名为".xlsx"。一个工作簿可以包含多个工作表，一个工作表是一张 1048576 行、16384（XFD）列的表格，新建一个工作簿，默认自动创建一个工作表，名字为"Sheet1"，用户可以根据需要重命名工作表，也可以创建新的工作表，最多能创建多少个工作表，与内存大小有关。

工作表标签是工作表的名称，所有工作表标签显示在表格窗口的下方，单击某个工作表标签，标签反相高亮显示，表明被选中，当前被选中的工作表称为"活动工作表"或"当前工作表"，单击其他的工作表标签，可以在不同的工作表之间切换。

2）行和列

工作表编辑区域由横竖交叉的"网格线"划分出了若干行和若干列。由横线分隔出来的区域称为"行（Row）"，每一行左侧的阿拉伯数字为"行号"，对应称为第 1 行、第 2 行、……、第 1048576 行，按【Ctrl+↓】组合快捷键，可直达最后一行；由竖线分隔出来的区域称为"列（Column）"，每一列上方的大写英文字母为"列标"，对应称为 A 列、B 列、……、XFD 列，按【Ctrl+→】组合快捷键，可直达最后一列。

3）单元格与单元格区域

单元格（Cell）是行和列交叉形成的表格能操作的最小单元。单元格所在行、列的行号和列标形成单元格地址，如 A6 单元格、B9 单元格等。单击选定的单元格将以粗框线标出，被称为"活动单元格"。

单元格区域是指多个连续单元格的组合。矩形单元格区域常用其左上角和右下角单元格表示，如 A1:B2 代表一个单元格区域，包括 A1、B1、A2、B2 共 4 个单元格；只包括行号或列号的单元格区域代表整行或整列，如 1:1 表示由第 1 行的全部单元格组成的区域，1:3 表示由第 1、2、3 行全部单元格组成的区域，A:A 表示由第 1 列全部单元格组成的区域，A:C 表示由 A、B、C 3 列的全部单元格组成的区域。

4）名称框与编辑栏

名称框：位于工作表左上方，用于显示活动单元格的名称。

编辑栏：位于名称框右侧，用于显示、输入、编辑、修改当前活动单元格中的内容。

4.3.2　表格的基本操作

工作簿的创建、打开、保存、关闭等操作与 4.1.3 节介绍的 WPS Office 文档基本操作类似，此处不再赘述。

1. 工作表基本操作

1）新建工作表

表格文档也就是工作簿，是由若干个工作表组成的，数据的所有处理操作都是在工作表中完成的。新建的空白工作簿中默认包含一个工作表，用户根据需要可以通过多种方法新建更多空白工作表，如图 4-89 所示。

图 4-89　新建工作表

方法 1：按【Shift+F11】组合快捷键，即可在当前活动工作表左侧插入一个新工作表。新创建的工作表将会依照现有工作表数目自动编号命名，如 Sheet2 等。

方法 2：单击工作表标签右侧的"新建工作表"按钮，即可在末尾插入新工作表。

方法 3：右击当前工作表标签，在快捷菜单中选择"插入"命令，打开"插入工作表"

对话框，输入插入数目并选择插入位置，单击"确定"按钮即可。

方法4：在"开始"选项卡中单击"工作表"下拉按钮，在下拉列表中选择"插入工作表"命令，打开"插入工作表"对话框，设置后插入新工作表。

2）选定工作表

选定一个工作表：单击工作表标签可使对应的工作表成为当前活动工作表。

选定多个工作表：单击第1个工作表的标签，若要选定多个连续工作表，则长按【Shift】键，再单击要选择的最后一个工作表的标签；若要选定多个不连续工作表，则长按【Ctrl】键，再单击需要选定的其他工作表标签。

选定全部工作表：右击某一工作表的标签，选择"选定全部工作表"命令。

同组工作表：当多个工作表被同时选中时，它们就成为"同组工作表"，在其中任意一个工作表中进行编辑操作，其他工作表也会被同步编辑。要取消同组工作表，可单击任意未选定的工作表标签，或直接在同组标签上双击，也可以右击某一工作表的标签，然后选择"取消成组工作表"命令。

3）移动、复制工作表

同一工作簿内移动、复制工作表：移动工作表只需单击工作表标签，并将其拖动至另一工作表标签旁，复制则需要在拖动的同时长按【Ctrl】键；也可以在工作表标签上右击，选择"移动工作表"或"复制工作表"命令。

跨工作簿移动、复制工作表：在工作表标签上右击，选择"移动工作表"命令，打开"移动或复制工作表"对话框，单击"工作簿"下拉按钮，选择另一个工作簿，再选择某一工作表，单击"确定"按钮，可实现跨工作簿移动工作表，若勾选对话框中的"建立副本"复选框，则可实现跨工作簿复制工作表，如图4-90所示。

图 4-90　跨工作簿移动、复制工作表

4）重命名工作表

直接双击某个工作表标签，或者右击某个工作表标签，选择"重命名"命令，都可以进入标签编辑状态，输入新工作表名称，按回车键或单击标签外其他处确认，完成工作表重命名。也可以单击"开始"选项卡中的"工作表"下拉按钮，选择"重命名"命令，对当前活动工作表重命名。

5）删除工作表

右击要删除的工作表标签，选择"删除工作表"命令，或在"开始"选项卡中单击"工作表"下拉按钮，在下拉列表中选择"删除工作表"命令，可以删除当前活动工作表。

6）隐藏／显示工作表

出于特殊需要或数据安全的考虑，有时需要将一些仅引用数据而无须呈现的工作表隐藏起来。

隐藏工作表：右击要隐藏的工作表标签，选择"隐藏工作表"命令，或在"开始"选项卡中单击"工作表"下拉按钮，在下拉列表中选择"隐藏工作表"命令，可以隐藏当前活动工作表。

显示工作表：可以右击任意工作表标签，选择"取消隐藏工作表"命令，或在"开始"选项卡中单击"工作表"下拉按钮，在下拉列表中选择"取消隐藏工作表"命令，都可以打开"取消隐藏"对话框，选中要取消隐藏的工作表，单击"确定"按钮即可。

注意：

若要批量隐藏或取消隐藏多个工作表，则按【Ctrl】键同时选定多个工作表标签或工作表名称即可。隐藏工作表操作不会改变工作表的排列顺序，且被隐藏的工作表仍然可以被其他工作表引用。工作簿内应至少含有一个可视工作表，因此对唯一可见的工作表将无法执行隐藏、删除或移动操作。

7）设置工作表标签颜色

通过设置工作表标签颜色可以清晰标识工作表分类或突出显示某个工作表。右击要改变颜色的工作表标签，选择"工作表标签颜色"命令，并从"颜色"面板中选择一种颜色即可，也可以同时选中多个工作表，设置颜色。

8）打印工作表

类似 WPS Office 文字文档的打印设置，通过"页面布局"选项卡，也可以设置"纸张""页边距""纸张方向"等。通过快速访问工具栏中的"打印"命令或"文件"选项卡"打印"级联菜单中的"打印预览"或"打印"命令也可以完成表格的打印预览，还可以打开"打印"对话框，进行需要的打印设置。

2．行列基本操作

1）选定行或列

选定一行或一列：单击想要选定的行的行号或想要选定的列的列标。

选定连续的多行或多列：

① 单击某个行号或列标，同时拖动鼠标，使指针滑过相邻的若干行或若干列，即可选定连续的多行或多列。

② 单击起始行号或列标，长按【Shift】键，再单击终止行号或列标，也可以选定连续的多行或多列。

选定不连续的多行或多列：先单击想要选定的行号或列标，长按【Ctrl】键，单击其他需要选定的多个不连续的行号或列标，即可选定多个不连续的行或列。

2）插入行或列

插入一行或一列：

① 先选定某行或某列，按【Ctrl+Shift+=】组合快捷键，即可快速在选定行上方或选定列左侧插入一行或一列。

② 单击"开始"选项卡中的"行和列"下拉按钮，选择"插入单元格"级联菜单中的"插入行"或"插入列"命令，即可在活动单元格上方或左侧插入一行或一列。

插入多行或多列：

① 先选定多行或多列，按【Ctrl+Shift+=】组合快捷键，可在选定行上方或选定列左侧插入多行或多列。

② 直接按【Ctrl+Shift+=】组合快捷键，打开"插入"对话框，选择"整行"或"整列"单选按钮，输入行数或列数，即可在活动单元格上方或左侧插入指定数目的整行或整列。

③ 右击要插入行或列位置处的单元格，选择"插入单元格"级联菜单中的"插入行"或"插入列"命令，输入行数或列数，单击"√"按钮或按【Enter】键确认，即可在活动单元格上方或左侧插入指定数目的整行或整列。

3）删除行或列

删除一行或一列：先单击要删除的行或列的行号或列标，右击选择"删除"命令，或者直接按【Ctrl+-】组合快捷键，即可删除一行或一列。

删除多行或多列：先选定多行或多列（可以连续，也可以不连续），将鼠标指针放在选定的行号或列标上右击，选择"删除"命令，或者直接按【Ctrl+-】组合快捷键，即可删除多行或多列。

4）隐藏/取消隐藏行或列

隐藏行或列：先选定要隐藏的行或列，可以是多行或多列，可以连续也可以不连续，将鼠标指针放在选定的行号或列标上右击，选择"隐藏"命令，可以隐藏行或列。也可以在选定行或列之后，单击"开始"选项卡的"行和列"下拉按钮，在下拉列表中选择"隐藏与取消隐藏"命令，再选择"隐藏行"或"隐藏列"命令。

取消隐藏行或列：先同时选中被隐藏的行或列两边的行或列，右击，选择"取消隐藏"命令，或者单击"开始"选项卡的"行和列"下拉按钮，在下拉列表中选择"隐藏与取消隐藏"命令，再选择"取消隐藏行"或"取消隐藏列"命令。

5）调整行高或列宽

使用鼠标直接拖动行号下边线或列标右边线即可手动调整行高或列宽。

单击"开始"选项卡的"行和列"下拉按钮，选择"行高"或"列宽"命令，或者右击行号或列标，选择"行高"或"列宽"命令，打开"行高"或"列宽"对话框，选择计量单位并输入具体数字，单击"确定"按钮即可精确设定行高或列宽。

单击"开始"选项卡的"行和列"下拉按钮，选择"最合适的行高"或"最合适的列宽"命令，或者双击行号下边线或列标右边线，即可根据选定的行或列中的字符长度和高度自动调整到最适合的行高或列宽。

单击"开始"选项卡的"行和列"下拉按钮，选择"标准列宽"命令，打开"标准列宽"对话框，选择计量单位并输入具体数字，单击"确定"按钮即可修改当前工作表的默认列宽。该命令只在当前工作表中生效，并且对已经设置过列宽的列无效。

6）移动、复制行或列

若要移动、复制行或列，则要先选定准备移动、复制的行或列，按【Ctrl+X】组合快捷键进行剪切或者按【Ctrl+C】组合快捷键进行复制，再按【Ctrl+V】组合快捷键在目标位置进行粘贴，也可以选定准备移动、复制的行或列，右击选择"剪切"或"复制"命令，再单击目标位置，右击选择"粘贴"命令，完成移动、复制行或列操作。

直接拖动行或列的边线也可以实现行或列的移动、复制，当鼠标指针置于选定的行或列的边线上时，指针将变为"十字形四向箭头"状态。此时，长按鼠标左键直接拖动，可以移动行或列，长按【Ctrl】键并拖动，可以复制行或列。

7）冻结窗格

当工作表中的数据量较大时，滚动查看数据可能看不到行、列标题，无法分清某行或某列数据的含义。此时，可以通过"冻结窗格"功能来锁定工作表中的标题行或标题列，使其在上下或左右滚动浏览数据时始终可见。

冻结首行或首列：打开表格，单击"开始"或"视图"选项卡的"冻结窗格"下拉按钮，选择"冻结首行"或"冻结首列"命令，则当前可见区域中的首行或首列将被冻结（注意并不一定是第 1 行 /A 列）。滚动窗口浏览时，首行或首列固定不动。被冻结区域和未冻结的区域之间将出现冻结线（绿色细线）。若要冻结表格第 1 行或 A 列，则必须保持第 1 行或 A 列在可见区域。

冻结部分行或列：要冻结前 5 行或前 5 列的内容，可以选中第 6 行或第 6 列，也可以同时选中前 5 行或前 5 列，单击"冻结窗格"下拉列表中的"冻结至第 5 行"命令即可。

同时冻结部分行与列：要同时冻结前 1 行和前 3 列，先单击第 2 行与第 4 列的交叉单元格 D2，再单击"冻结窗格"下拉列表中的"冻结至第 1 行 C 列"命令即可，如图 4-91 所示。

图 4-91　"冻结窗格"操作

取消冻结窗格：单击"冻结窗格"下拉列表中的"取消冻结窗格"命令即可。

注意：

　　在设置了冻结窗格的工作表中按【Ctrl+Home】组合快捷键，可以快速定位到两条冻结线交叉的位置，即最初执行冻结窗格命令时的定位位置。

3．单元格基本操作

1）选定单元格

选定单个单元格：直接单击，或通过键盘上的方向键移动到目标单元格。按【Enter】键可选中同一列中下一行的单元格，按【Tab】键可选中同一行中相邻右侧的单元格，按【Shift+Enter】组合快捷键可选中同一列中上一行的单元格，按【Shift+Tab】组合快捷键可选中同一行中相邻左侧的单元格。

选定多个连续单元格：单击并拖动，即可选中一个矩形单元格区域，或者长按【Shift】键，通过方向键选定需要的单元格区域。按【Ctrl+A】组合快捷键可以选定与当前单元格相邻的最大数据区域。若相邻区域无数据，则选定整个工作表。

选定多个不连续单元格：长按【Ctrl】键，单击需要选定的单元格。

2）清除单元格

清除单元格是指删除单元格的内容或内容及格式。选定单元格，按【Delete】键，就可清除单元格中的内容，但单元格格式保留。也可以单击"开始"选项卡的"单元格"下拉按钮，选择"清除"命令，或右击单元格，选择"清除内容"命令，根据用户需要选择清除单元格的"全部（包括内容和格式）"、"格式"、"内容"、"批注"或"特殊字符"。

3）插入、删除单元格

插入单元格：右击要插入位置的单元格，选择"插入"命令，再选择"插入单元格，活动单元格右移"或者"插入单元格，活动单元格下移"命令。

删除单元格：右击要插入位置的单元格，选择"删除"命令，再选择"右侧单元格左移"或者"下方单元格上移"命令。

插入、删除单元格的过程可参照图 4-92。

图 4-92　插入、删除单元格的过程

注意：

删除单元格与清除单元格内容的区别：删除单元格是把单元格从工作表中移除，由右侧或下方单元格填补被删除单元格的位置，单元格被删除了，当然里面的内容也不可能存在了，而清除单元格仅仅是把原单元格中的内容删除，单元格依然保留。

4）单元格格式化

输入编辑好单元格内容之后，也需要对单元进行适当的修饰和整理。单元格格式化方法示意如图 4-93 所示。

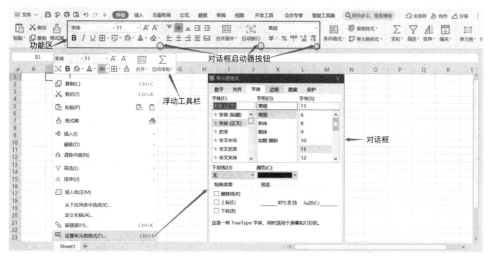

图 4-93　单元格格式化方法示意

① 功能区："开始"选项卡中提供了多个命令组用于设置单元格格式，"字体"格式包括字体、字号、颜色、边框等命令，"段落"格式包括对齐、缩进、合并居中、自动换行等命令，"数字"格式包括对数字进行各种格式转换的命令。

② 浮动工具栏：右击单元格，将同时弹出单元格快捷菜单和浮动工具栏，在浮动工具栏中包括最常用的单元格格式设置命令。

③ 对话框：按【Ctrl+1】组合快捷键，或者右击单元格，选择"设置单元格格式"命令，或者单击"开始"选项卡中"字体""对齐方式""数字"组右下角的对话框启动器按钮，都可以打开"单元格格式"对话框，在对话框中可以对单元格格式进行更加详细的设置，对话框中包括"数字""对齐""字体""边框""图案""保护"选项卡。

单元格格式的设置：对齐、字体、边框等格式的设置与文字文档中的方法类似，"图案"选项卡用于设置单元格的底纹，"数字"选项卡用于设置单元格的数据类型，"保护"选项卡用于设置在审阅时锁定单元格或隐藏公式。

合并单元格：是指将连续区域内的多个单元格合并成占有多个单元格空间的一个大的单元格，常用于创建跨行或跨列的标题。

单元格内容换行：默认情况下，单元格内的内容超过列宽时也不会自动换行，若相邻右侧单元格为空，则超出列宽的内容会跨列溢出显示；若相邻右侧单元格内有数据，则会隐藏溢出的内容。若不想增加列宽，又想看到单元格内所有内容，则可以增加行高，让内容换行显示。单击"开始"选项卡的"自动换行"按钮，实现内容随列宽自动换行，也可以在单元格内单击想要换行的字符的左侧，按【Alt+Enter】组合快捷键实现手动换行。

5）条件格式

条件格式就是根据条件（突出显示规则）设置单元格格式，将符合条件的单元格醒目地呈现给用户，如设定成绩单中不及格的数据突出显示。如图 4-94 所示，先选定"成绩"

列，再单击"开始"选项卡的"条件格式"下拉按钮，在下拉列表中选择"突出显示单元格规则"命令，再选择"小于"命令，弹出"小于"对话框，在文本框中输入数值，可选择下拉列表框中预设的格式，再单击"确定"按钮，可看到不及格单元被突出显示。

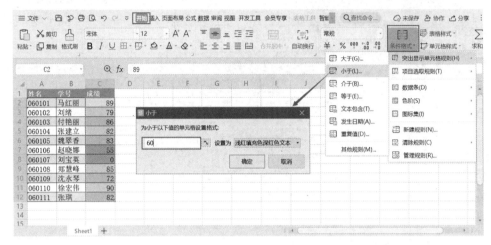

图 4-94　条件格式设置

4. 数据类型及数据输入

1）数据类型

表格中常用的数据类型有"数值类型""文本类型""日期和时间类型""逻辑值类型"，还有一类特殊的数据"错误值类型"。在"单元格格式"对话框的"数字"选项卡中，数据的格式又被细分为数值、货币、会计专用、日期、时间、百分比、分数、科学计数、文本、特殊和自定义。

数值类型：数值是由 0 ～ 9 十个数字组成的，代表一定量的数据，如成绩、员工年龄、销售金额等，数值有正、负之分，可以进行各种算术运算。一些带有特殊符号的数字也被理解为数值，如带有千分位分隔符（,）、百分号（%）、货币符号（￥等）、科学计数符号（E）等。WPS Office 表格的最大数值计算精度为 15 位有效数字，超出的整数部分将变为0，超出的小数部分将被截去。

文本类型：文本通常用作解释性说明的文字或符号，如学生姓名、岗位职称等。文本不能用于数值运算，但可以比较大小，纯数字组成的数据也可以是文本类型，如产品编号等。

日期和时间类型：日期由代表年、月、日的数字和分隔符构成，时间由代表时、分、秒的数字和分隔符构成。

逻辑值类型：逻辑值仅包括 TRUE 和 FALSE，通常是条件判断或逻辑运算表达式的运算结果。逻辑值也可以参与运算，TRUE 视为 1，FALSE 视为 0。

错误值类型：错误值通常是公式计算错误的结果，常见的错误值类型及其含义详见4.3.3 节。

2）数据输入

要在单元格中输入数据，需先选定目标单元格，使其成为活动单元格，即可直接输入数据。数据输入完毕后，按【Tab】键或【Enter】键，或者单击编辑栏左侧的√按钮，以确认完成输入。若要在输入过程中取消输入的内容，可以按【Esc】键退出输入状态。

① 输入数值和文本。

在单元格中输入数字（如 "1000"）或文本（如 "APPLE"）时，WPS Office 表格会自动识别数据类型并分别按数值或文本进行存储和显示，数值默认右对齐显示，文本默认左对齐显示。

有时由纯数字组成的数据，如手机号码、银行账号、学号、工号等，虽然由数字组成，但是应视为文本来处理，因为其并不表示数量，不需要进行数值计算，只是描述性的文本编号。通常在输入文本类型数字时，可以先设置单元格格式为文本后再输入数字，或者先输入半角单引号（'）后再录入数字。

WPS Office 表格可以智能识别常见的文本类型数字应用场景，在单元格中录入超过 11 位的长数字（如 18 位身份证号、16 位银行卡号等），或者以 0 开头超过 5 位的数字编号（如 "012345"）时，WPS Office 表格会自动识别输入为文本类型数字并以文本数据类型进行存储和显示，免去用户手动设置数字格式或手动添加半角单引号（'）的烦恼。

② 输入日期和时间。

日期和时间是一种特殊的数值型数据，表格将其存储为可进行计算的 "序列值"。

日期存储为介于 1 ～ 2958465 之间的连续数字。默认情况下，1900 年 1 月 1 日的序列值为 1，往后依次连续计数，如 2020 年 1 月 1 日的序列值为 43831。

时间存储为介于 0 ～ 0.99988426 之间的小数，表示 0:00:00（12:00:00 AM）到 23:59:59（11:59:59 PM）。时间可以被视为一天中的一部分，所以是以 24h 为基准进行倍数计数的小数表示，如 12:00 对应的序列值为 0.5。

激活包含日期或时间的单元格，在编辑栏中并不会显示其本质上的真实数据（序列值），这不同于其他类型的数值格式。将包含日期或时间的单元格的格式更改为 "常规"格式，即可查看日期和时间对应的序列值。

按【Ctrl+；】组合快捷键可以在单元格中快速输入当前系统日期，按【Ctrl+Shift+；】组合快捷键可以在单元格中快速输入当前系统时间。

在常规的单元格中输入日期时，默认应用 Windows 系统 "短日期格式" 进行格式化显示，如当 Windows 系统短日期格式为 "yyyy/M/d" 时，输入 "2020-01-01" 将显示为"2020/1/1"。

在 Windows 中文操作系统的默认日期设置下，可被自动识别为日期数据的输入形式有：

- "短横线（-）" 分隔的输入，如 2020-1-1 等。
- "正斜杠（/）" 分隔的输入，如 2020/1/1 等。
- "短横线（-）" 和 "正斜杠（/）" 结合使用的输入，如 2020-1/1、2020/1-1 等。
- "年月日" 分隔的输入，如 "2020 年 1 月 1 日" 等。
- "英文月份" 形式的输入，如 "Jan 1, 1999"（逗号和 1999 之间要加空格）。

输入日期的注意事项：

- 若要确保年份值按所需的日期方式解释，则要将年份值输入为 4 位数。如果输入两位数字的年份，则可能产生意料之外的年份错误解释（系统默认将 0 ～ 29 之间的数字识别为 2000 ～ 2029 年，而将 30 ～ 99 之间的数字识别为 1930 ～ 1999 年）。

• 只输入年份和月份时，会自动以该月 1 日作为其完整日期；只输入月份和日期时，会自动以系统当前年份作为该日期年份值。

• 输入日期超出 WPS Office 表格支持的有效日期范围时，输入数字会被解释成文本（如输入的"10000/01/01"会变成文本格式，而非日期）。

• 输入数字超出 WPS Office 表格支持的有效日期序列值范围时，会将其作为序列值并格式化为日期，然后该值将显示为一组 #（如数字 2958466 格式化为日期时将显示为"########"）。

输入时间的注意事项：

• 对于不包含日期且小于 24 小时的时间值（如 13:00:00），会自动以 1900 年 1 月 0 日这样一个实际不存在的日期作为其日期值（即自动使用日期序列号 0）。

• 如果只输入了时间（没有关联的日期），则可以在单元格中输入的最大时间是 9999:59:59（解释为 1901 年 2 月 19 日的 3:59:59 PM），如果输入的时间超过了 10000 小时，则输入的时间将被解释为文本字符串。

• 输入时间时可以省略秒，但是小时和分钟部分不可以省略。

• 如果采用 12 小时制输入时间，则需要加后缀 AM/PM/A/P，如输入时间"1:30 PM"在编辑栏中会显示为"13:30:00"。

③ 输入分数。

在单元格中直接输入分数类型数值时，往往会被程序自动识别为日期或文本格式，如输入分数"1/2"，将被存储为日期"1 月 2 日"，输入分数"1/32"，将被存储为无法正确参与数值计算的文本"1/32"。正确输入分数类型数值的方法如下。

预先设置单元格数字格式为"分数"，即可正常识别输入的分数。

按"整数部分＋空格＋分数部分"的形式输入，则可以正常存储和显示为分数形式。例如，输入"0 1/2"将显示为"1/2"、输入"1 1/2"将显示为"1 1/2"、输入"0 11/2"将显示为"5 1/2"（程序将自动换算）、输入"0 2/4"将显示为"1/2"（程序将自动约分）。

④ 输入负数。

在单元格中输入数值时，如果输入以一对半角圆括号括起来的正数，则程序会自动以负数形式保存和显示圆括号中的数值，而圆括号不再显示，这是会计专业方面的一种数值形式约定。例如，输入"(100)"将存储和显示为"−100"，也可以直接在数据前先输入负号（−），如"−90"。

⑤ 从下拉列表输入数据。

在输入文本数据时，WPS Office 表格可以为要输入的数据只包含若干个特定数据的单元格创建一个数据下拉列表。如图 4-95 所示，先选定准备用下拉列表输入数据的所有单元格，单击"数据"选项卡，选择"下拉列表"按钮，打开"插入下拉别表"对话框，可以手动添加下拉列表选项，也可以从某个表格的单元格中添加下拉选项。输入数据时，从下拉列表中选择要输入的数据即可。

5. 数据有效性验证

表格提供了"数据有效性"功能，可以指定数据录入的有效性规则，限制输入数据的类型、范围和格式，并依靠系统自动检查输入的数据是否符合约束，防止用户输入无效数据，并在输入无效数据时自动发出警告信息。

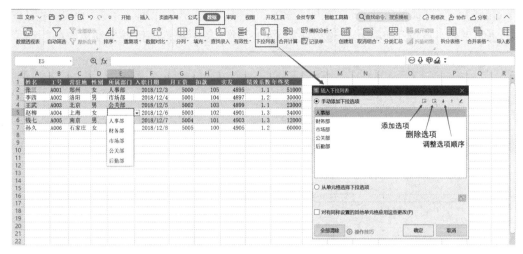

图 4-95　插入下拉列表

若要在单元格或区域中设置数据有效性规则，则先选定单元格区域，在"数据"选项卡中单击"有效性"按钮，打开"数据有效性"对话框，分别设置"有效性条件""输入提示信息""出错警告信息"，单击"确定"按钮即可。若要清除单元格或区域中应用的数据有效性规则，可以再次打开"数据有效性"对话框，单击左下角的"全部清除"按钮即可。

6. 数据类型设置与转换

如果当前单元格的数据类型不符合需求，可以将其转换为需要的类型。先选定需要转换类型的单元格，再按照前面介绍的方法打开"单元格格式"对话框，选择"数字"选项卡，在"分类"列表中选择需要的类型，单击"确定"按钮即可。

7. 快速填充数据

1）相同数据的快速填充

填充区域连续：在一个单元格中输入数据，按下鼠标左键并拖动单元格右下角的填充柄，即可实现相邻区域相同数据的输入，若数据包含数值，需长按【Ctrl】键拖动填充柄。

填充区域不连续：长按【Ctrl】键，单击选定不连续区域，松开【Ctrl】键，输入数据，再按【Ctrl+Enter】组合快捷键，可以将相同数据填充至不连续的单元格中。

2）序列填充

在 WPS Office 表格中可以拖动填充柄在连续单元格区域中填充等差序列、等比序列、日期序列和自定义序列等。

数值和日期序列的填充：默认情况下拖动一个有数值的单元格的填充柄填充的是等差序列，公差为 1，序列可以在行上拖动产生，也可以在列上拖动产生。如果填充的数据相同，可以长按【Ctrl】键并单击拖动鼠标，如果填充的数据是序列，可以长按【Alt】键并单击拖动鼠标。如果想要改变等差序列的公差，或者填充等比序列，那么可以单击"开始"选项卡的"填充"下拉按钮，在下拉列表中选择"序列"命令，打开"序列"对话框，进行相应的"步长值"和"类型"等的设置并确定，如图 4-96 所示。

自定义序列的填充：除了数值和日期序列，用户还可以自定义的序列。单击"文件"菜单中的"选项"命令，打开"选项"对话框，在左侧的"选项"列表中单击"自定义序列"选项，并在右侧的"输入序列"编辑框中输入自定义序列项，每输入一项，必须按

【Enter】键，所有项输入完毕，单击"添加"按钮，"自定义序列"列表中会出现用户自己创建的序列。返回工作表中，输入序列中的一项，按下鼠标左键并拖动填充柄，即可用自定义序列填充单元格。

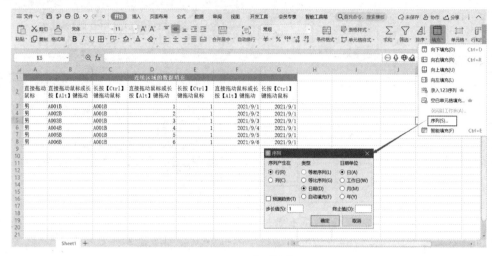

图 4-96   序列填充

3）多工作表填充

一个工作表中现有的数据或正在输入编辑的数据都可以同时填充至多个工作表。首先需要同时选中多个工作表，长按【Shift】键（连续选定）或【Ctrl】键（不连续选定），单击工作表标签，即可选中多个工作表，被选中的多个工作表就是"同组工作表"，在其中任意一个表格内输入并编辑数据，数据会同时填充至其他的同组工作表中。若要把一个工作表中已有的数据填充至其他工作表，可以先选定数据区域，再建立同组工作表，单击"开始"选项卡的"填充"下拉按钮，选择下拉列表中的"至同组工作表"命令，会弹出"填充成组工作表"对话框，选择"全部"单选按钮，内容及格式会全部复制并填充至其他工作表，在同组工作表标签上双击或单击其他非同组工作表的标签，可以退出同组工作表状态。单击每一个标签可以查看复制的数据及格式。如图 4-97 所示。

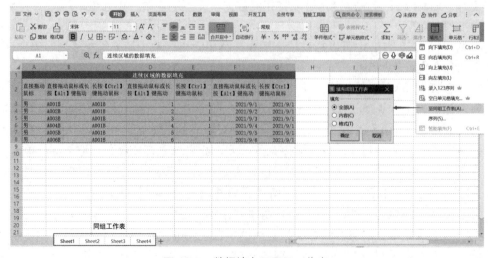

图 4-97   数据填充至同组工作表

> **注意：**
>
> 　　填充柄：单元格或区域被选中时（非编辑状态），右下角有一个小方块就是填充柄，将鼠标指针放在填充柄上，会变成一个黑色小十字，此时按下鼠标左键并拖动才能完成单元格内容的复制。

4.3.3　公式与函数

电子表格中的公式是指以"="或"+"开头，由常量、单元格引用、函数和运算符组成的运算表达式。例如，公式"=2*PI()*A5"或"+2*PI()*A5"。

常量：其值是大小确定不可改变的数据，如公式中的数字 2。公式或公式计算得出的结果都不属于常量。

单元格引用：单元格名称即为单元格引用，代表单元格中的数值，类似于程序中的变量。单元格中数据的值或类型都可以改变，当单元格中数据发生变化时，公式中单元格引用代表的数值就会发生相应的变化，公式的计算结果也会改变。例如，公式中出现的 A5，就表示引用 A5 单元格的数据。

函数：公式中可以出现其他的函数，函数的返回值参与公式的计算，例如，PI() 函数返回 pi 值 3.141592654。

运算符：用于连接常量、单元格引用和函数，构成完整的数据运算表达式，例如，公式中的 *（星号）运算符表示数字的乘积运算，+（加号）运算符表示加法运算。

为了更好地掌握公式和函数的使用，需要先学习运算符和引用的相关知识。

1. 公式中的运算符

WPS Office 表格的运算符有 4 类：算术运算符、比较运算符、文本运算符、区域运算符，每类运算符都有若干个不同的运算符，这些运算符的功能和优先级如表 4-4 所示，所有运算符的使用示例如图 4-98 所示。

表 4-4　运算符的功能和优先级

运算符	运算功能	优先级
冒号（:）、逗号（,）、空格	区域运算符	1
-	负号	2
%	百分号	3
^	乘方	4
*、/	乘、除法	5
+、-	加、减法	6
&	文本连接	7
=、<、>、<=、>=、<>	等于、小于、大于、小于等于、大于等于、不等于	8

2. 相对、绝对和混合引用

公式中的引用具有以下关系：如果 A1 单元格公式引用了 B1 单元格，那么 A1 称为 B1 的"从属单元格"（A1 单元格的值受到 B1 的影响），B1 称为 A1 的"引用单元格"（B1

单元格是被 A1 引用的单元格），引用单元格与从属单元格之间的位置关系称为单元格引用的相对性，据此可将单元格引用方式分为以下三类。

	A	B	C	D	E	F	G	H	I	J	K	L
1	算术运算符	公式	运算结果	比较运算符	公式	运算结果	文本运算符	公式	运算结果	区域运算符	单例	备注
2	+	=1+2	3	>	=4>5	FALSE	&	="中国"&"制造"	中国制造	:	A1:F1	引用从A1到F1的所有单元格
3	-	=2-3	-1	<	=3<4	TRUE		=G1&H1	文本运算符公式	,	A1:F1,B2:E2	引用A1:F1和B2:E2两个单元格区域中的所有单元格
4	*	=2*3	6	>=	=4>=5	FALSE				空格	A1:F1 B1:B2	引用A1:F1和B1:B2两个单元格区域相交的B1单元格
5	/	=2/5	0.4	<=	=C5<=C6	TRUE						
6	-	=2^3	8	<>	=C2<>C3	TRUE						
7	%	=45%	45%	=	=C3=C4	FALSE						
8	=	=C2	3									

图 4-98　使用示例

- 相对引用：当复制公式到其他单元格时，引用单元格与从属单元格的相对位置不变，即自动调整复制公式中的引用，以便引用相对于当前从属单元格的引用单元格。例如，B1 单元格公式为 =A1，当公式向右复制时，将依次变为 =B1、=C1……当公式向下复制时，将依次变为 =A2、=A3……

- 绝对引用：若在单元格地址的行号和列标前添加绝对引用符号"$（美元符号）"，则当复制公式到其他单元格时，引用单元格的绝对位置将保持不变。例如，B1 单元格公式为 =$A$1，当公式向右或向下复制时，始终保持引用 A1 单元格不变。

- 混合引用：介于绝对引用和相对引用之间，只单独固定引用地址的行号或者列标。当复制公式到其他引用单元格时，仅保持引用单元格的行或列方向之一的绝对位置不变。例如，B1 单元格公式为 =A$1，表示"仅固定行"，当公式向右复制时，将依次变为 =B$1、=C$1……而公式向下复制不改变引用关系；B1 单元格公式为 =$A1，表示"仅固定列"，公式向右复制不改变引用关系，而当公式向下复制时，将依次变为 =$A2、=$A3……

当在公式中输入单元格地址时，可以连续按【F4】功能键，在 4 种不同的引用方式之间进行循环切换，其顺序依次为：相对引用（=A1）（默认）→绝对引用（=$A$1）→仅固定行（=A$1）→仅固定列（=$A1）→相对引用（=A1）……

例如，制作九九乘法表。

通过制作九九乘法表可以深入理解混合引用的基本特性，如图 4-99 所示。

	A	B	C	D	E	F	G	H	I	J	K
	B2			fx	=IF(B$1>$A2,"",B1&"*"&$A2&"="&B$1*$A2)						
1		1	2	3	4	5	6	7	8	9	
2	1	1*1=1									
3	2	1*2=2	2*2=4								
4	3	1*3=3	2*3=6	3*3=9							
5	4	1*4=4	2*4=8	3*4=12	4*4=16						
6	5	1*5=5	2*5=10	3*5=15	4*5=20	5*5=25					
7	6	1*6=6	2*6=12	3*6=18	4*6=24	5*6=30	6*6=36				
8	7	1*7=7	2*7=14	3*7=21	4*7=28	5*7=35	6*7=42	7*7=49			
9	8	1*8=8	2*8=16	3*8=24	4*8=32	5*8=40	6*8=48	7*8=56	8*8=64		
10	9	1*9=9	2*9=18	3*9=27	4*9=36	5*9=45	6*9=54	7*9=63	8*9=72	9*9=81	
11											

图 4-99　混合引用案例

3．公式的使用

1）输入公式

如图 4-100 所示，想要在 F 列计算总评成绩，总评成绩由平时成绩（占 20%）、实验成绩（占 10%）、期末成绩（占 70%）构成。首先单击 F2 单元格并输入公式的引导符"="，然后单击 C2 单元格，表示公式中要引用 C2 单元格的数据，C2 自动出现在 F2 单元格的光标插入点处，之后手动输入"*0.2+"，再单击 D2 单元格，输入"*0.1+"，再单击 E2 单元格，输入"*0.7"，按【Enter】键确认，或者单击编辑栏左侧的"√"，都会退出公式编辑状态，并且能在 F2 单元格看到公式运算的结果。下方各行的数据计算，可以通过拖动 F2 单元格的填充柄复制 F2 单元格中的公式完成。

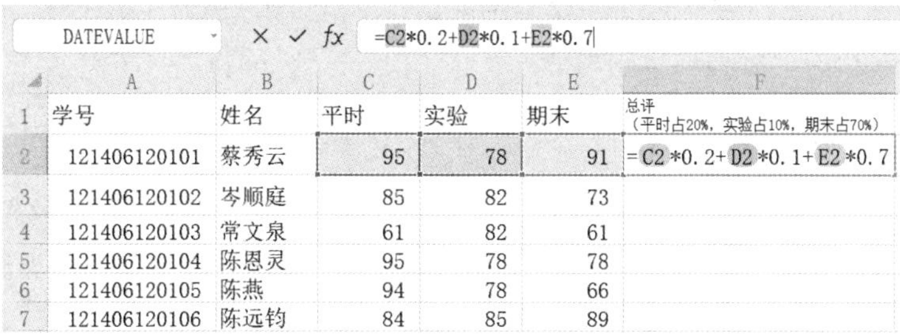

DATEVALUE	▾	×	✓	fx	=C2*0.2+D2*0.1+E2*0.7	

	A	B	C	D	E	F
1	学号	姓名	平时	实验	期末	总评 （平时占20%，实验占10%，期末占70%）
2	121406120101	蔡秀云	95	78	91	=C2*0.2+D2*0.1+E2*0.7
3	121406120102	岑顺庭	85	82	73	
4	121406120103	常文泉	61	82	61	
5	121406120104	陈恩灵	95	78	78	
6	121406120105	陈燕	94	78	66	
7	121406120106	陈远钧	84	85	89	

图 4-100　输入公式

2）修改公式

如果需要修改已有公式，可以通过以下方式进入公式编辑状态。

方法 1：直接双击公式所在单元格，在单元格中修改公式。

方法 2：选定公式所在单元格，按【F2】键，在单元格中修改公式。

方法 3：选定公式所在单元格，单击编辑栏，在编辑栏中修改公式。

3）删除公式

选定公式所在的单元格或区域，按【Delete】键即可删除公式。

4．函数的使用

1）认识函数

函数实际上是一类特殊的、预先定义好的公式，主要用于处理常规四则运算难以胜任的数据处理任务，是为解决复杂的计算需求而提供的内置算法。与手动输入公式相比，使用函数不仅可以减少输入的工作量，还可以降低输入时出错的概率，大大提高工作效率。WPS Office 表格提供了 9 大类函数，包括财务函数、逻辑函数、文本函数、日期和时间函数、查找与引用函数、数学和三角函数、统计函数、工程函数、信息函数。

2）函数的构成

函数的语法形式为：

=函数名（参数 1，[参数 2]，[参数 3]，...）

调用函数的注意事项如下。

• 使用函数时，通常有表示公式开始的"="、函数名（唯一且不区分大小写）、半角括号、以半角逗号间隔的参数。同一个公式中允许使用多个函数，以运算符连接。公式和函数中使用到的标点符号都是半角标点符号。

- 函数的参数可以是常量、单元格引用、名称或其他函数。函数中可以调用其他函数作为参数，称为"函数嵌套"。WPS Office 表格对函数的嵌套次数并没有限制，但不推荐无限层使用嵌套函数，因为多层嵌套会导致逻辑复杂，容易出错，在其他电子表格软件下可能会返回错误的结果。建议公式中最多使用七级的嵌套函数。

- 多参函数：有些函数允许有多个参数并允许仅使用部分参数。例如，SUM() 函数可支持至多 255 个参数，第 1 个参数为"必需参数"，第 2 至 255 个参数是"可选参数"，放在一对方括号"[ ]"中，多个可选参数可按从右向左的次序依次省略。

- 省略参数值：有些函数可以"省略参数值"，并在前一参数后跟一个逗号，表示仅保留参数位置，这种简写常用于替代逻辑值 FALSE、数值 0 或空文本等参数值。

- 无参函数：部分函数不需要参数。例如，NOW()、TODAY()、RAND()、PI() 等函数，仅由等号、函数名和一对圆括号组成。

3）输入函数

① 插入函数。

用户可以从函数库选择并插入函数。在"公式"选项卡中提供了"财务""逻辑""文本"等多个下拉按钮，在"其他函数"下拉列表中还提供了"统计""工程""信息"等函数扩展菜单，从这些下拉按钮或扩展菜单的函数列表中按需选用函数即可。在"常用函数"下拉列表中可以浏览最近使用过的 10 个函数，方便用户快速选择函数插入单元格。

通过"公式"选项卡中提供的"自动求和"下拉按钮和"开始"选项卡中提供的"求和"下拉按钮，可以快速插入常用的求和、平均值、计数、最大值和最小值等函数，也可以通过下拉列表中的"其他函数"命令打开"插入函数"对话框，选择需要的其他函数，如图 4-101 所示。

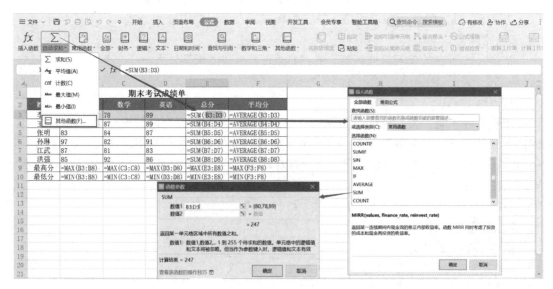

图 4-101　插入函数

② 手动输入函数。

在熟练记住函数名及参数设置的情况下，用户可直接在单元格或编辑栏中手动输入函数。如图 4-102 所示，WPS Office 表格的函数记忆输入功能可以根据用户输入公式时的关键字，自动显示相匹配的函数列表作为备选，从函数列表中选定所需函数，双击、按【Tab】键或按【Enter】键都可以将该函数快速添加到当前编辑的单元格。

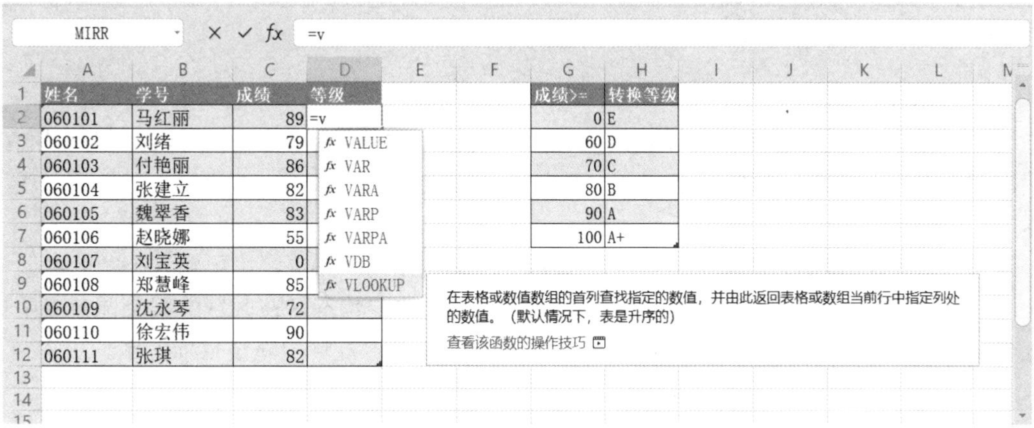

图 4-102　函数记忆输入

如图 4-103 所示，在函数编辑过程中会自动出现"函数语法结构提示"浮动工具条，可以帮助用户了解函数语法中的参数名、必需或可选参数等，在单击其中的某个参数名时，编辑栏将自动选择并高亮显示该参数所在的字段。某些函数参数在输入前还会自动出现"函数参数智能提示"扩展菜单，可以帮助用户快速、准确地输入参数。

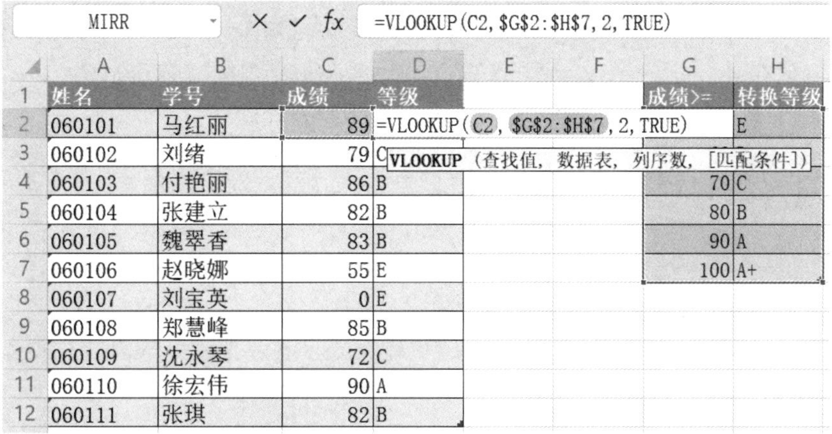

图 4-103　函数语法结构提示

5. 公式与函数的复制

当某个单元格区域遵循一致的运算规则时，可以在区域内快速复制和粘贴、自动填充、批量填充公式。此时复用的并非是公式本身字符串或公式运算结果，而是公式运算规则，公式中的单元格地址将按引用位置的相对性关系自动调整。

1）复制和粘贴公式

单击选定已输入公式的单元格，按【Ctrl+C】组合快捷键进行复制，或右击选择快捷菜单中的"复制"命令，再选定目标单元格，按【Ctrl+V】组合快捷键进行粘贴。选定的目标单元格可以是连续的，也可以是不连续的。

注意：

移动包含公式的单元格或区域（鼠标直接拖放或者先剪切再粘贴），公式中的单元格引用不会自动调整。

2）自动填充公式

单元格中的公式也可以像普通数据一样，通过拖放单元格填充柄进行自动复制填充。使用此方法时，要求目标单元格与公式所在单元格连续。

3）批量填充公式

通过批量填充可以向目标单元格区域一次性输入公式。先选定需要输入公式的单元格区域，该区域可以是连续或非连续的，保持区域处于选定状态，在区域的某个单元格中输入公式，按【Ctrl+Enter】组合快捷键结束输入，公式将被批量填充至目标区域。

6．常用函数

常用函数如表 4-5 所示。

表 4-5　常用函数

函　　数	功　　能
SUM(数值 1,[数值 2],...)	返回某一单元格区域中所有数字之和
AVERAGE(数值 1,[数值 2],...)	返回所有参数的平均值（算术平均值）
MAX(数值 1,[数值 2],...)	返回参数列表中的最大值，忽略文本值和逻辑值
MIN(数值 1,[数值 2],...)	返回参数列表中的最小值，忽略文本值和逻辑值
COUNT(值 1,[值 2],...)	返回包含数字的单元格以及参数列表中的数字的个数
COUNTA(值 1,[值 2],...)	返回参数列表中非空单元格的个数
COUNTBLANK(区域)	计算区域中空白单元格的个数
COUNTIF(区域 , 条件)	计算区域中满足给定条件的单元格个数
COUNTIFS(区 域 1, 条 件 1,[区 域 2, 条件 2],...)	计算多个区域中满足给定条件的单元格个数
SUMIF(区域 , 条件 ,[求和区域])	对满足条件的单元格求和
SUMIFS(求 和 区 域 , 区 域 1, 条 件 1, [区域 2, 条件 2],...)	对区域中满足多个条件的单元格求和
AVERAGEIF(区域 , 条件 ,[求平均值区域])	返回某个区域内满足给定条件的所有单元格的算术平均值
AVERAGEIFS(求平均值区域 , 区域 1, 条件 1,[区域 2, 条件 2],...)	返回满足多重条件的所有单元格的算术平均值
TRIM(字符串)	清除字符串中的所有空格，只在单词之间保留一个空格
CLEAN(字符串)	删除文本中的所有非打印字符
LEN(字符串)	返回文本字符串中的字符数
LEFT(字符串 ,[字符个数])	从文本字符串的第 1 个字符开始返回指定字符数的字符串
RIGHT(字符串 ,[字符个数])	从文本字符串的最后一个字符开始返回指定字符数的字符串
MID(字符串 , 开始位置 , 字符个数)	从文本字符串中指定的位置开始，返回指定长度的字符串

（续表）

函　数	功　能
TODAY()	返回日期格式的系统当前日期
NOW()	返回日期时间格式的系统当前日期和时间
DATE(年 , 月 , 日)	返回由年、月、日数据组成的日期，年是 4 位数字
YEAR(日期序号)	返回以序列号表示的某日期的年份，介于 1900 到 9999 之间的整数
MONTH(日期序号)	返回以序列号表示的某日期的月份，介于 1 到 12 之间的整数
DAY(日期序号)	返回以序列号表示的某日期的天数，介于 1 到 31 之间的整数
VLOOKUP(查找值 , 数据表 , 列序数 , [匹配条件])	在表格或数值数组的首列查找指定的数值，并由此返回表格或数组当前行中指定列处的数值（默认情况下，表是升序排序的）
ABS(数值)	返回给定数字的绝对值
RAND( )	返回大于等于 0 且小于 1 的均匀分布随机数
RANDBETWEEN(最小整数 , 最大整数)	返回位于两个指定数之间的一个随机整数，每次计算工作表时都将返回一个新的数值
INT(数值)	将数字向下舍入到最接近的整数
TRUNC(数值 ,[小数位数])	将数字的小数部分截去，返回整数
ROUND(数值 , 小数位数)	返回某个数字按指定位数取整后的数字
ROUNDUP(数值 , 小数位数)	向上（绝对值增大的方向）舍入数字
ROUNDDOWN(数值 , 小数位数)	向下（绝对值减小的方向）舍入数字
MOD(数值 , 除数)	返回两数相除的余数，结果的正、负号与除数相同
QUOTIENT(被除数 , 除数)	返回商的整数部分，该函数可用于舍掉商的小数部分
IF(测试条件 , 真值 ,[假值])	判断一个条件是否满足，如果满足，那么返回一个值；如果不满足，那么返回另外一个值
IFS(测试条件 1, 真值 1,[测试条件 2, 真值 2],...)	检查是否满足一个或多个条件并返回与第 1 个 TRUE 条件对应的值

7. 公式与函数使用中的常见问题

1）错误值列表

使用公式和函数进行计算时，可能会因为输入有误或使用不当而无法得到正确结果，在单元格中返回各种错误值。公式可能会返回错误值的原因有很多，如表 4-6 所示。了解常见错误值及其出错原因，有助于更好地发现并修正公式和函数中的错误。

表 4-6　常见错误值及其出错原因

错误值	出错原因
##### （显示错误）	因列宽不够而无法显示单元格的所有内容、使用了负的日期或负的时间值
#VALUE! （值错误）	公式中所用的某个值是错误的数据类型，例如，=100+ "五百"、=SUM(1, "a" ,3)、=DATEDIF("_2020/7/1" , "2020/7/23" , "d")、=SUM(A1:B1-C1) 数组计算时未使用正确格式的花括号，例如，使用 TRANSPOSE 函数转置表格时出错

错误值	出错原因
#DIV/0! （被零除错误）	公式中试图除以零（0）或空单元格，例如，=1/0
#NAME （无效名称错误）	公式中的文本无法识别，例如，公式中的文本值未添加双引号、函数名或已定义名称拼写错误、引用了未定义的文本名或删除了公式中引用的名称等
#N/A （值不可用错误）	某个值对于该公式不可用，例如，查找区域不存在查找值、查找数据源引用错误等 使用 NA 函数来标识缺失的数据，例如，=NA() 将返回结果 #N/A
#REF! （引用错误）	被引用的单元格区域或被引用的工作表被删除 引用类函数返回的区域大于工作表的实际范围 公式中引用了无效区域或参数，例如，=INDEX(A1:D3,4,4)
#NUM! （数字错误）	公式计算结果数值太大或太小，例如，=500^600 公式中使用了无效数字值，例如，=SQRT(-4)、=SMALL(A1:A6,7) 迭代计算 RATE 和 IRR 函数未求得结果，请尝试修改最多迭代次数和最大误差
#NULL! （空值错误）	使用交集运算符（空格）连接了不相交的单元格区域，例如，=SUM(A1:A5 B1:B5)

2）屏蔽错误值

对于公式中可预见到的、不需要更正的错误，可以通过输入适当的公式和函数来屏蔽错误值，以改进结果的显示效果。例如，当公式中试图除以零或空单元格时，将会显示错误值 #DIV/0!，其实并非一定是公式本身发生了错误，也可能只是公式除数所引用的单元格中尚未录入数据而已。此时，常见的处理方法包括使用 IFERROR 函数、IF 和 ISERROR/ISERR/ISNA 函数嵌套等。例如，公式 =IFERROR(A1/B1," ") 或 =IF(ISERROR(A1/B1)," ",A1/B1) 表示当除数为零或空单元格时显示为空，否则显示公式的计算结果。

4.3.4 数据管理与分析

1. 数据清单

可以通过创建数据清单来管理数据。数据清单是一个二维的表格，由行和列构成，数据清单与数据库相似，每行表示一条记录，每列表示一个字段。

数据清单具有以下几个特点：

图 4-104 数据清单

• 第 1 行是字段名，其余行是清单中的数据，每行表示一条记录；如果数据清单有标题行，则标题行应与其他行（如字段名行）隔开一个或多个空行。

• 每列数据具有相同的性质。

• 在数据清单中，不允许存在全空行或全空列，也不允许存在完全相同的两行或两列。如图 4-104 所示，就是一个数据清单，数据管理操作只能在数据清单上进行。

2．排序

当工作表中有大量数据时，排序可以帮助用户快速浏览、查阅数据，排序时必须指定一个或多个字段作为排序关键字（排序的依据）。

1）单关键字排序

如果仅以一个字段作为关键字排序，方法如图 4-105 所示。可先单击关键字字段所在列，如"成绩"，再单击"开始"选项卡或"数据"选项卡中的"排序"下拉按钮。数据清单中的数据以"关键字"字段列的数据大小默认升序排列，若想排成降序，则可在下拉列表中选择"降序"命令。也可以单击"自定义排序"命令打开"排序"对话框，单击主要关键字文本框下拉按钮，选择作为排序关键字的字段名，如"成绩"，单击"次序"下拉按钮，选择"降序"或"升序"选项，最后单击"确定"按钮。即可看到数据清单的排序结果。

图 4-105　单关键字排序

2）多关键字排序

排序时，有时指定的关键字存在多条记录值相同的情况，此时就需要再指定一个关键字，进行多关键字排序，也可以指定两个以上的排序关键字。如果想要将数据清单中每个班的同学排在一起，班级内按总分从小到大排序，那么就需要按"班级"和"总分"两个关键字排序。

单击数据清单中的任意一个单元格，或者选定数据清单，单击"数据"选项卡的"排序"下拉按钮，单击"自定义排序"命令打开"排序"对话框，如图 4-106 所示，将主要关键字设置为"班级"，单击对话框中"添加条件"按钮，出现"次要关键字"，单击下拉按钮选择"总分"为次要关键字，按照需要设置"次序"为升序或降序，单击"确认"按钮完成排序。

若需要再增加排序关键字，则继续单击"添加条件"按钮；若想要删除某个排序关键字，则单击选中要删除的关键字行，再单击"删除条件"按钮即可。

3．筛选

数据筛选可以将数据列表中不满足条件的数据记录隐藏起来，只显示满足条件的数据记录，这是查找和处理数据列表中数据子集的一种快捷方法。

WPS Office 表格提供了两种筛选数据列表的功能。

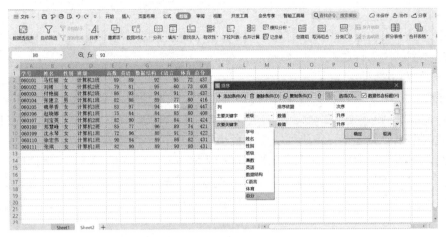

图 4-106　多关键字排序

- 自动筛选：适用于简单的筛选条件，可以是内容筛选、颜色筛选、特征筛选等。
- 高级筛选：适用于复杂的筛选条件，支持多条件筛选、含运算符表达式筛选等。

1）自动筛选

对图 4-106 中的数据清单应用自动筛选功能。首先必须单击数据清单中的某个单元格（若当前单元格在数据清单区域之外，则无法进行筛选），单击"数据"选项卡的"自动筛选"按钮，数据清单中每个字段名的右侧会出现筛选下拉按钮，单击"性别"字段的筛选按钮，保留"女"前的复选框为勾选状态，单击"确定"按钮，即可筛选出所有女生的记录。若想在女生记录中进一步筛选出班级为"计算机 1 班"的记录，则可单击"班级"筛选按钮，保留"计算机 1 班"前的复选框为勾选状态，再单击"确定"按钮，数据清单中将只显示计算机 1 班的女生记录，其他记录被隐藏。如图 4-107 所示。

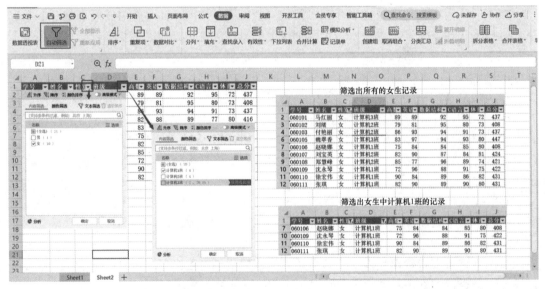

图 4-107　自动筛选

若想保留筛选出的记录，则可复制至其他区域或其他工作表。再次单击"数据"选项卡中的"自动筛选"按钮，即可取消自动筛选状态，所有数据记录全部显示出来。

2）高级筛选

高级筛选是自动筛选的升级，可以将自动筛选的定制条件改为自定义设置，功能上将更加灵活，可以构建更复杂的筛选条件，也能够完成更复杂的筛选任务。可将筛选结果复制到其他位置，筛选出不重复的记录，还可以指定包含计算的筛选条件。

有 3 种方法可以打开"高级筛选"对话框，启动高级筛选。

方法 1：单击数据清单中的任意单元格，再单击"开始"选项卡中的"筛选"下拉按钮，在下拉列表中选择"高级筛选"命令。

方法 2：单击数据清单中的任意单元格，在"数据"选项卡中单击"筛选"组右下角的"高级筛选"对话框启动器按钮。

方法 3：右击数据清单中的任意单元格，在弹出的快捷菜单中选择"筛选"命令，再选择"高级筛选"命令。

打开"高级筛选"对话框，如图 4-108 所示。单击"列表区域"编辑框中指定待筛选的原始数据区域，原始数据必须是数据清单，即由字段（列）和记录（行）组成，不能有合并单元格。单击"条件区域"编辑框，再选中筛选条件区域，如 A15:F16 单元格区域，单击选中"将筛选结果复制到其他位置"单选按钮，单击"复制到"编辑框，再单击筛选结果复制到的区域，如 A19 单元格，最后单击"确定"按钮，可以看到筛选结果出现在 A19:J21 单元格区域。

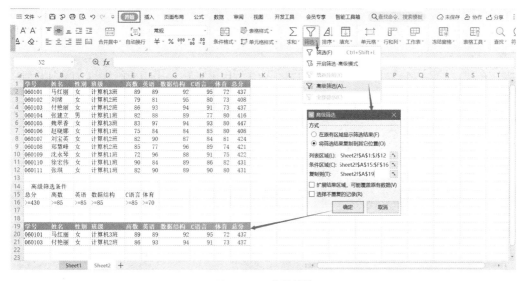

图 4-108　高级筛选

4．分类汇总

分类汇总可以将工作表数据按指定字段和项目进行自动汇总计算并插入小计和合计。分类汇总的结果将形成"分级显示"，即以类似目录树的结构显示不同层次级别的数据。可以展开某个级别，以查看数据明细，也可以收缩某个级别只查看该级别的数据汇总。分类汇总操作也只能在数据清单上进行。

在分类汇总之前，首先要对分类汇总的数据按分类字段进行排序，分类字段一般选择区分度高，能把数据分为几大类字段，如"性别"或"班级"可以作为分类字段，其他字段则不适合。如图 4-109 所示，先把数据清单中的数据按"性别"字段排序，单击"数据"选项卡中的"分类汇总"按钮，打开"分类汇总"对话框，单击"分类字段"下拉按钮，选择"性别"选项，再单击"汇总方式"下拉按钮，选择"平均值"选项，也可以选择其他的汇总方式，"汇总项"可根据需要选则一项或多项。单击"确定"按钮，即可得到如图 4-110 所示的分类汇总结果。

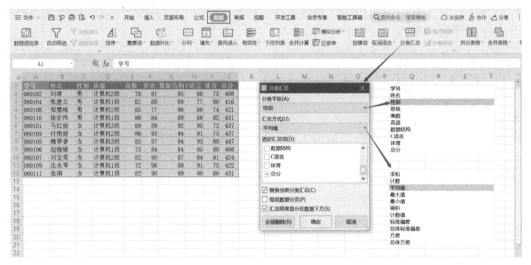

图 4-109　分类汇总

1 2 3		A	B	C	D	E	F	G	H	I	J
	1	学号	姓名	性别	班级	高数	英语	数据结构	C语言	体育	总分
	2	060102	刘绪	男	计算机2班	79	81	95	80	73	408
	3	060104	张建立	男	计算机1班	82	88	89	77	80	416
	4	060108	郑慧峰	男	计算机2班	85	77	96	89	74	421
	5	060110	徐宏伟	男	计算机1班	90	84	89	86	82	431
	6			男 平均值							419
	7	060101	马红丽	女	计算机3班	89	89	92	95	72	437
	8	060103	付艳丽	女	计算机2班	86	93	94	91	73	437
	9	060105	魏翠香	女	计算机3班	83	97	94	93	80	447
	10	060106	赵晓娜	女	计算机1班	75	84	84	85	80	408
	11	060107	刘宝英	女	计算机2班	82	90	87	84	81	424
	12	060109	沈永琴	女	计算机1班	72	96	88	91	75	422
	13	060111	张琪	女	计算机1班	82	90	89	90	80	431
	14			女 平均值							429
	15			总平均值							426

图 4-110　分类汇总结果

5．数据分列

1）分列基本功能

分列的基本功能是将一列数据根据指定条件分隔成多个单独的列，从而降低数据的颗粒度。

第 1 步：选择需要分列的单列区域，在"数据"选项卡中单击"分列"下拉按钮，选择"分列"选项，弹出"文本分列向导"对话框。对话框中指定原始数据的文件类型有两种情况：

　　·"分隔符号"适用于原始数据以分隔字符分隔每字段的场景，通常导入的是文本文档数据。

　　·"固定宽度"适用于原始数据字符长度有规律且包含特殊信息的场景，如提取身份证出生日期等。

　　第 2 步：选择一种文件类型，单击"下一步"按钮，打开新对话框。

　　·按分隔符号分列：如图 4-111 所示，选择分列数据中使用的分隔符号，如 Tab 键、空格、分号或逗号等。在"其他"文本框中可以输入中文标点符号，还可以输入中文汉字支持更特殊的场景，如按汉字"电"来拆分联系方式信息等。如果原始数据中的各个字段是以多个连续空格对齐的，或者可能存在多余重复分隔符号的错误，则可以选中"连续分隔符号视为单个处理"复选框。"数据预览"窗口中将实时展示分列效果，单击"下一步"按钮。

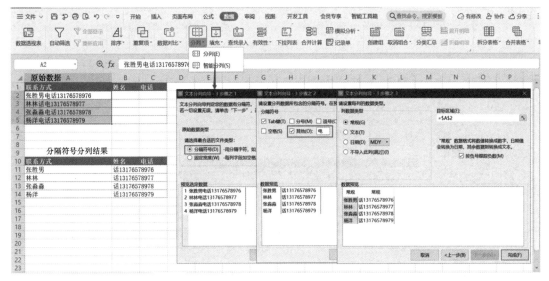

图 4-111　按分隔符号分列

　　·按固定宽度分列：如图 4-112 所示，设置字段宽度（列间隔），需在"数据预览"窗口中操作"分列线"进行分列。要建立分列线，则在标尺或数据区域的指定位置处单击；要删除分列线，则双击分列线；要移动分列线，则长按分列线并拖至指定位置。再单击"下一步"按钮。

　　第 3 步：设置每列的数据类型及输出结果的目标区域，单击"完成"按钮即可。

　　2）分列清洗数据

　　"分列"功能非常强大，不仅可以根据分隔符号或固定宽度拆分列，还可以通过设置列数据类型来规范数据格式。此功能常用于清理数据中的不可见字符、转换不规范日期格式等。如图 4-113 所示，原始日期信息未能按照规范的日期格式（以"短横线 -"或"正斜杠 /"为分隔符号）录入，而是以形如"句点 ."、"空格"等符号分隔的年月日数字，这些"脏数据"将不能被识别为正确日期值，往往会导致日期类函数得到错误的计算结果。

此时，可以利用"分列"功能来清洗，并规范数据格式。

图 4-112　按固定宽度分列

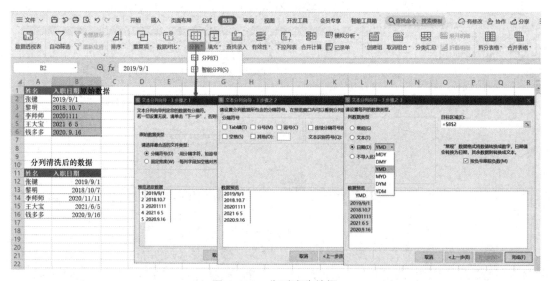

图 4-113　分列清洗数据

WPS Office 表格中的"智能分列"功能还提供了更多样的数据分列方式，如按"文本类型"或"按关键字"分类等，在"分列"下拉列表中选择"智能分列"命令即可。

6. 处理重复项

WPS Office 表格处理重复项数据的功能包括"删除重复项""设置高亮重复项""拒绝录入重复项"等。单击或选中数据区域，通过"数据"选项卡的"重复项"下拉按钮，可以设置或清除高亮重复项，也可以对选定的单元格区域设置"拒绝录入重复项"或"清除拒绝录入限制"，也可以删除选定单元格区域中的重复项，如图 4-114 所示。

图 4-114　处理重复项

7. 合并计算

合并计算功能可以将结构或内容相似的多个数据源区域中的数据按类别或位置合并汇总到一个新的区域中。合并计算的数据源区域可以在同一工作表中，也可以不在同一工作表中，甚至可以不在同一工作簿中。单击显示合并计算结果区域左上角的单元格，单击"数据"选项卡中的"合并计算"按钮，打开"合并计算"对话框，如图 4-115 所示，在"函数"下拉列表中选择一个汇总函数。默认为"求和"，也可以更改为其他统计方式。单击"引用位置"编辑框，在工作表中拖动鼠标选定一个数据源区域，并单击"添加"按钮，继续添加要参与合并计算的其他数据源到"所有引用位置"列表框中。如果数据源区域在另一个工作簿中，可以单击"浏览"按钮添加该工作簿的引用地址。在"标签位置"选区中选择指定标签在源数据区域中所在位置的复选框，单击"确定"按钮即可完成多个表格的数据合并计算。

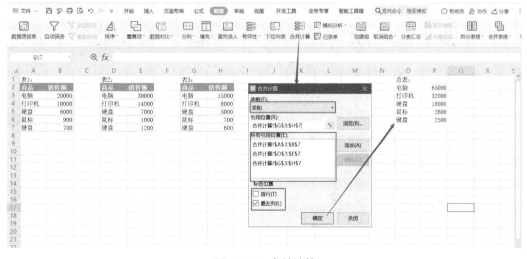

图 4-115　合并计算

4.3.5　数据可视化

1．图表

"图表"是数据的图形化表现形式，在数据呈现方面独具优势。可视化图表可以更加清晰和直观地反映数据信息，帮助用户更好地了解数据间的对比差异、比例关系及变化趋势。

1）图表元素构成

构成图表的元素如图 4-116 所示，包括图表标题、数据标签、网格线、坐标轴标题、坐标轴、数据表、图表区、绘图区、数据系列、图例、快捷按钮、分类标签等。除此之外，在不同类型的图表中还可以添加趋势线、误差线、线条以及涨跌柱线等元素。用户可以根据需要添加或删除图表元素。

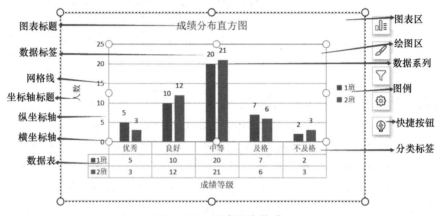

图 4-116　图表元素构成

2）图表类型

WPS Office 表格提供了 8 大类标准图表类型，每个大类下又扩展出若干个子类型，如表 4-7 所示。

表 4-7　图表类型

类　型	备　注
柱形图	柱形图也称为直方图，是 WPS Office 表格中的默认图表类型
条形图	条形图类似于水平的柱形图，沿纵坐标轴组织类别，沿横坐标轴组织数值
折线图	折线图可以显示数据随时间或类别变化的趋势
面积图	面积图实际上是折线图的另一种表达形式，使用折线和分类轴组成的面积及两条折线之间的面积来显示数据系列的值
饼图（环形图）	饼图通常用于描述构成及其比例
XY（散点图） （气泡图）	XY（散点图）显示了数据的不规则间隔，不仅可以用线段，还可以用一系列的点来描述数据
股价图	股价图通常用来显示股价的波动，也可用于其他科学数据的显示
雷达图	雷达图用于比较几个数据系列的聚合值，不同分类各自使用独立的由中心点向外辐射的数值轴，通过折线连接同一数据系列中的数据点

3）插入图表

数据是图表的基础，创建图表前，应先组织和排列数据，并依据数据性质确定相应的图表类型。图表的数据源应当按照行或列的形式组织数据，并根据需要在数据的左侧或上方设置行标题和列标题，行、列标题最好是文本，这样 WPS Office 表格会自动根据所选数据区域确定在图表中绘制数据的最佳方式。某些图表类型（如饼图和气泡图等）可能需要特定的数据排列方式。

插入图表时先选定源数据列表区域，在"插入"选项卡中单击目标图表类型的下拉按钮，在下拉列表中选择合适的图表子类型。或者单击"全部图表"按钮，打开"插入图表"对话框，在左侧列表中选择目标图表类型，并在其对应的选项卡中选择合适的图表子类型，预览区域中将会实时显示选定图表类型的应用效果，单击"插入"按钮，即可将相应的图表插入当前工作表，如图 4-117 所示。

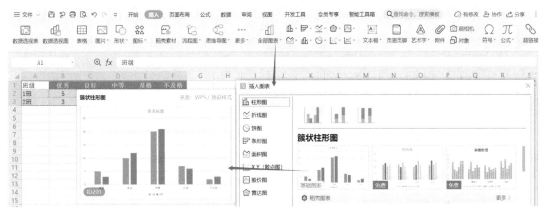

图 4-117　插入图表

4）移动图表

通常情况下，用户创建的图表默认都是"嵌入式图表"，它以嵌入对象的方式存储在当前数据工作表的绘图层上，适用于图文混排的编辑模式。

若要在当前工作表内移动图表，则只需将光标指向图表区的空白位置，当光标出现黑色四向箭头时，长按左键进行拖放，即可移动图表。

2．数据透视表与数据透视图

1）认识数据透视表

数据透视表是一种可以从源数据列表中快速汇总大量数据并提取有效信息的交互式报表，能够帮助用户深入分析和组织数据。数据透视表的名称来源于其具有"透视"数据的能力，从大量看似无关的数据中找寻背后的联系，从而将纷繁的数据转化为有价值的信息，以供研究和决策。数据透视表有机地综合了数据排序、筛选、分类汇总等数据分析的优点，可以很方便地调整分类汇总的方式，从不同角度分析和比较数据，以多种方式展示数据特征。并且，只需鼠标拖动字段位置即可重新布局，变换出各种类型的报表。

2）创建数据透视表

单击数据区域的任意一个单元格，在"插入"或"数据"选项卡中单击"数据透视表"按钮，打开"创建数据透视表"对话框，在"请选择单元格区域"编辑框中，默认显示当前已选定的数据源区域，可以根据需要重新选择数据源；若单击"新工作表"单选按钮，则数据透视表将放置于新插入的工作表中，若单击"现有工作表"单选按钮并在编辑框中指定透视表显示区域的第1个单元格，则数据透视表将放置于已有工作表的指定位置，如图4-118所示。单击"确定"按钮，将出现空的数据透视表，工作表右侧将自动打开"数据透视表"任务窗格。

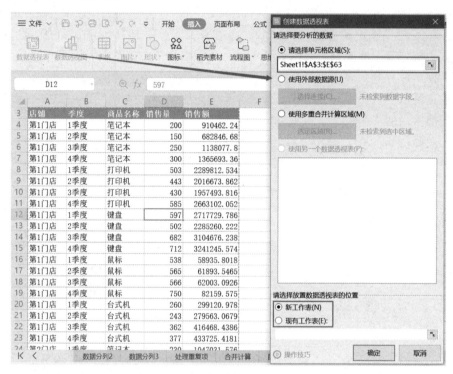

图 4-118　创建数据透视表

如图4-119所示，"字段列表"中包含了可用数据源中的所有字段名，"数据透视表区域"包含了数据透视表结构布局的4个组成部分，"行"和"列"区域用于分类，其中的字段将作为数据透视表的行和列标签；"值"区域用于统计汇总，即数据透视表中显示汇总的数据；"筛选器"区域（旧称"页区域"）中的字段将作为数据透视表的筛选页，决定了将何种数据放在值区域中。向数据透视表中添加字段以生成报表，单击"字段列表"选区中字段名复选框，默认情况下，非数值字段及日期和时间字段将会自动添加到"行"区域，数值字段将会自动添加到"值"区域。若要将字段放置到其他特定区域中，可直接将字段名从"字段列表"中拖动至"数据透视表区域"的某个区域，也可以右击字段名并从快捷菜单中选择相应的命令。若想要从数据透视表中删除字段，则可在"字段列表"中单击取消该字段名复选框的选择，或者直接将字段名从"数据透视表区域"的特定区域中拖出。

3）数据透视表的更新、移动和删除

数据透视表创建后，若源数据区域的行、列有增、删变化，则单击透视表，选择"分析"选项卡，通过"更新数据源"下拉按钮可以重新选择数据源区域范围，更新透视表。若只是源数据区域中的数据值发生了变化，则可通过"分析"选项卡中的"刷新"下拉按钮，更新透视表。

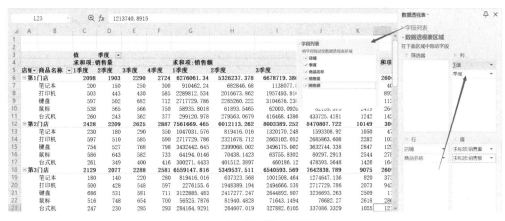

图 4-119　设置数据透视表

注意：

数据透视表选择的源数据列表必须符合一定的规范要求：每列一个属性，每行一条记录，首行为标题行，且标题行中不能有空白单元格或者合并单元格，否则将出现"数据透视表字段名无效"弹出警告。

"分析"选项卡中的"移动数据透视表"和"删除数据透视表"按钮可以实现透视表的移动和删除。

4）认识数据透视图

数据透视图以图形化的方式更直观地呈现数据透视表中的汇总数据。数据透视图建立在数据透视表基础之上，即以数据透视表作为数据源，且二者须始终位于同一个工作簿中。在相关联的数据透视表中更改字段布局和数据，会立即反映在数据透视图中。

5）创建数据透视图

如图 4-120 所示，选定数据透视表中的任意单元格，在"插入"或"分析"选项卡中单击"数据透视图"按钮，打开"插入图表"对话框，在"柱形图"中选择"簇状柱形图"选项，单击"确定"按钮即可根据当前数据透视表创建数据透视图。或者选定数据透视表中的任意单元格后按【F11】键，也可以快速创建数据透视图（簇状柱形图）。

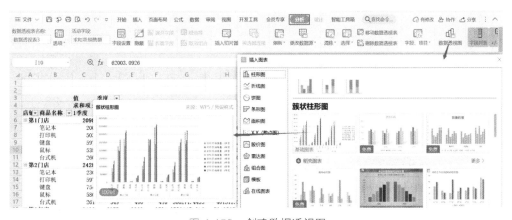

图 4-120　创建数据透视图

4.4　WPS Office 演示

WPS Office 演示也是 WPS Office 办公软件的重要组件之一。由 WPS Office 演示生成的文档默认保存为"*.pptx"，也可以选择保存为"*.dps"或其他需要的类型。

演示文档（也可以叫演示文稿）通常由多张幻灯片组成，幻灯片的内容可以由文字、图片、视频、音频等融合制作而成，还可以加上一些特效动态显示效果。演示文稿可以作为教学培训、演讲汇报等活动的辅助演示软件，也可以用于广告宣传、产品发布会演示等场景，演示文稿可以通过计算机屏幕或者投影机播放。一个图文并茂、色彩丰富、生动形象且具有表现力和感染力的演示文稿，能够帮助用户传递信息、有效表达观点和沟通交流。制作演示文稿的简单流程如下。

第 1 步：列出文案大纲，准备好文字素材（文字素材标题和内容都要高度凝练，避免出现大篇幅的文字内容），需要的图片、表格、图表等其他素材。

第 2 步：选择现成的设计模板或自定义模板，也可以根据需要对已有模板中的版式进行调整修改。

第 3 步：根据选定的模板创建演示文稿，或新建空白演示文稿之后再应用选定的模板。

第 4 步：在模板中为每一页幻灯片选择一个合适的版式并应用，再按需要进行其他各种编辑。

第 5 步：设置放映方式。

4.4.1　演示文稿的工作界面

1. 工作界面

如图 4-121 所示，演示文稿工作界面的主要组成元素有：快速访问工具栏、功能区、选项卡标签、大纲/幻灯片窗格、幻灯片窗格、任务窗格、备注窗格、新建幻灯片按钮、视图切换按钮、显示比例滑块等。

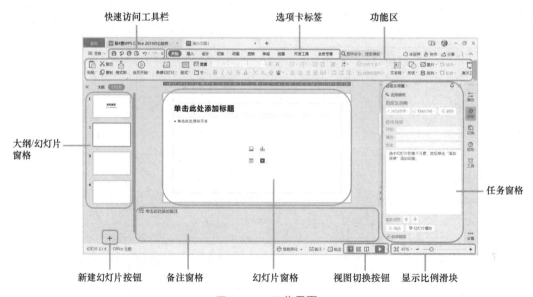

图 4-121　工作界面

2. 视图方式

演示文稿的"视图"选项卡功能区有几种视图模式：普通视图、幻灯片浏览视图、备注页视图、阅读视图。不同的视图模式，有不同的作用，工作界面的显示也会不同。

普通视图：默认的视图，由浏览窗口和编辑区组成。

幻灯片浏览视图：单击切换到此视图，方便对演示文稿中的所有幻灯片进行查看或重新排列。

备注页视图：用于检查演示文稿和备注页一起打印时的外观。可以在此视图中进行编辑。

阅读视图：在窗口中播放幻灯片，单击可查看动画和切换效果，不需要切换到全屏放映，与单击幻灯片放映中从头开始作用几乎一样，按键盘上的【Esc】键可退出。

4.4.2　幻灯片模板

1. 占位符

顾名思义，占位符就是先占住一个固定的位置，等需要时再添加具体内容。占位符广泛用于计算机中各类文档的编辑。制作幻灯片母版或其他版式时，也会大量用到占位符。例如，用户准备在某个版式版面中的某个位置放置一张图片，但具体选择哪张图片暂时还不确定，因此就可以先放置一个图像占位符并设置好宽、高，占住此位置，待确定后再放入需要的图片。

如图 4-122 所示，占位符显示为虚线框，虚线框内往往有提示语，一旦单击占位符之后，提示语就会自动消失。可以在占位符处添加文字，插入图片、图表、表格、视频等。占位符往往都具有预设的格式，这些格式和占位符在幻灯片中的位置可以通过幻灯片母版进行设置。"文本占位符"中除了可以插入文本，还可以单击中心处的"插入图片""插入图表""插入表格""插入媒体"等图标，在此位置插入图片、图表、表格、视频或音频。当用户要创建自己的模板时，占位符就显得非常重要，它能起到规划幻灯片结构的作用。

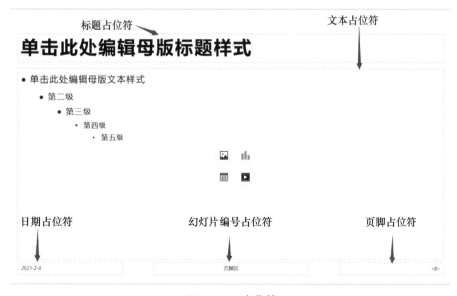

图 4-122　占位符

2．版式

版式是指幻灯片页面内容占位符的排列和布局、占位内容的格式设置，如标题、副标题和正文文本的字体、字号、颜色等设置，项目符号和编号列表、图片、表格、图表、自选图形及视频的排列方式，用来确定应用该版式的幻灯片页面的排版与布局。

1）内置版式

WPS Office 演示文稿模板在默认情况下包含 11 种版式，每种版式都有属于自己的名称，每个版式的幻灯片都显示可以在其中添加文本或图形、图表、图片等对象的占位符，以及占位符所分布的位置。以下将针对几种主要的幻灯片版式进行简单介绍。

- 标题幻灯片：包含主标题与副标题两个主要的标题占位符，一般用于演示文稿的封面幻灯片。
- 标题和内容：包含标题与内容占位符，该版式适用于除封面以外的所有幻灯片内容。其中"内容"占位符可以输入文本，也可以插入图片、图表、表格、视频等各类对象。
- 节标题：包含节主标题与副标题占位符。通常情况下，如果演示文稿已经进行节划分或内容表述需要分成不同模块的内容来呈现，那么就可以使用该版式体现"节"。例如，每个要点内容以节标题版式页来进行过渡，通常用于转场幻灯片。
- 空白：该幻灯片版式页除下方的"日期""页脚""页码"外，没有其他任何占位符，可以添加任意内容，制作者可在此页面自由排版。

2）应用版式

创建演示文稿时，必定会基于某个设计模板。一套模板中会有多种版式，当前编辑的幻灯片，根据内容排版需要可以应用某种版式，版式中的占位符已经预设了位置和格式，用户不需要一一进行烦琐的设置，可以提高编辑效率。

演示文稿中的一个版式类似于文字文档中的一种样式。在文字文档中，凡应用同一样式的字符或段落，其大纲级别、文字格式、段落格式等可以轻松保持一致。类似的道理，演示文稿中应用同一个版式的所有幻灯片，其页面看起来会比较统一，如标题的位置、字体、字号、颜色一致，正文文本内容格式统一等。

在演示文稿"普通"视图编辑幻灯片时，首先在左侧的"大纲／幻灯片"窗格中单击某张准备应用版式的幻灯片缩略图，再单击"开始"选项卡中的"版式"下拉按钮，在弹出的版式列表中，可以单击"母版版式"列表中的某个版式，也可以选择"配套版式"列表中的某个版式，并单击"插入"按钮，如图 4-123 所示。

3．母版

幻灯片母版作为演示文稿的架构层，是整个演示文稿的基础，对于高效、专业、规范地制作一份演示文稿至关重要。一套幻灯片母版中，包含数个关联的幻灯片版式。用户可以使用内置的标准版式，也可以应用由其他用户创建的版式，还可以创建满足需求的自定义版式。

一套设计模板由 1 张母版幻灯片和多张其他版式幻灯片构成。母版可以设置统一的背景，插入图标等，母版的设置会影响其他版式。WPS Office 2019 新建的空白演示文稿文档，其模板中默认有 1 张母版幻灯片及 11 张版式幻灯片，其中"标题幻灯片"版式及"标题和内容"版式幻灯片不可删除，其他版式幻灯片可以根据需要修改或删除。

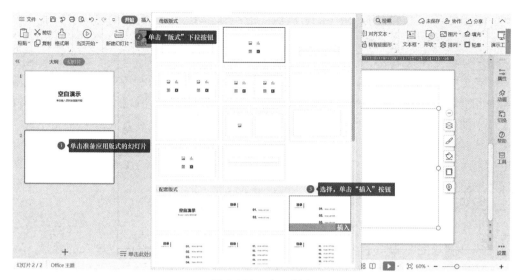

图 4-123　应用版式

创建一个空白演示文稿，单击"视图"选项卡中的"幻灯片母版"按钮，即可进入母版编辑状态，如图 4-124 所示，单击"母版"版式，插入一张图片，可以看到其他版式中的都出现了这张图片，更改"母版"版式的"背景"颜色，将母版版式中的"标题"占位符字体更改为隶书，字号更改为 44，其他版式的背景及标题占位符都自动与母版保持一致。利用母版可以统一其他版式的一些格式，但是如果其他版式想要做一些个性化的设置（如为了突出标题页面，标题版式的背景可以和其他版式不同），那么可以单击"标题"版式，单独设置其背景，非母版版式的改动不会影响其他版式和母版。

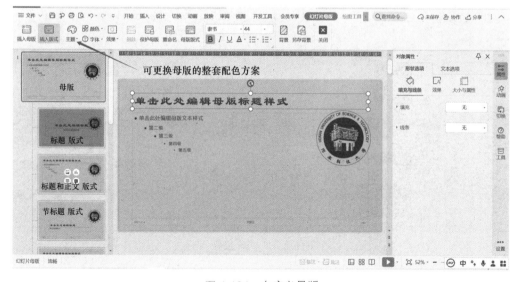

图 4-124　自定义母版

单击"幻灯片母版"选项卡中的"主题"下拉按钮，会弹出"主题"下拉列表，更改主题可以更改整个文档的总体设计，包括颜色、字体和效果等一整套配色方案和效果。母版编辑完成后，单击"幻灯片母版"选项卡中的"关闭"按钮，即可退出母版编辑状态。

在当前演示文稿中就可以将母版中的各种版式应用到演示文稿的各张幻灯片了。

4．设计模板

1）模板的创建与保存

自定义母版创建完成后，只能在当前演示文稿中应用，如果想一劳永逸，在其他演示文稿中也使用，就需要把母版保存成演示文稿模板（*.potx），即设计模板。单击"文件"选项卡中的"另存为"命令，在弹出的"另存文件"对话框中为模板起一个文件名，选择保存路径，最重要的是文件类型一定要选择"Microsoft PowerPoint 文件（*.potx）"或"WPS 演示 模板文件（*.dpt）"（前一种类型可兼容 Microsoft PowerPoint 文件），然后单击"保存"按钮即可。

2）应用模板

对于普通用户来说，没有经过专门训练，想要设计制作出一份专业、规范、精美的演示文稿是困难的。为了事半功倍地完成任务，利用设计模板是大多数人的选择，WPS Office 提供了一些免费设计模板和在线模板（部分需要付费），用户也可以从专门提供模板的网站下载模板。

应用模板的方式：第一，新建演示文稿时，在新建界面选择一种合适的模板新建；第二，新建一份空白的演示文稿，如图 4-125 所示，单击"设计"选项卡中的"更多设计"按钮，在弹出的"设计方案"对话框中单击选定的模板；第三，单击"导入模板"按钮，打开本地保存的自建模板文件应用；第四，单击"本文模板"按钮，应用本演示文稿的原有模板。

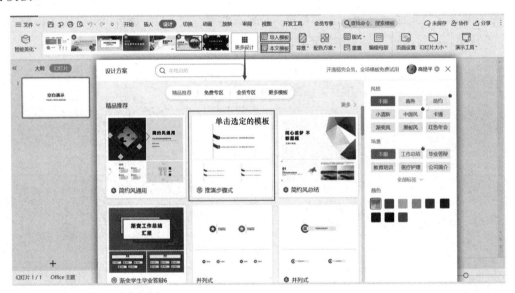

图 4-125　应用模板

4.4.3　幻灯片基本操作

1．幻灯片页面设置

1）设置幻灯片大小

WPS Office 演示文稿为用户提供了"标准（4∶3）"和"宽屏（16∶9）"两种预设幻

灯片尺寸。如有其他需求，也可以通过"自定义大小"设置其他尺寸。

打开演示文稿，在"设计"选项卡中，单击"幻灯片大小"下拉按钮，选择"标准（4∶3）"或"宽屏（16∶9）"选项。如需自定义幻灯片大小，则选择"自定义大小"选项，在弹出的"页面设置"对话框的"幻灯片大小"下拉列表中选择"自定义"选项，再根据需求在"宽度"和"高度"编辑框中输入具体的数值，如图 4-126 所示。打印时的纸张大小也可以在"页面设置"对话框中设置。

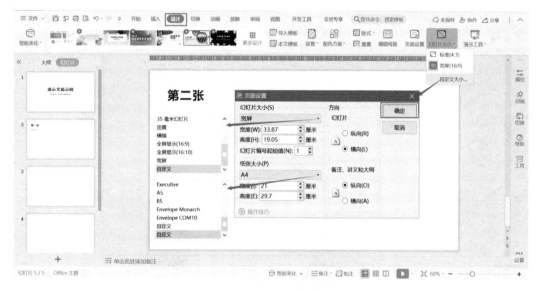

图 4-126　设置幻灯片大小

2）调整幻灯片方向

在"页面设置"对话框中，单击"纵向"或"横向"单选按钮，可以分别设置幻灯片以及备注、讲义和大纲的方向。

3）调整幻灯片编号起始值

在"页面设置"对话框"幻灯片编号起始值"编辑框中可调整幻灯片编号起始值，或直接输入起始值。

2. 新建幻灯片

在演示文稿中新建幻灯片，首先要在左侧"幻灯片 / 大纲"窗格中单击准备插入新幻灯片的位置，单击后会在两张幻灯片缩略图之间出现一条线代表插入点位置。可以插入空白幻灯片，也可以根据 WPS Office 提供的模板新建幻灯片。

1）新建空白幻灯片

直接单击"开始"选项卡中的"新建幻灯片"下拉按钮，或右击插入点选择快捷菜单中的"新建幻灯片"命令，或在插入点按【Ctrl+M】组合快捷键，也可以直接按【Enter】键，这些方式都可以插入一张空白幻灯片，如图 4-127 所示。

2）使用模板新建幻灯片

使用模板新建幻灯片，需要先打开模板"新建"窗口，有以

图 4-127　新建空白幻灯片

下方法：单击"开始"选项卡中的"新建幻灯片"下拉按钮；或单击"幻灯片/大纲"窗格下方的"+"按钮；也可以将鼠标光标移动到插入点之前的幻灯片上，会出现一个"播放"按钮和"+"按钮，单击"+"按钮，都可以打开如图 4-128 所示的"新建"窗口。根据需要新建的幻灯片类型，在左侧列表中选择"主题页"、"正文"、"案例"或"动画"，每一类下还有更详细的子类可供选择。单击某个需要的子类，在右侧选择合适的幻灯片版式并单击，即可新建一张拥有既定版式的幻灯片。

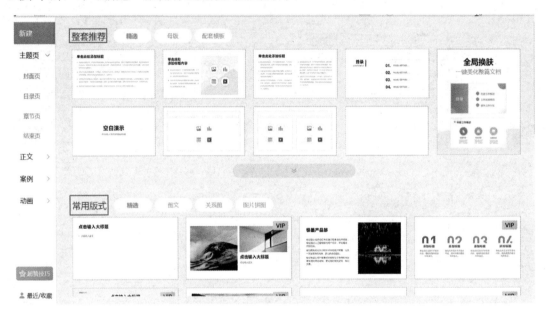

图 4-128　使用模板新建幻灯片

3. 选定幻灯片

单击演示文稿窗口左侧的"幻灯片/大纲"窗格中的幻灯片缩略图，即可选定该幻灯片，被选定的幻灯片将放大显示在幻灯片窗格，成为当前可以编辑的幻灯片。长按【Shift】或【Ctrl】键，同时单击左侧窗格的幻灯片缩略图，即可同时选定多张连续或不连续的幻灯片。

4. 移动幻灯片

在左侧"大纲/幻灯片"窗格选定幻灯片缩略图后，将鼠标指针悬停在所选幻灯片之上，按住鼠标左键拖动所选幻灯片，会出现代表插入点位置的横线，拖动鼠标时，横线会随之移动，当横线移动到目标位置后，松开左键，即可实现幻灯片移动。也可以选定幻灯片缩略图后，右击选择"剪切"命令，或按【Ctrl+X】组合快捷键，再单击目标位置，按【Ctrl+V】组合快捷键粘贴，或右击选择"粘贴为图片""只粘贴文本""选择性粘贴"命令。

5. 复制幻灯片

在左侧"大纲/幻灯片"窗格选定幻灯片缩略图，可以同时选定多张。右击选择"复制幻灯片"命令，会立刻在原幻灯片下方复制出完全相同的副本。也可以选定幻灯片缩略图后，右击选择"复制"命令，或按【Ctrl+C】组合快捷键，再单击目标位置，按【Ctrl+V】组合快捷键粘贴，或右击选择"粘贴为图片""只粘贴文本""选择性粘贴"命令。也可以从其他演示文稿中复制幻灯片粘贴到当前演示文稿中。

6．删除幻灯片

在左侧"大纲 / 幻灯片"窗格中，选定一张或多张幻灯片，按【Delete】键或【Backspace】键可删除幻灯片。也可以选定幻灯片后，右击选择"删除幻灯片"命令。

7．隐藏幻灯片

放映幻灯片时，有时为了放映效果，会隐藏原有幻灯片中的部分幻灯片。被隐藏的幻灯片放映时会被忽略不展示出来，默认情况下被隐藏的幻灯片也是无法打印出来的。在"选项"对话框中，对"打印"选项进行设置，勾选"打印隐藏幻灯片"复选框就可以打印了。

在左侧"大纲 / 幻灯片"窗格中，选定一张或多张幻灯片，右击选择"隐藏幻灯片"命令，被隐藏的幻灯片缩略图前的编号会被打上一条斜线。取消隐藏只需再次单击快捷菜单中的"隐藏幻灯片"命令即可。

4.4.4　幻灯片内容编辑

1．文本输入

输入到"占位符"或"文本框"：文本一般只能输入占位符或文本框中，如果幻灯片应用的版式中有占位符，可以根据需要把文本输入"标题"占位符或"内容"占位符中。如果想在占位符之外输入文本，就必须插入文本框。单击"插入"选项卡，选择"横向文本框"或"竖向文本框"命令，将鼠标指针移到幻灯片页面，鼠标指针会变成一个黑线小十字形状，按住左键并拖动鼠标即可画出一个水平或竖直文本框，直接输入文字即可。也可以在"文本框"下拉列表中选择其他付费的文本框。插入到幻灯片中的"智能图形和关系图"也有占位符，可以在其中输入文字。

输入到"形状图形"：单击"插入"选项卡，在"预设"形状列表中，选择某种"形状"图形插入到幻灯片中，右击形状图形，在快捷菜单中选择"编辑文字"命令，就可以在形状中输入文字。

2．占位符和文本框的格式设置

1）文本格式化

若要对框内所有文本进行统一格式设置，则可以直接选定整个框，将鼠标指针移动到框线上，鼠标指针形状变成四方向箭头时，单击框线，框线变为实线，四周有 8 个控制点，框内没有光标，此时表明整个文本框被选中。单击"开始"选项卡，使用"字体"组和"段落"组的命令或打开"字体"和"段落"对话框，即可设置文本的字体格式和段落格式，如图 4-129 所示。也可以根据需要使用项目符号或编号，使文本内容具有更好的条理性。

当文本框被选中时，再单击"文本工具"选项卡，如图 4-130 所示，使用此选项卡中的命令也可以对文本进行格式化。

2）文本框格式化

占位符本质上也是一种特殊的文本框，此处统一称为文本框。文本框的背景、大小、边框线等格式也可以设置。首先选中文本框，此时会激活"绘图工具"选项卡。也可以单击窗口右侧的"属性"任务窗格按钮打开"对象属性"任务窗格，对文本框的格式进行设置。如图 4-131 所示。文本框的大小可以在高度、宽度数值编辑框录入，精准地控制大小。也可以将鼠标指针放在文本框边缘的控制点上，当鼠标指针形状变成双向箭头时，拖动改变其大小即可。

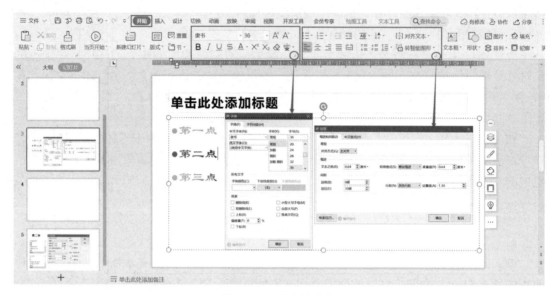

图 4-129　文本格式化

图 4-130　"文本工具"选项卡

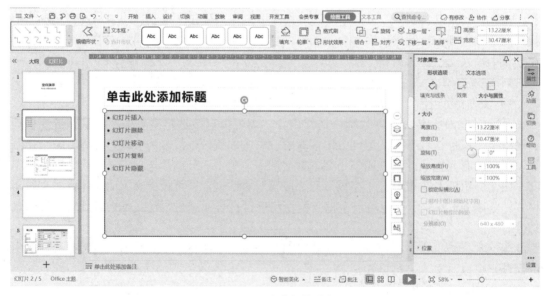

图 4-131　文本框格式化

3．对象的编辑

在幻灯片页面中也可以出现表格、图片、形状图形、图标、智能图形、关系图、艺术字、符号、公式等对象。这些对象的插入和编辑与 WPS Office 文字文档中类似，在此不再赘述，仅讲解一下幻灯片页面排版时经常用到的多对象对齐和组合的操作。

1）多对象智能对齐

对齐是幻灯片页面排版的重要环节。一旦将内容按照规律对齐，便会建立秩序感，传递出具有规律性的形式美。在早期版本的演示文稿制作中，为了对齐，用户总是需要用鼠标将素材一个一个拖动，仅凭肉眼观察是否对齐，不仅效率低，而且结果往往不如意，并不能让所有对象精确对齐。因此，WPS Office（Windows 版）新增智能对齐功能，可让选中的内容自动对齐。如图 4-132 所示，先选定所有图形对象，在弹出的多图形快捷工具栏中单击"智能对齐"按钮，根据情况在弹出的"智能对齐"对话框中选择需要的分组对齐按钮，即可将图形对象完美对齐。

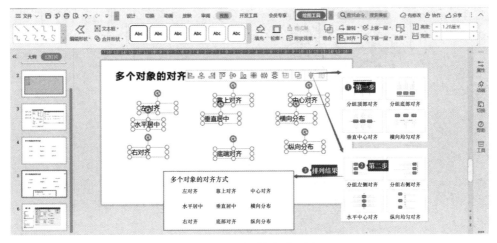

图 4-132　多对象智能对齐

当然也可以用快捷工具栏中其他对齐按钮或"绘图工具"选项卡"对齐"下拉列表中的命令进行对齐设置。需注意的是默认情况下是对象之间相互对齐，如果对象需要跟幻灯片对齐，可以先单击多图形快捷工具栏或"对齐"下拉列表中的"相对于幻灯片"按钮，然后再进行对齐操作。

2）多对象组合 / 取消组合

有时为了避免幻灯片上已经排列布局好的多个对象因误操作发生相对位移，我们可以将所有对象组合成一个整体。选定准备组合的所有对象，单击多图形快捷工具栏上的"组合"按钮即可，也可以使用"绘图工具"选项卡"组合"下拉列表中的"组合""取消组合"命令，或右击选择"组合""取消组合"命令，完成多对象组合或取消组合操作。

4. 超链接

演示文稿放映时，幻灯片的默认播放顺序是按换片编号顺序播放，但有时需要打破默认的放映顺序，播放当前幻灯片之前的某页，甚至需要跳转播放其他演示文稿中的某页幻灯片、其他文件、外部程序或网页，如果退出放映，手动切换至其他位置，会破坏整个放映效果的连续性和完整性。在幻灯片中插入类似网页上的超链接，可以解决这个问题。幻灯片中的文本、图片、图形、形状和艺术字等对象都可以创建超链接。需要注意的是单击超链接对象完成跳转只能在幻灯片放映时才能实现。

1）创建超链接

通过"插入超链接"对话框和"动作设置"对话框，可以为选定对象创建超链接。

插入超链接：在幻灯片中先选定需要建立超链接的文本或其他对象，单击"插入"选项卡中的"超链接"按钮，或者右击选择"超链接"命令，都可以打开如图4-133所示的"插入超链接"对话框。在对话框中，单击"原有文件或网页"选项可以设置超链接到其他文件或网页，单击"本文档中的位置"选项可以超链接到本演示文稿中的其他幻灯片，单击"电子邮件地址"选项，并在"电子邮件地址"下的编辑栏中输入一个邮箱地址，将会跳转到Outlook电子邮件发送界面。

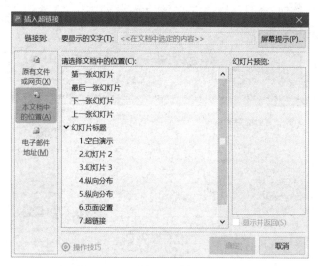

图4-133　"插入超链接"对话框

动作设置：在幻灯片中先选定需要建立超链接的文本或其他对象，单击"插入"选项卡中的"动作"按钮，或者右击选择"动作设置"命令，都可以打开如图4-134所示的"动作设置"对话框。在对话框中，单击"超链接到"下拉按钮，在下拉列表中选择超链接目的位置。"动作设置"对话框可以设置超链接的触发方式为"鼠标移过"时发生跳转，但鼠标经常需要在页面上移动，很可能会发生误操作，出现不符合播放者主观意愿的跳转，因此不建议使用。

2）编辑超链接

已经创建了超链接的对象，如果想要更改超链接目的位置，可以编辑超链接，重新设置超链接跳转的位置。先单击准备编辑超链接的对象，再右击选择"超链接"命令，在二级菜单中单击"编辑超链接"命令，会打开"编辑超链接"对话框，这个对话框与"插入超链接"对话框类似，可以在这个对话框中像创建超链接那样，重新设置超链接目的位置。

3）删除超链接

已经创建的超链接如果不需要了，可以删除。在演示文稿编辑视图下，单击已经创建了超链接的对象，再右击选择"超链接"命令，在二级菜单中单击"取消超链接"命令即可，如图4-135所示。删除超链接的另一个方法是，选定准备删除超链接的对象之后，打开"动作设置"对话框，单击"无动作"按钮，再单击"确定"按钮。

图 4-134　"动作设置"对话框

图 4-135　删除超链接

4.4.5　动画设置

添加动画效果可以使幻灯片中的多个对象按照一定的规则和先后顺序动起来，赋予它们进入、退出、改变大小、更换颜色、按照特定的轨迹移动等一系列的动态视觉效果。但是动画的使用要适量，过多使用动画也会分散观众的注意力，不利于重要信息的传达。

1. 动画类型

幻灯片的动画有 4 种类型，分别是进入、强调、退出和动作路径。

进入：是幻灯片最基本的动画类型，是指幻灯片中的文本、图片、图形等如何出现到幻灯片上的动画效果。进入动画包括"出现""百叶窗""飞入"等几十种动画效果。

强调：是指在幻灯片的放映过程中，为了突出某个对象，引起观看者的注意，从而给对象添加的一种动画效果。如改变字体颜色、改变字号大小、缩放图片大小等。

退出：是进入动画的逆过程，是指幻灯片上文本、图片、图形等从有到无，逐渐消失的一种动画类型。

动作路径：是指让幻灯片上的文本、图片、图形等沿着绘制好的路径运动的一种动画类型。

2．添加动画

选定准备添加动画的对象，单击"动画"选项卡，如图 4-136 所示。单击功能区的"其他"下拉按钮，可以滚动选择更多需要的动画，单击每一类动画右侧的"更多选项"下拉按钮，可以查看到更多该类型的动画，单击选择需要设置的动画即可，如图 4-137 所示。

图 4-136 "动画"选项卡

图 4-137 更多动画

可以为一个对象添加多个动画。有时一个对象需要同时设置"进入""退出""强调""动作路径"等多个动画效果，单击"动画"选项卡中的"自定义动画"按钮，窗口右侧将显示"自定义动画"任务窗格，如图 4-138 所示。选定需要设置多个动画的对象，单击任务窗格中的"添加效果"下拉按钮，选择需要的动画效果即可。

打开"自定义动画"任务窗格时，当前幻灯片中添加的所有动画效果按照添加的顺序，会自动编号并显示在右侧的任务窗格中，单击幻灯片页面上的编号或任务窗格中的编号可以选中该动画效果。单击"动画"选项卡中的"预览效果"按钮，可以预览当前幻灯片中所有动画的效果。

3．动画效果设置

有些动画有不同的动画效果，如"飞入"动画默认是从下方飞入的，"百叶窗"动画默认是水平百叶窗等。如果想要修改"飞入"动画的飞入方向，将"百叶窗"改为垂直百叶窗等动画效果，可以打开"自定义动画"任务窗格，选定需要修改效果的动画。如图4-139所示，可通过下拉列表中的"效果选项"命令打开对应的动画效果对话框，进行需要的设置，并确定即可。在对话框中，还可以设置计时、正文文本动画等其他效果。

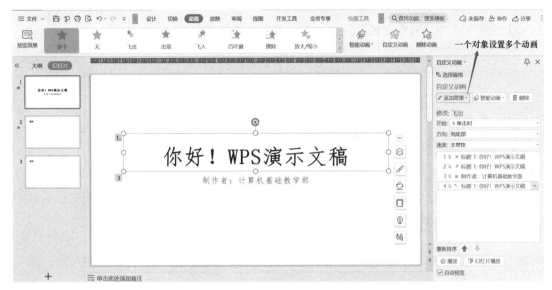

图 4-138　"自定义动画"任务窗格

图 4-139　动画效果设置

4．更改动画

如图 4-139 所示，选定一个动画效果后，任务窗格中的"添加效果"下拉按钮将变为"更改"下拉按钮，单击"更改"下拉按钮选择其他的动画效果，可替代原来的动画效果，实现动画的更改。

5．删除动画

单击"动画"选项卡中的"删除动画"按钮，可以删除当前幻灯片上的所有动画效果。如果只想删除当前幻灯片上的部分动画效果，可以打开"自定义动画"任务窗格，在已添加的动画效果列表中选定准备删除的动画，可以选定一个，也可以配合按【Shift】或【Ctrl】键选择多个，再单击任务窗格中的"删除"按钮即可。

6．动画排序

动画的播放顺序按动画的序号进行，如果想调整动画的播放顺序，可以在"自定义动画"任务窗格中选定动画，单击任务窗格下方的"向上"或"向下"箭头，即可向前或向后调整该动画的序号，实现动画播放顺序的调整。

4.4.6　幻灯片切换

幻灯片切换是在放映演示文稿期间，从一张幻灯片移至下一张幻灯片时出现的视觉效果，类似于动画，可以控制切换的速度、添加声音和自定义切换效果外观。通过如图4-140所示的"切换"选项卡可以设置幻灯片切换效果。

图 4-140　"切换"选项卡

1．添加切换效果

选定准备设置切换效果的幻灯片，单击"切换"选项卡，如图4-140所示，选择需要的切换效果即可。单击"预览效果"按钮，可以预览设置的切换效果。有些切换效果也有类似于动画的效果选项，设置这些切换效果后，"效果选项"按钮会被激活，可以设置切换的其他效果选项。也可以调整"速度"编辑框的值，设置换片时的切换速度。还可以在"声音"下拉列表中选择换片时的声音效果。

2．设置切换方式

幻灯片的切换方式有手动切换和自动切换两种。在如图4-140所示的"切换"选项卡中，勾选"单击鼠标时换片"复选框，当前幻灯片的切换方式将设置为手动方式，由放映者（一般即演讲者）手动控制该幻灯片的放映节奏；勾选"自动换片"复选框并设置其后的时间值，该幻灯片在放映时将会自动切换，并且幻灯片上的所有动画效果也会自动播放。

单击"切换"选项卡中的"应用到全部"按钮，为当前幻灯片设置的所有切换效果及换片方式将会应用到本演示文稿的所有幻灯片。

4.4.7　演示文稿放映

制作完成的演示文稿一般通过全屏幕放映的方式呈现给观众，动画及幻灯片切换的效果只有在放映时才能看到，超链接也只有在放映时才能完成页面跳转。放映的相关设置通过如图4-141所示的"放映"选项卡进行。单击"从头开始"按钮或直接按【F5】键，可从第1张幻灯片开始顺序放映，单击"当页开始"按钮或按【Shift+F5】组合快捷键，可从当前幻灯片开始放映。

图 4-141　"放映"选项卡

1. 自定义放映

若用户并不希望将演示文稿的所有内容展现给观众，而是希望根据不同的观众选择不同的放映内容，则可以根据需要自主定义放映部分。WPS Office 演示提供的自定义放映功能，可以在不改变演示文稿内容的前提下，只对放映内容进行重新组合，以适应不同的演示需求。

在"放映"选项卡中单击"自定义放映"按钮，打开"自定义放映"对话框，单击"新建"按钮，打开"定义自定义放映"对话框，如图 4-142 所示。在"幻灯片放映名称"文本框中输入自定义放映的名称，在左侧的幻灯片列表中选择需要包含的幻灯片，单击"添加"按钮，自定义放映中需要的所有幻灯片添加完毕，单击"确定"按钮，返回"自定义放映"对话框。在"自定义放映"对话框中，"自定义放映"列表框中会出现刚刚创建的自定义放映的名称，单击右下角的"放映"按钮，即可只播放自定义放映中包含的幻灯片。

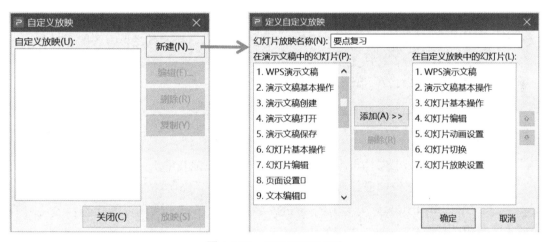

图 4-142　创建自定义放映

2. 放映设置

演示文稿的放映方式有"手动"和"自动"放映两类。"手动"放映方式需要手动单击鼠标切换幻灯片及播放动画，一般适合演讲时使用，由演讲者控制放映过程。"自动"放映方式下，幻灯片自动播放，换片及动画播放都不需要人工干预，适合产品发布、展会广告等场合。单击"放映"选项卡中的"放映设置"下拉按钮，选择"手动放映"命令，演示文稿放映方式设置为手动；选择"自动放映"命令，演示文稿放映方式设置为自动。

单击"放映"选项卡中的"放映设置"按钮，打开如图 4-143 所示的"设置放映方式"对话框，放映类型中的"演讲者放映（全屏幕）"属于手动放映，"展台自动循环放映（全屏幕）"属于自动放映；要设置放映时展示演示文稿中的哪些幻灯片，可以选择"全部"单选按钮，则将放映演示文稿中的所有幻灯片，也可以设置编号范围，仅放映部分幻灯片，还可以选择已创建的自定义放映。

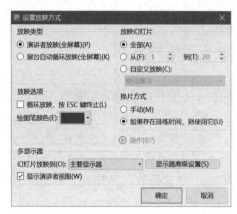

图 4-143 "设置放映方式"对话框

4.5 WPS Office 支持的 PDF 文件应用

PDF（Portable Document Format，可携带文档格式）是一种电子文件格式，这种文件格式与操作系统平台无关，在 Windows、Linux、UNIX、macOS 操作系统中通用。PDF 文件格式可以将文字、字形、格式、颜色及独立于设备和分辨率的图形、图像等封装在一个文件中，无论在哪种打印机上都可保证精确的颜色和准确的打印效果，所以 PDF 成为一种当前使用广泛的电子文档格式。

4.5.1 打开 PDF 文档

打开 PDF 文档一般需要专门安装某种 PDF 阅读器软件，但 WPS Office 内置了 PDF 组件（以下简称 WPS PDF），可直接支持 PDF 文件的阅读及编辑，不需要再安装其他软件。在阅读英文文献时，如遇到未知的单词，也不需要打开其他的翻译软件，WPS Office 支持直接"划词翻译"或"全文翻译"，非常方便，同时也支持将中文翻译为英文，如图 4-144 所示。

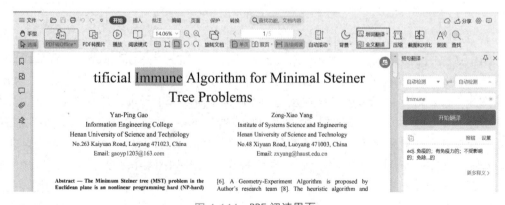

图 4-144 PDF 阅读界面

4.5.2　PDF 转 Office

虽然 WPS PDF 支持直接编辑 PDF 文档页面的内容，但并没有 WPS Office 格式的文件排版自由。因此，WPS 提供了 PDF 转 Office 功能，可以将 PDF 文件的内容转换成 Word（文字）、Excel（表格）、PPT（演示）格式。

4.5.3　导出 PDF 文档

WPS Office 文档（文字、表格、演示）都可以输出为 PDF，如图 4-145 所示。也可以在初次保存或另存文档时，选择"文件类型"为 PDF 文件格式。

图 4-145　输出为 PDF

4.6　WPS Office的其他组件

4.6.1　WPS Office 流程图

WPS Office 流程图也是 WPS Office 办公软件的组件之一。在日常工作和学习中流程图的运用非常广泛，使用流程图可以将与工作相关的每一步都显示得十分清楚，对于指导实际工作很有帮助。在计算机程序设计中流程图也是描述算法思想的一种重要工具。WPS Office 2019 文字、表格和演示中都支持直接插入流程图，也可以在新建页打开或创建流程图文档。新建空白流程图文档，打开流程图窗口如图 4-146 所示，按左键拖动左侧窗格中的"基础图形"或"Flowchart 流程图"中所需要的图形到右侧窗口中，松开左键即可，将鼠标指针放在一个图形的连接点上（圆圈），单击拖至另一个图形的连接点，即可产生图形之间的连接线。

单击左侧窗格下方的"更多图形"按钮，在弹出的"图形管理"对话框中，勾选其他类型的图形，滚动查看左侧窗格，即可拖动创建其他类型的流程图。

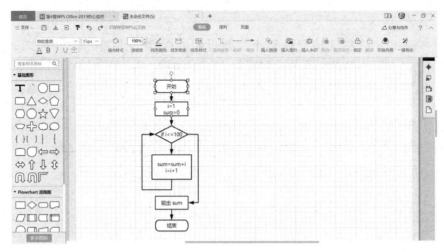

图 4-146　流程图窗口

也可以在新建时选择模板创建流程图，再根据自己的需要修改调整即可。

4.6.2　WPS Office 脑图

WPS Office 脑图也是 WPS Office 办公软件的组件之一。它包括"思维导图""逻辑图""树状组织结构图""组织结构图"四大类。脑图作为一种组织资源和管理项目的方法，可以派生出各种关联的想法和信息。通过脑图可以随时开展头脑风暴，帮助人们快速理清思路。

在 WPS Office 新建页面创建空白脑图，如图 4-147 所示，进入脑图文档界面之后，可以设置脑图的节点、背景、线条、边框样式等。右击节点，可以插入子主题、同级主题、父主题，对不需要的节点也可以进行删除。生成节点之后，双击可进行文字编辑，设置样式，也可以按【Enter】键添加同级主题，按【Tab】键添加子主题，或者单击"插入"选项卡，选择"同级主题""子主题""父主题""关联"等插入。单击"样式"选项卡中的"主题风格"按钮可以选择其他的主题，单击"结构"按钮可以选择其他的显示结构。

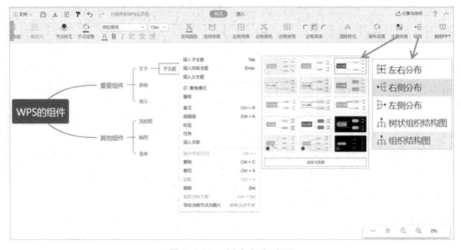

图 4-147　创建空白脑图

也可以在创建脑图时选择模板创建，并进行修改和调整，得到符合需求的脑图。

习　题

一、选择题

1. 在 WPS Office 文字文档中，学生"王小民"的名字被多次错误地输入为"王晓明""王晓敏""王晓民""王晓名"，纠正该错误的最优操作方法是　　　　。

A）从前往后逐个查找错误的名字，并更正

B）利用"查找"功能搜索文本"王晓"，并逐一更正

C）利用"查找和替换"功能搜索文本"王晓*"，并将其全部替换为"王小民"

D）利用"查找和替换"功能搜索文本"王晓?"，并将其全部替换为"王小民"

2. 小周计划邀请 30 家客户参加答谢会，并为客户发送邀请函。快速制作 30 份邀请函的最优操作方法是　　　　。

A）发动同事帮忙制作邀请函，每个人写几份

B）利用 WPS Office 文字的邮件合并功能自动生成

C）先制作好一份邀请函，然后复印 30 份，在每份上添加客户名称

D）先在 WPS Office 文字中制作一份邀请函，通过复制、粘贴功能生成 30 份，然后分别添加客户名称

3. 小江需要在 WPS Office 文字中插入一个制作好的表格，并希望文档中的表格内容随表格源文件的数据变化而自动变化，最快捷的操作方法是　　　　。

A）在文档中通过"插入"→"对象"功能插入一个可以链接到原文件的表格

B）复制数据源，然后在文档中通过"开始"→"粘贴"→"选择性粘贴"命令进行链接粘贴

C）复制数据源，然后在文档中右击，选择带有链接功能的粘贴选项

D）在文档中通过"插入"→"表格"→"Excel 电子表格"命令链接表格

4. 何主编正在 WPS Office 文字中编辑一本包含 10 章的书稿，他希望在每一章的页眉上插入该章的标题内容，最优的操作方法是　　　　。

A）将每一章分节，再分别在每节的页眉上输入各章的标题内容

B）将每一章单独保存为一个文件，再为每个文件输入内容为标题的页眉

C）将各章标题定义为某个标题样式，通过插入域的方式自动引用该标题样式

D）将每一章分节并定义标题样式，再通过"交叉引用"在页眉位置引用标题

5. 小明的毕业论文分别请两位老师进行了审阅。每位老师分别通过 WPS Office 文字的修订功能对该论文进行了修改。现在，小明需要将两份经过修订的文档合并为一份，最优的操作方法是　　　　。

A）小明可以在一份修订较多的文档中，将另一份修订较少的文档的修改内容手动对照补充进去

B）请一位老师在另一位老师修订后的文档中再进行一次修订

C）利用比较功能，将两位老师的修订合并到一个文档中

D）将修订较少的那部分舍弃，只保留修订较多的那份论文作为终稿

6. 郝编辑正在 WPS Office 文字中对一份书稿进行排版，书中已经为各级标题分别应用了内置的"标题 1、标题 2、标题 3……"等样式。由于章节的重新安排，他需要将原稿中所有标题 2 降级为标题 3，且其下属标题也同时降低一个级别，最优的操作方法是　　　　。

A）在普通视图中，依次为标题 2 及下属标题重新应用对应的样式

B）在大纲视图中，对标题 2 及下属标题统一进行降级操作

C）在普通视图中，通过"开始"选项卡中的"增加缩进量"按钮依次调整标题 2 及下属标题的级别

D）在大纲视图中，通过定义并应用多级符号列表来快速调整标题2及下属标题的级别

7．张老师在 WPS Office 表格中整理学生信息，希望"性别"一列只能从"男""女"两个值中进行选择，否则系统提示错误信息，最优的操作方法是_____。

A）人工检查，错误内容用红色标记

B）设置数据有效性，控制"性别"列的输入内容

C）设置条件格式，标记不符合要求的数据

D）通过 If 函数进行判断，控制"性别"列的输入内容

8．在 WPS Office 表格工作表中，A1 单元格中的公式为 SUM(B$2:C$4)，将公式复制到 C10 单元格后，原公式将变为_____。

A）SUM(D$11:E$11)

B）SUM(D$2:E$4)

C）SUM(B$11:C$11)

D）SUM(B$2:C$4)

9．在 WPS Office 表格工作表中，如果想在多个不相邻的单元格中输入相同的数据，最佳的操作方法是_____。

A）在其中一个位置输入数据，然后逐个将其复制到其他单元格

B）在输入区域左上方的单元格中输入数据，双击填充柄，将其填充到其他单元格

C）在其中一个位置输入数据，将其复制后，利用【Ctrl】键选择其他全部输入区域，再粘贴内容

D）同时选中所有不相邻单元格，在活动单元格中输入数据，然后按【Ctrl+Enter】组合快捷键

10．关于排序下列说法正确的是_____。

A）使用常用工具栏上的"升序"按钮和"降序"按钮可以按多关键字排序

B）使用多关键字排序，关键字个数可以无限

C）使用"数据"选项卡中的"排序"命令，在"排序"对话框中不可以按单关键字排序

D）在不选择排序区域时，WPS Office 表格以空白行或空白列作为排序操作的界限

11．在 WPS Office 表格单元格中，出现一连串的"#####"符号，则表示_____。

A）需修改公式的内容

B）需删去这些符号

C）需调整单元格的宽度

D）需重新输入数据

12．用"自定义"方式筛选出一班报名人数"不少于7人"或"少于2人"的兴趣小组，请写出"一班兴趣小组报名表"的筛选条件_____。

A）≥7 与 <2

B）≥7 或 <2

C）≤7 或 >2

D）≤7 或 <2

13．要在演示文稿所有幻灯片的左上角添加标志，最便捷的途径是_____。

A）设置背景

B）选择幻灯片版式

C）编辑幻灯片母版

D）应用设计模板

14．在做演示文稿时，用自选图形和图片做一个图形，合成后要求自选图形和图片保持大小和位置的相对固定，可以借助_____实现。

A）自定义动画

B）自选图形的填充

C）裁剪功能

D）组合功能

15. 在演示文稿中，对幻灯片中的对象进行超链接，以下说法错误的是 _____。

A）不可以链接到其他演示文稿

B）可以链接到本文档的其他幻灯片

C）可以链接本文档的最后一张幻灯片

D）可以链接音视频文件

二、操作题

1. WPS Office 文字操作题，所需素材可从本书配套资源文件夹中获取。

【背景素材】

公司将于下个月举办"创新产品展示说明会"，你是市场部助理，需要将会议邀请函制作完成并通过电子邮件发送给客户。

现在，请你按照如下需求，在"邀请函 .docx"文档中完成制作工作。

（1）将文档中"会议议程："段落后的 7 行文字转换为 3 列、7 行的表格，并根据窗口大小自动调整表格列宽。

（2）为制作完成的表格套用一种表格样式，使表格更加美观。

（3）为了可以在以后的邀请函制作中再利用会议议程内容，将文档中的表格内容保存至"自动图文集"库，并将其命名为"会议议程"。

（4）将文档末尾处的日期调整为可以根据邀请函生成日期而自动更新的格式，日期格式显示为"XXXX 年 XX 月 XX 日"。

（5）在"尊敬的"文字后面，插入拟邀请的客户姓名和称谓（使用邮件合并完成）。拟邀请的客户姓名在考生文件夹下的表格文件中，例如，"范闲（先生）""黄蓉（女士）"。

（6）每位客户的邀请函占 1 页内容，且每页邀请函中只能包含 1 位客户姓名，所有的邀请函页面另外保存在一个名为"WPS-邀请函 .docx"的文件中。

（7）本次会议邀请的企业中有来自港澳台地区的客户，因此，发给企业的"WPS-邀请函 .docx"需要多发一份将所有文字内容均设置为繁体的文档，以便客户阅读。

（8）关闭 WPS Office 应用程序，并保存所提示的文件。

2. WPS Office 表格操作题，所需素材可从本书配套资源文件夹中获取。

【背景素材】

小李是某高校一个学院的教务员，为了便于用 WPS Office 表格软件对学生成绩进行数据处理，他把大一某班第一学期的期末成绩录入工作簿文件"原始表格 .xlsx"。

请按下列要求对文件"原始表格 .xlsx"进行操作并保存。

（1）计算每位学生的总分，并按照每位学生的总分成绩由高到低排名次。

（2）按工作表"成绩表"中的数据给各门课程打等级。若成绩为"缺考"，则仍显示为"缺考"；若成绩在 90 ～ 100 之间（含 90 或 100），则显示为"A"；若成绩在 80 ～ 89 之间（含 80 或 89），则显示为"B"；若成绩在 70 ～ 79 之间（含 70 或 79），则显示为"C"；若成绩在 60 ～ 69 之间（含 60 或 69），则显示为"D"；若成绩在 0 ～ 59 之间（含 0 或 59），则显示为"E"。

（3）利用分类汇总，统计"线性代数"各等级人数。

（4）按工作表"成绩表"数据，计算班级平均分、班级最高分、班级最低分，计算应考人数、参考人数和缺考人数，统计各分数段的人数，计算及格率和优秀率（90 及其以上为优秀，结果为保留两位小数的百分比样式）。

（5）保存文件"原始表格 .xlsx"。

3．WPS Office 演示操作题，所需素材可从本书配套资源文件夹中获取。

【背景素材】

请你根据资源包中"神威·太湖之光超级计算机素材 .docx"，制作一个介绍神威·太湖之光超级计算机的演示文稿，具体要求如下。

（1）演示文稿共包含 8 张幻灯片：标题幻灯片 1 张，概况 1 张，主要性能、荣誉、应用领域和研制意义各 1 张，图片欣赏 1 张，致谢 1 张，幻灯片必须选择一种设计主题，要求字体和色彩合理、美观大方。演示文稿保存为"神威·太湖之光超级计算机 .pptx"。

（2）第 1 张幻灯片为标题幻灯片，标题为"神威·太湖之光超级计算机"，副标题为"——国之重器"，字体均为微软雅黑。

（3）第 2 张幻灯片采用"两栏内容"的版式，上方为标题，左边一栏为文字，右边一栏为素材文档中的图片。并为左侧文字和右侧图片设置动画效果，使得图片先出现，文字再逐段依次出现。

（4）第 3 张到第 6 张幻灯片的版式均为"标题和内容"。素材中的黄色底文字即为相应页幻灯片的标题文字。

（5）第 3 张幻灯片标题为"二、主要性能"，将其中的内容设为"垂直块列表"智能图形，素材中红色文字为一级内容，蓝色文字为二级内容，并为该智能图形设置动画效果。

（6）第 7 张幻灯片标题为"图片欣赏"，将考生文件夹中的"Image1.jpg"～"Image4.jpg"4 张图片插入该幻灯片，并调整好图片的布局。为 4 张图片设置动画，要求图片逐个出现，动画的开始设置为"之后"。

（7）演示文稿的最后一页为致谢幻灯片，插入艺术字"谢谢"。

（8）在第 2 张幻灯片的图片下方，插入一个文本框，内容为"点击此处可欣赏其他图片"，让该文本框超链接到第 7 张幻灯片，并在第 7 张幻灯片上添加返回到第 2 张幻灯片的动作按钮。

（9）为每张幻灯片中的文字和图片等内容设置合适的动画效果，但标题不用动画。为演示文稿设置一种幻灯片切换方式。

（10）除标题幻灯片外，为其他幻灯片设置页脚和编号。要求通过幻灯片母版，调整页脚和编号的位置，使得页脚显示在底端最左侧，为"科普知识"字样；当前幻灯片编号显示在底端最右侧。

（11）设置幻灯片为循环放映方式，若不单击鼠标，则幻灯片 10 秒钟后自动切换至下一张。

第 5 章　软件技术基础

软件是计算机系统不可或缺的组成部分，使用计算机，实际上是使用各种计算机软件来驱动硬件工作。软件实现了计算机性能和功能的提升，在计算机应用中发挥重要作用。

随着计算机应用的普及，计算机软件日趋丰富与完善，与软件相关的思想、方法和技术也迅速发展起来，软件技术成为信息化应用的重要基础。本章主要介绍与软件技术相关的基础知识，包括软件工程基础、算法与数据结构、数据库技术基础三个部分。其中每一部分的内容在计算机专业中都是一门重要的专业课程，感兴趣的读者可以进一步学习相关内容。

5.1　软件工程基础

早期的计算机软件多用来解决某个特定的应用问题，软件规模小，开发与维护方法简单。随着计算机技术及应用的发展，软件规模不断扩大，复杂度越来越高，软件质量难以保证，维护困难。因此，我们必须采用科学的软件开发方法来降低复杂度，保证大型软件系统开发的正确性、易维护性、可读性和可重用性。

5.1.1　软件工程概述

软件工程是一门研究软件开发、维护和管理的普遍原理和技术的工程学科，已经成为计算机科学的一个重要分支。严格遵循软件工程方法可以大大提高软件开发的效率，显著减少软件开发和维护中的问题。

1. 软件的定义和发展

软件是程序、数据及相关文档的集合，是计算机系统的一个重要组成部分。其中，程序是软件开发人员根据用户需求开发的、用程序设计语言描述的、适合计算机执行的指令序列；数据是表示信息的物理符号，是从实际应用问题中抽象出来的，可以被计算机处理的信息集合；文档是与程序开发、维护及使用密切相关的图文资料的总称，它又可以分为系统文档、用户文档和 Web 站点，系统文档用于描述系统的结构，用户文档用于针对软件产品说明如何使用系统，Web 站点用于下载系统信息。

软件是计算机系统中的逻辑部件，有了软件，用户面对的将不再是物理计算机，而是一台抽象的逻辑计算机。人们不必了解计算机的物理部件，就可以方便、有效地使用计算机。软件是用户与计算机的接口，用户通过软件来控制和使用计算机。

第 1 台计算机诞生，软件便应运而生，它的发展大致经历了 4 个阶段，如表 5-1 所示。

（1）程序设计阶段。这个阶段是计算机软件发展的早期阶段，软件的生产主要是个体手工劳动的生产方式。程序设计者把机器语言、汇编语言作为工具。开发程序的目的主要是追求编程技巧和程序运行效率，没有系统化的方法，设计的程序难读、难懂、难修改。这个时期只有程序、程序设计的概念，不重视程序设计方法。

表 5-1　软件的发展阶段

阶　段	第 1 个阶段 程序设计阶段	第 2 个阶段 程序系统阶段	第 3 个阶段 软件工程阶段 （结构化方法）	第 4 个阶段 软件工程阶段 （面向对象方法）
典型技术	面向批处理 有限的分布 自定义软件	多用户 实时 数据库 软件产品出现	分布式系统 嵌入"智能" 集成硬件 消费者的影响	强大的桌面系统 面向对象技术 专家系统 并行计算 云计算 大数据计算

（2）程序系统阶段。这个阶段是计算机软件发展的第 2 个阶段，多道程序设计和多用户系统引入了人机交互的新概念，实时系统和第 1 代数据库管理系统也相继出现，语言环境已有高级语言。由于程序规模增大，个体生产方式已经不能适应生产要求，需要多人分工，协作编制程序，即采用"作坊式"生产方式。随着计算机应用领域的不断扩大，软件的规模及结构的复杂程度不断增加，作坊式的软件生产方式不能满足软件质量和数量上的要求，因此出现了所谓的"软件危机"。

软件危机泛指在计算机软件的开发和维护过程中遇到的一系列严重问题。主要表现为软件的需求不断增长、软件开发的成本不断提高、软件开发的进度无法控制、软件的质量难以保证、软件的可维护程度非常低、软件开发效率的提高不能满足硬件的发展和应用需求的增长等。解决软件危机，既要有行之有效的技术方法，又要有严谨的组织管理措施。

（3）软件工程阶段（结构化方法）。这个阶段是计算机软件发展的第 3 个阶段，在这一阶段，以软件的产品化、系列化、工程化、标准化为特征的软件产业发展起来了，软件生产的个体化特征消失，有了可以遵循的软件工程化的设计原则、方法和标准且结构化方法也得到发展。软件危机的产生迫使人们着手研究改变软件开发的技术手段和管理方法。

1968 年，北大西洋公约组织在联邦德国召开国际学术会议，召集一流编程人员、计算机科学家和工业巨头，讨论并制定摆脱软件危机的办法，会议上首次提出了软件工程（Software Engineering）这一概念。软件工程是一门指导计算机软件开发和维护的工程学科，在当时是一门新兴的工程科学，它被定义为："运用系统的、规范的、可定量的方法来开发、运行和维护软件。"

（4）软件工程阶段（面向对象方法）。这个阶段是计算机软件发展的第 4 个阶段，在这一阶段，由于软件编程方法及软件设计思想的不断更新，出现了占据主导地位的面向对象技术，它在许多领域中迅速取代传统的软件开发方法，促使软件工程进入了面向对象方法的新时代。另外，计算机网络技术、分布式技术对软件工程的发展也起到了促进作用，使得当前采用面向对象技术开发的软件系统越来越多。计算机发展正朝着社会信息化和软件产业化方向发展，从技术的软件工程阶段过渡到社会信息化的计算机系统阶段。

2．软件工程的定义

软件工程就是采用工程化的原理、技术和方法来开发、运行和维护软件。主要涉及软件结构、软件设计方法、软件工具、软件工程标准和规范以及软件工程的理论。

软件工程包含三个要素：方法（Methodologies）、工具（Tools）和过程（Procedures）。方法是完成软件工程项目的技术手段，为软件开发提供构造软件的技术。工具是为方法提供自动化或半自动化的支持，也是为支持软件人员开发和维护活动而使用的软件。过程支持在软件开发中对各个环节进行控制和管理，将软件工程的方法和工具综合利用，以达到合理、及时进行计算机软件开发的目的。

3. 软件工程的目标与原则

1）软件工程的目标

软件工程的目标是在给定成本、进度的前提下，开发出具有有效性、可靠性、可理解性、可维护性、可重用性、可适应性、可移植性、可追踪性并满足用户需求的产品。追求这些目标有助于提高软件产品的质量，增强开发效益，减少维护的困难。

2）软件工程的原则

为了达到软件工程的目标，在软件开发过程中，必须遵循软件工程的基本原则。基本原则包括分解、抽象、信息隐蔽、模块化、局部化、确定性、一致性、完备性和可验证性。

① 分解：将复杂的问题分解成若干较小的、相对独立的、较容易解决的子问题，然后分别进行解决。

② 抽象：抽取事物最基本的特性和行为，忽略非本质细节。采用分层次抽象、自顶向下、逐层细化的方法，控制软件开发过程的复杂性。

③ 信息屏蔽：采用封装技术，将程序模块的实现细节隐藏起来，使模块接口尽量简单，使用者只能通过接口访问模块中封装的数据。

④ 模块化：模块是程序中相对独立的成分，一个独立的编程单位，应该有良好的接口定义。模块的大小要适中。

⑤ 局部化：要求在一个物理模块内集中逻辑上相互关联的计算资源，保证模块间具有松散的耦合关系，模块内部有较强的内聚性。

⑥ 确定性：软件开发过程要用确定的形式表达需求，表达的软件功能应该是可预测的。软件开发过程中所有概念的表达应是确定的、无歧义的、规范的。

⑦ 一致性：软件的各模块，包括程序、数据和文档，应使用一致的概念、符号和术语。强调软件开发过程中的标准化、统一化，包括文件格式的一致、工作流程的一致等。

⑧ 完备性：软件系统不丢失任何重要部分，完全实现系统所需的功能。

⑨ 可验证性：开发大型软件系统需要对系统自顶向下、逐层分解。系统分解应遵循易检查、易测评、易评审的原则，以确保系统的正确性。

4. 软件生存周期和软件开发模型

1）软件生存周期

软件生存周期是指软件产品从提出、实现、使用、维护到停止使用的全过程，即从考虑软件产品的概念开始，直到开发的软件在充分使用以后完全失去使用价值为止的整个过程。软件生存周期大体可分为三个时期：软件计划时期，包括问题定义、可行性分析、需求分析；软件开发时期，包括概要设计、详细设计、软件编码、软件测试；软件维护时期，包括软件维护。各阶段的任务及产生的相应文档如表 5-2 所示。

表 5-2 软件生存周期各阶段的任务及产生的相应文档

时 期	阶 段	任 务	成 果
软件计划	问题定义	理解用户要求，划清工作范围	计划任务书
	可行性分析	可行性方案及代价分析	
	需求分析	软件系统的目标及应完成的工作	软件需求规格说明书
软件开发	概要设计	系统的逻辑设计	软件概要设计说明书
	详细设计	系统模块设计	软件详细设计说明书
	软件编码	编写程序代码	程序、数据、详细注释；用户手册、操作手册
	软件测试	单元测试、综合测试	测试后的软件、测试大纲、测试方案与结果
软件维护	软件维护	运行和维护	维护后的软件

① 软件计划时期。

问题定义阶段要进行调研和分析，确定待开发软件系统的开发目标和总的要求，给出它的功能、性能、可靠性及接口等方面的要求。

可行性分析阶段主要包括研究开发目标软件的可行性，探讨解决问题的可能方案，并对可利用的资源、成本、可取得的效益、开发的进度进行评估，制定完成开发任务的实施计划，撰写计划任务书。

需求分析阶段，系统分析员和用户需要密切配合，确定用户对软件系统的全部需求，考虑所有的细节问题，完成经过用户确认的系统逻辑模型，编写说明系统目标及对应系统要求的软件需求规格说明书。

② 软件开发时期。

软件开发的第 1 步是概要设计，又称总体设计、逻辑设计。它完成软件系统的模块划分、模块层次结构设计以及数据库设计。具体的操作是选择一个最佳方案，确定方案后完成系统的总体设计，即确定系统的模块结构，给出模块的相互调用关系，并产生软件概要设计说明书。

详细设计阶段需完成每个模块的控制流程设计。在概要设计的基础上，给出模块的功能说明和实现细节，包括模块的数据结构和所需的算法，最后产生软件详细设计说明书。

软件编码阶段，程序员根据系统的要求和开发环境，选用合适的程序设计语言，依照详细设计阶段的模块控制流程编写相应的程序代码，形成软件系统的源程序，编写用户手册、操作手册等面向用户的文档。

软件测试阶段是保证软件质量的重要阶段，在设计测试用例的基础上检验软件的各个组成部分。首先进行单元测试，对每一个模块进行测试，查找各模块在功能和结构上存在的问题并加以纠正；然后进行综合测试，将测试过的模块进行组装，通过各种类型的测试检查软件是否达到预期的要求。

③ 软件维护时期。

软件维护阶段是软件投入使用以后的时期，因为经过测试的软件可能还存在问题，用户的要求还会发生变化，软件运行的环境也可能变化，在上述情况发生时，都要进行软件的维护。因此，交付使用的软件仍然需要继续排错、修改和扩充，使系统持久地满足用户的需要。

2）软件开发模型

软件开发模型（Software Development Model）是软件开发全部过程、活动和任务的结构框架。软件开发模型能清晰、直观地表达软件开发全过程，明确规定了要完成的主要活动和任务，是软件项目工作的基础。软件开发模型为软件开发提供了强有力的支持，为开发过程中的活动提供了统一的政策保证，为参与开发的人员提供了帮助和指导。常用的软件开发模型主要有瀑布模型、演化模型、螺旋模型、喷泉模型和智能模型等。

1970 年，温斯顿·罗伊斯提出了著名的瀑布模型（Waterfall Model），直到 20 世纪 80 年代早期，它一直是唯一被广泛采用的软件开发模型，在支持开发结构化软件、控制软件复杂度、促进软件开发工程化方面起着显著作用。瀑布模型将软件生存周期的各项活动规定为依照固定顺序连接的若干阶段工作，形如瀑布流水，最终得到所开发的软件产品。由于阶段评审可能出现向前面阶段的反馈，因此会在各阶段间产生环路，瀑布流水出现上流，如图 5-1 所示。瀑布模型是一种理想的线性开发模式，适合在软件需求比较明确、开发技术比较成熟的场合下使用。

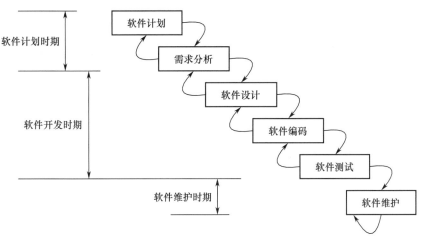

图 5-1　瀑布模型

演化模型降低了由于软件需求不明确给开发工作带来的风险，可以快速适应用户需求和多变的环境要求。因为在项目开发的初始阶段，人们对软件需求的认识常常模糊不清，所以很难做到一次开发成功。软件开发人员根据用户需求，快速地开发一个原型，它向用户展现了待开发软件系统的全部或部分功能和性能，在征求用户对原型意见的过程中，进一步修改、完善、确认软件系统的需求，在此基础上获得较为满意的产品。

螺旋模型将瀑布模型与演化模型相结合，并且增加了两者忽略的风险分析。螺旋模型由需求定义、风险分析、工程实现和客户评估 4 个部分组成。软件开发过程每迭代一次，表示开发出一个更为完善的新软件版本，最后总能得到一个用户满意的软件版本。在实际开发中只有降低迭代次数，减少每次迭代的工作量，才能减少软件开发的时间和降低成本。

喷泉模型弥补了瀑布模型对软件复用和生存期中多项开发活动的集成不提供支持的缺

陷，体现了迭代和无间隙特性。迭代是指系统中某个部分常常重复工作，相关功能在每次迭代中可随之加入演进的系统。无间隙是指在开发活动之间，即分析、设计和编码之间不存在明显的边界。

智能模型也称为基于知识的软件开发模型，它综合了上述若干模型，并结合了专家系统。该模型应用于规则的系统，采用归约和推理机制，帮助软件开发人员完成开发工作，并使维护在系统规格说明一级进行。为此，还可建立数据库，将模型、软件工程知识与特定领域的知识分别存入数据库。将以软件工程知识为基础的生成规则构成的专家系统与含有应用领域知识规则的其他专家系统相结合，构成了这一应用领域软件的开发系统。

5. 软件开发工具与开发环境

软件工程方法得以实施的重要保证是软件开发工具与开发环境。软件开发工具是软件人员进行开发和维护活动使用的软件。使用软件工具，可以帮助软件开发人员完成一些烦琐的程序编制和调试工作，提高软件生产率，加快软件开发的速度，提升软件质量。

软件开发环境是全面支持软件开发全过程的软件工具集合。这些软件工具按照一定的方法和模式组合起来，支持软件生存周期内的各个阶段和各项任务的完成。

5.1.2 软件开发方法

软件开发的目的是得到有效运行的系统及其支持文档，并且满足有关的质量要求。软件开发是一项复杂的系统工程，正确的开发策略和方法能够保证开发工作顺利进行。

为了克服软件危机，软件研究人员不断探索新的软件开发方法。较早提出的结构化方法成熟于 20 世纪 70 年代，盛行于 80 年代。随着计算机应用领域的拓展和软件开发规模的扩大，结构化的方法不再能满足需要，研究人员提出了面向对象的程序化方法，并将研究重点转向面向对象的方法上。20 世纪 90 年代以后，人们在研究和实践中发现，软件与软件之间有很多模块、体系结构，甚至是开发文档等，都可以重复使用，很多软件的开发不需要开发者从头开始设计、开发。通常把这些可被重复使用的知识或部分称为可复用构件，基于构件的软件开发方法受到了越来越多的关注。

1. 结构化方法

结构化方法采用系统科学的思想方法，从层次的角度，自顶向下地分析和设计系统，将一个待开发的软件分解成若干较为简单的部分，即模块，并强调所开发软件的结构合理性。针对软件生存周期各个不同的阶段，结构化方法包括结构化分析、结构化设计和结构化程序设计等。

结构化方法遵循分解、抽象和模块化等用于提高软件结构合理性的原则。分解原则是一种先考虑整体后考虑局部的思维原则，采用逐层分解、分而治之的方法；抽象是指抽取复杂事物最本质的、共性的特征，而暂时忽略其他细节的原则；模块化的目标是将系统分解成多个独立的具有特定功能的模块，每个模块既相对独立，又相互联系，它们共同完成系统的各项功能。在结构化方法中，通常将抽象原则和其他的两个原则结合使用，逐层分解中的上一层就是下一层的抽象，下一层就是上一层的问题细化。

用结构化方法开发软件的过程如下：从系统需求分析开始，运用结构化分析方法建立环境模型（用户要解决的问题，以及要达到的目标、功能和环境）；需求分析完成后采用结构化设计方法进行系统设计，确定系统的功能模型；最后，进入软件开发的实现阶段，运用结构化程序设计方法确定用户的实现模型，完成目标系统的编码和调试工作，如图 5-2 所示。

图 5-2　基于结构化方法的软件开发过程

1）结构化分析

结构化分析是一种面向数据流，自顶向下、逐步求精进行需求分析的方法，其任务是对问题进行分析、建模，给出一组帮助系统分析人员产生功能规约的原理和技术。结构化分析是一种建模活动，根据软件内部的数据传递和变换关系，自顶向下逐层分解，描绘出满足功能需求的软件模型。一般用图形表达用户需求，以数据流图和控制流图为基础，伴以数据词典，并配以结构化语言、判定表和判定树等手段为问题建模。

① 数据流图。

数据流图（Data Flow Diagram，DFD）是一种常用的结构化分析工具，它以图形的形式表达目标系统中信息的变换和传递过程，通常分为变换型和事务型两大类。变换型数据流图包括的数据流有输入流、变换流和输出流 3 个部分；事务型数据流图是对数据进行加工，当数据输入系统后，经过一系列的加工，最后输出新的数据。数据流图有 4 种主要元素，其对应的图形符号如图 5-3 所示。

(a) 数据流　　　　　　(b) 加工　　　　　　(c) 存储文件　　　　(d) 数据的源点或终点

图 5-3　数据流图中的基本图形符号

数据流：指明数据在系统内部流动的路径，由一组数据项组成。数据流用标有名称的箭头表示，箭头所指的方向为数据流动的方向，箭头旁标注数据项的名称。同一数据流图中不能有同名的数据流。

加工：又称数据处理，表示对数据进行的操作或变换。加工用标有名称的圆圈表示，加工名写在圆圈中，名称表示加工的含义。指向加工的数据流是该加工的输入数据，离开加工的数据流是该加工的输出数据。多个数据流可以指向同一个加工，也可以从一个加工发出许多数据流。

存储文件：文件是数据存储形式的统称，表示系统内需要存储的数据。文件用两条平行直线表示，在直线旁标注文件名称，它可以是数据库系统中的数据库或其他能保存数据的数据结构。存储文件是系统内处于静止状态的数据，而数据流是系统内处于运动状态的数据。流向存储文件的数据流可以理解为写入文件或查询文件，流出存储文件的数据流可以理解为从文件读数据或得到查询结果。

数据的源点或终点：指软件系统外部环境中的实体（包括人员、组织或其他软件系统），统称外部实体。它标明了系统中数据的来源和去处，只起到注释作用，补充说明系统与其他外界环境的联系。数据的源点或终点用方框表示，在框内标注相应的名称。

② 数据字典。

数据字典（Data Dictionary，DD）是对数据流图中出现的所有数据元素的逻辑定义的集合，用来对数据流图中的各要素进行确切的解释。数据字典和数据流图共同构成了系统的逻辑模型。数据字典不仅有助于分析人员与用户之间的沟通，而且有助于不同的开发人员或不同的开发小组之间的沟通，避免因理解分歧造成代价巨大的接口问题。

数据字典为分析人员查找数据流图中有关元素的详细定义提供服务，与普通字典类似，其可将所有条目按一定的次序排列起来，以便查阅。数据字典的内容包括4类条目：数据流、数据项、数据存储及基本加工。

数据字典中所有的定义都是严密的、准确的，没有二义性。下面是数据字典中使用的一些符号的说明，设 X、a 和 b 为数据元素。

$X=a+b$，表示 X 由 a 和 b 组成。

$X=[a|b]$，表示 X 由 a 或 b 组成。

$X=(a)$，表示 a 可在 X 中出现，也可不出现。

$X=\{a\}$，表示 X 由 0 个或多个 a 组成。

$X=m\{a\}n$，表示 X 中至少有 m 个 a，最多有 n 个 a。

$X=$ "a"，表示 X 是取值为基本数据 a 的数据元素，a 无须进一步定义。

$X=a\cdot\cdot b$，表示 X 可取 $a \sim b$ 的任意一个值。

③ 加工逻辑描述工具。

加工逻辑又称为加工小说明，数据流图中每个不能再分解的基本加工都需要有一个加工小说明，给出基本加工的精确描述。数据流图中，每个基本加工都用文字做了概括性描述，但对于某些不容易被文字描述清楚的加工，只用文字说明可能存在含糊不清的问题，此时，可采用加工逻辑描述工具来表达不易描述的加工。常用的加工逻辑描述工具有结构化语言、判定表和判定树等。

结构化语言是介于形式语言和自然语言之间的一种半形式化语言，简单明了，易于掌握，同时避免了自然语言描述不严格、存在歧义等缺点。结构化语言在自然语言的基础上增加了一些限定，使用有限的词汇和语句来描述加工逻辑。

判定表是表达条件和操作之间相互关系的一种规范的方法。如果加工的一组动作依赖于多个逻辑条件的取值，用结构化语言不易描述清楚，那么用判定表就能直观、清楚地表示复杂的条件组合及应做的动作间的关系。

判定树是判定表的图形表示，同样能清晰表达复杂的条件组合与对应的操作之间的关系，易于理解和使用。判定表和判定树只适合表达判断，不适合表达循环，包含循环的加工逻辑，更适合使用结构化语言描述。

需求分析阶段的最后一步工作是将系统分析的结果用标准化的文档，即软件需求规格说明书的形式清晰地描述出来，以此作为审查需求分析阶段工作完成情况的依据和设计阶段开展工作的基础。软件需求规格说明书方便了用户和开发人员之间的沟通和交流，同时它也是系统设计、测试和验收的依据。软件需求规格说明书根据分配给软件的功能和性能，建立完整的数据描述、详细的功能和行为描述、性能需求和设计约束的说明、合适的检验标准，以及其他与需求相关的信息。

2）结构化设计

结构化设计是一种面向数据流的设计方法，它给出一组帮助设计人员在模块层次上区分设计质量的原理与技术，通常与结构化分析衔接使用。结构化设计方法的基本思想是采用自顶向下的模块化设计方法，按照模块化原则和软件设计策略，将需求分析得到的数据流图映射成由相对独立、功能单一的模块组成的软件模块结构图。模块化是把程序划分成独立命名的，且可以独立访问的模块，每个模块完成相应的功能，将这些模块组合起来就构成了一个整体，从而完成指定的功能。结构化设计通常包括概要设计和详细设计两个阶段。

① 概要设计。

概要设计又称总体设计，主要确定实现目标系统的总体思想和设计框架，确定程序由哪些模块组成，分析模块与模块之间的关系，最后给出总体设计说明书。概要设计的主要任务是设计软件结构。为提高设计质量，需遵循如下软件结构设计的原则。

• 提高模块的独立性。模块独立性可以用两个定性标准度量：内聚和耦合。内聚用于衡量一个模块内各组成部分之间的结合程度，结合越紧密，内聚性越强；耦合用于衡量模块间相互联系的紧密程度，联系越紧密，耦合性越强。结构化设计应尽量做到高内聚、低耦合，即提高模块内的内聚性，减弱模块之间的耦合性，这有利于提高模块的独立性。

• 模块规模应适中。一个模块的规模应适中，过大的模块往往是因为分解不够充分，导致阅读理解的难度增加；过小的模块则会使模块之间的联系变复杂，可以进行适当的合并，避免模块过多造成系统接口复杂。

• 模块的深度、宽度、扇入、扇出要适当。一个模块的深度表示软件结构中控制的层数，能粗略地标志系统的大小和复杂度，如图 5-4 所示，模块的深度为 5。模块的深度（即层数）过多，应考虑是否存在管理模块过于简单的问题，要适当合并。宽度是指软件结构的一层中最大的模块个数，如图 5-4 所示，模块的宽度为 7。一般来说，宽度越大系统越复杂。扇出是指一个模块拥有的直接下属模块的个数，如图 5-4 所示，模块 M 的扇出为 3。扇出过大意味着模块过于复杂，容易出错，应适当增加中间层次的控制模块。扇入是指一个模块有多少个上级模块直接调用它，如图 5-4 所示，模块 D_3 的扇入为 4。扇入越大表明模块复用性越好，应适当加大模块的扇入。当然，分解或合并模块应遵循模块独立性原则，并符合问题结构。

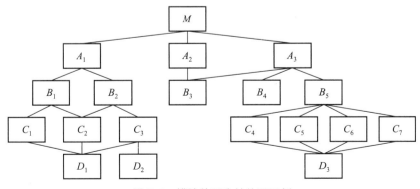

图 5-4 模块的层次结构图示例

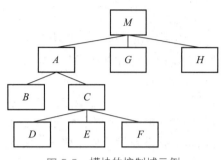

图 5-5　模块的控制域示例

• 模块的作用域应在其控制域内。模块的控制域是该模块本身以及所有直接或间接从属于它的模块的集合。模块的作用域是受该模块内的一个判定影响的所有模块。图 5-5 中，模块 *A* 的控制域是 *A*、*B*、*C*、*D*、*E*、*F* 模块的集合。若 *A* 模块内的判定只影响 *B*，则符合上述原则；若 *A* 模块的一个判定影响 *G* 模块，则 *A* 的作用域不在其控制域内。

为使模块的作用域在其控制域内，可通过两种方法调整：将模块 *A* 中影响模块 *G* 的判定上移至模块 *M* 中；或者将 *G* 下移，使其成为模块 *A* 的从属模块。

• 降低模块接口的复杂程度。模块接口过于复杂是软件发生错误的一个重要原因，因此应该仔细设计模块接口，使信息传递简单并且和模块的功能一致。

• 设计单入口、单出口模块。尽量不使模块之间出现内容耦合，不随意使用转向语句。单入口和单出口的模块容易理解，易于维护。

概要设计的目的是反映系统的功能实现以及模块与模块之间的联系和通信，并把系统的功能需求分配给软件结构，形成软件的模块结构图。需求分析阶段得到的数据流图是概要设计的根本出发点，根据数据流图进行软件结构设计的步骤可概括为评审和细化数据流图；确定数据流图的类型（变换型或事务型）；把数据流图映射到软件模块结构上，设计出模块结构的上层；基于数据流图逐步分解高层模块，设计中、下层模块；对软件模块结构进行优化，得到更为合理的软件结构；描述模块接口。

概要设计阶段常用的图形工具包括层次图、HIPO 图和结构图。

• 层次图。层次图也叫 H 图，是表示软件层次结构的有效工具。层次图中一个方框表示一个模块，方框内写明模块名称，方框间的连线表示模块间的层次关系。层次图非常自然地表达了自顶向下的分析思想。如图 5-6 所示是一个文本加工系统的模块结构层次图，最上层的模块是对系统整体功能的抽象，它指出系统应该"做什么"，而不涉及"如何做"的细节；下层模块对上层所分解的几个模块进行进一步的描述。这样逐层向下分解，直到得到便于实现的单一功能的模块为止。在最后一层模块中，才对"如何做"进行精确的描述。在模块结构中还规定某级模块可为上一级或同一级模块调用，但不能被下一级模块调用。

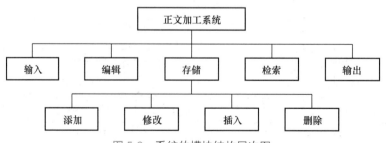

图 5-6　系统的模块结构层次图

• HIPO 图。HIPO 图即层次化的输入／处理／输出图，是在 20 世纪 70 年代发展起来的用于描述软件结构的图形工具。HIPO 图由层次图和 IPO 图两部分构成，前者描述了整个系统的设计结构以及各类模块之间的关系，后者描述了某个特定模块内部的处理过程和输入 / 输出关系。与层次图中每个方框相对应，应该有一张 IPO 图描绘这个方框代表的模块的处理过程。IPO 图是输入 / 处理 / 输出图的简称，也是由 IBM 公司发展完善起来的一种图形工具。IPO 图的基本形式由三个大方框组成：左边的方框中列出所有的输入数据，称为输入框；中间的方框中列出对输入数据的处理，称为处理框；右边的方框中列出处理所产生的输出数据，称为输出框。图中的箭头用于指明输入、处理和输出结果之间的关系，如图 5-7 所示。

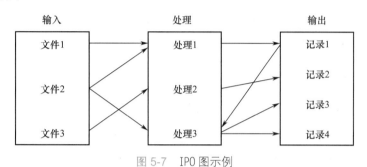

图 5-7　IPO 图示例

* 结构图。结构图是进行软件结构设计的主要工具，用来描述软件系统的组成结构

及相互关系。结构图中用一个方框来表示软件系统中的一个模块，方框中写出模块名称，名称体现该模块的功能，而功能在某种程度上反映了模块内各成分间的联系。用一个带箭头的线段表示模块间的调用关系，发出箭头的模块为调用模块，箭头指向的模块为被调模块。按照惯例，上方的模块调用下方的模块。模块间用尾部带圆的短箭头表示模块调用过程中传递的信息，短箭头旁写出信息注释。一般尾部带空心圆的箭头表示传递的是数据信息；尾部带实心圆的箭头表示传递的是控制信息。如图 5-8 所示，A 模块调用 B 模块时，A 向 B 传递的是数据 X 和 Y，而 B 向 A 返回的是控制信息 Z。

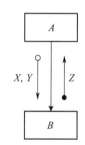

图 5-8　模块间信息传递的表示方法

② 详细设计。

详细设计又称为过程设计，在概要设计阶段已经确定了软件系统的总体结构，以及系统中各个组成模块的功能和模块间的联系。详细设计是在概要设计的基础上，考虑如何实现软件系统的过程，即对系统中的每个模块给出详细的过程性描述，并用表达工具表示这些描述。但详细设计并不是直接用程序设计语言编程，而是细化概要设计阶段的有关结果，给出程序员编写程序的基础。

详细设计阶段的主要任务：根据系统结构图中每个模块的功能描述，为每个模块确定采用的算法和模块内的数据结构；确定模块接口的细节，包括系统外部的接口和用户界面，系统内部其他模块的接口，以及模块输入数据、输出数据和局部数据的全部细节；用选定的表达工具给出清晰的描述，便于程序员在编程时将其翻译为程序设计语言编写的源程序；在详细设计完成时，需要将上述结果写入软件详细设计说明书。

详细设计阶段的描述工具可分为图形、表格和语言三类。无论使用哪类工具，都要求能够提供对设计的准确描述，能够表现出控制流程、处理功能、数据组织以及其他方面的实现细节，便于在编码阶段把对设计的描述翻译成程序代码。详细设计阶段常用的描述工具有程序流程图、N-S 图和 PAD 图等。

- 程序流程图。程序流程图又称为程序框图，用于描述程序的控制流程。图中矩形表示一个处理步骤，菱形表示一个逻辑条件，箭头表示控制流向，其常用的基本符号如图 5-9 所示。程序流程图对程序的控制流程描述直观、清晰，使用灵活，比较容易掌握。但是，程序流程图中箭头所代表的控制流不带任何约束，可随意转移控制，容易造成程序控制结构的混乱，不便于逐步求精，与结构化设计思想相违背。

| (a) 处理框 | (b) 判断框 | (c) 输入/输出框 | (d) 流程线 | (e) 起/止框 |

图 5-9　程序流程图的基本符号

- N-S 图。N-S 图又称为盒图，其符号都画在一个矩形内，没有箭头，不允许随意转移控制，程序的结构清晰可见，为理解设计意图、编程实现、选择测试用例等带来了方便。图 5-10 给出了 N-S 图的一些基本符号。N-S 图没有表示任何转移控制的符号，只能表达结构化的程序逻辑，这使得设计人员必须遵守结构化程序设计的规则，从而保证设计质量。但是，N-S 图的修改比较麻烦，而且当程序结构嵌套的层次较多时，内层方框将越来越小，从而增加绘图的难度，使图形的清晰度受到影响。

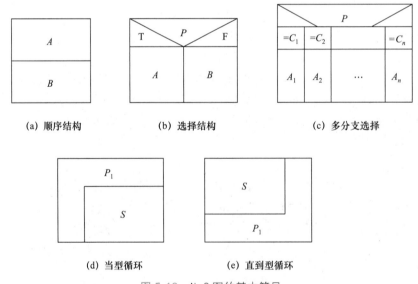

| (a) 顺序结构 | (b) 选择结构 | (c) 多分支选择 |

| (d) 当型循环 | (e) 直到型循环 |

图 5-10　N-S 图的基本符号

- PAD 图。问题分析图（PAD 图）用二维树形结构的图示表示程序的控制流，其结构清晰，图中竖线的条数就是程序的层次数。PAD 图中，程序按照自上而下，从左向右的顺序遍历所有结点。PAD 图支持自顶向下、逐步求精的方法，随着设计的深入，逐步增加细节，直至完成整个设计。此外，PAD 图为常用程序设计语言的各种控制语句都提供了对应的图形符号，其描述易于被翻译为程序代码，为软件的自动编码提供了有力的帮助。

图 5-11 给出了 PAD 图的一些基本符号。

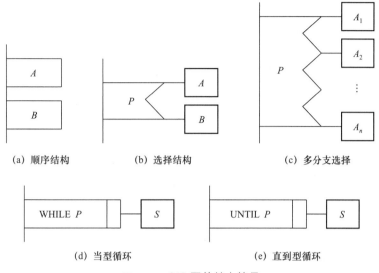

(a) 顺序结构　　　　　(b) 选择结构　　　　　(c) 多分支选择

(d) 当型循环　　　　　　　　(e) 直到型循环

图 5-11　PAD 图的基本符号

3）结构化程序设计

结构化程序设计就是按照一定的原则编制正确易懂的程序的过程。采用结构化程序设计方法编程，旨在提高编程工作和所编程序的质量。自顶向下、逐步细化的方法有利于在每一个抽象级别上尽可能保证编程工作与所编程序的正确性；按模块组装方法编程所编程序只含顺序、选择、循环三种结构，可使程序结构良好、易读、易理解、易维护，并易于保证和验证程序的正确性。

① 程序设计语言。

程序是对所要处理的各个对象和处理规则的描述。程序设计语言是人与计算机之间进行对话和交流的一种约定，用于描述计算机所执行的操作。程序设计语言经历了从机器语言、汇编语言到高级语言的发展阶段。

• 机器语言。早期的计算机用"接线方法"进行编程，如世界上第 1 台电子计算机 ENIAC 就是采用插接线的方式进行编程的。程序员通过改变计算机的内部接线来执行某项任务，这虽然是一种人机交流方法，但并不是程序设计语言。

后来出现的计算机采用机器指令来编写程序，机器指令系统也被称为机器语言。机器语言是计算机硬件能够识别的、可以直接供计算机使用的程序设计语言，它采用计算机指令格式并以"0"和"1"组成的二进制代码表达各种操作。

例如，计算 A=3+2 的机器语言程序如下：

```
10110000    00000011        把 3 送入累加器 A
00101100    00000010        2 与 A 中的值相加再送入 A
            11110100        结束
```

机器语言的优点是计算机能够直接识别、执行效率高、占存储空间小，缺点是难读、难记、难理解，调试及修改程序困难，且不同的计算机指令系统也不同。机器语言的这些缺点阻碍了计算机的推广应用。

• 汇编语言。为了克服机器语言的缺点，人们选用与代码指令实际含义相近的英文缩写、字母和数字等符号来代替指令代码，这种用助记符来表达指令功能的语言称为汇编语言。汇编语言容易理解，书写、调试和修改也比较方便，在一定程度上简化了编程过程。

例如，计算 A=3+2 的汇编语言程序如下：

```
MOV        A,3      把3送入累加器A
ADD        A,2      2与A中的值相加再送入A
HLT                 结束
```

汇编语言仍是一种面向机器的低级语言，其指令不能被计算机直接识别和执行，需要通过一个特定的翻译程序（即汇编程序）将其中的各个指令逐个翻译成相应的机器指令才能执行。因此，汇编语言仍不能独立于计算机之外，对机器依赖性很强，用汇编语言编写的程序可移植性较差。但汇编语言至今仍在使用，其效率之高是其他语言很难达到的。在计算机程序设计中，常用汇编语言来编制系统软件和过程控制软件，因为其目标程序占用内存空间少，运行速度快，有着其他语言不可替代的作用，是一种强有力的开发工具。

- 高级语言。高级语言是由表达各种含义的类英文词语和人们熟悉的数学公式按照一定的语法规则来编写程序的语言。它比较接近人类的数学语言，不依赖于机器，使编程者完全不用与计算机硬件打交道就能方便地表示各种算法。用高级语言编写的程序简短易读，便于维护，可移植性好，极大地提高了程序设计的效率和可靠性。

例如，计算 A=3+2 的 BASIC 语言程序如下：

```
A=3+2          将3和2相加的结果送入存储单元A
PRINT A        输出A中的值
END            结束
```

显然，高级语言易读、易懂，方便使用。但高级语言编写的程序不能被计算机直接识别和执行，它需要经过翻译程序，将其中的各个指令翻译成相应的机器指令才能执行。将高级语言编写的源程序翻译成机器语言指令时，有两种翻译方式，分别是"解释"方式和"编译"方式，它们分别由解释程序和编译程序翻译完成。

解释方式通过相应语言的解释程序将源程序逐条翻译成机器指令，每翻译完一句立即执行一句，一边翻译一边执行。早期的 BASIC 语言采用的就是解释方式，其特点是便于查错，但效率较低。解释方式的过程如图 5-12 所示。

编译方式首先用相应语言的编译程序将源程序翻译成目标程序，然后再通过连接程序将目标程序与库文件等连接，最终生成可执行程序，才可在机器上执行。编译方式的过程如图 5-13 所示。

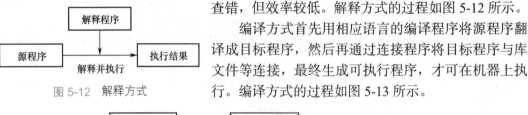

图 5-12　解释方式

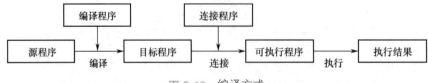

图 5-13　编译方式

高级语言的出现为用户自行开发软件提供了方便，增加了计算机程序的多样性，使得计算机能够满足人们各种各样的需求。

② 结构化程序设计的原则。

结构化程序设计方法是在模块化、自顶向下、逐步细化和结构化编码等程序设计技术基础上发展起来的，它强调程序设计风格和程序结构的规范化，提倡清晰的结构，有助于程序设计思想的形成和理解。结构化程序设计的核心思想是将功能进行分解，即解决问题时，从整体出发，把一个较复杂的问题分解为若干个相对独立的功能模块，将每个功能模块再细化为若干个低一层的子功能模块，直到子模块便于在计算机上实现。

结构化程序设计的主要原则可以概括为自顶向下、逐步求精、模块化设计和限制使用GOTO 语句。

• 自顶向下。程序设计时，应先考虑整体，后考虑细节；先考虑全局目标，后考虑局部目标。开始时不过多追求细节，从最上层总体目标开始设计，逐步使问题具体化，层次分明，结构清晰。

• 逐步求精。对于复杂问题，应设计一些子目标作为过渡，逐步细化。针对某个功能的宏观描述，进行不断分解，逐步确立过程细节。

• 模块化设计。模块化是将程序要解决的总目标分解为子目标，再进一步分解为具体的小目标，把每个小目标称为一个模块。每个模块使用单入口的控制结构（顺序、选择和循环）来描述，使程序有良好的结构特征，降低程序的复杂度，增强程序的可读性、可维护性。

• 限制使用 GOTO 语句。使用 GOTO 语句会破坏程序的结构化，降低程序的可读性，程序的质量与 GOTO 语句的数量成反比，应在以提高程序清晰性为目标的结构化方法中限制使用 GOTO 语句。仅在用一个非结构化的程序设计语言去实现一个结构化的构造，或者在某种可以改善而不是破坏程序可读性的情况下才使用 GOTO 语句。

③ 结构化程序的基本结构。

结构化程序设计方法是程序设计的先进方法和工具。采用结构化程序设计方法编写程序，可使程序结构清晰、易于理解和维护。结构化程序设计具有 3 种基本结构：顺序结构、选择结构和循环结构。程序设计语言仅仅需要使用顺序、选择和循环这三种基本控制结构，就足以表达任何单入口 / 单出口的结构形式。

• 顺序结构。顺序结构是一种简单的程序设计结构，是最基本、最常用的结构，按照书写程序语句行的自然顺序依次执行程序。如图 5-14 所示，执行完模块 A 内的操作后，紧接着执行模块 B 内的操作。这里的模块可以是一条语句、一段程序、一个函数等。

• 选择结构。选择结构又称为分支结构，即程序执行的控制出现了分支，它根据设定的条件，判断应该选择哪一条分支来执行相应的语句序列。选择结构包括简单选择结构和多分支选择结构，图 5-15 为包含了两个分支的简单选择结构。判断条件 P，若成立，则执行模块 A 内的操作；若不成立，则执行模块 B 内的操作。

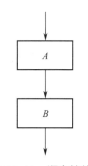

图 5-14　顺序结构

• 循环结构。循环结构又称为重复结构，它根据给定的条件，判断是否需要重复执行某一相同的操作，重复执行的部分称为循环体。根据循环条件设立位置的不同，循环结构分为当型循环和直到型循环。如图 5-16 所示，当型循环先判断条件 P 是否成立，当条件 P 成立时，重复执行循环体 A 的操作，每执行一次，判断一次条

件 P，直到 P 不成立为止，跳出循环体执行其后的基本结构。而如图 5-17 所示的直到型循环则是先执行一次循环体 A，再判断条件 P 是否成立，若成立，则重复执行循环体 A，直到 P 不成立为止。

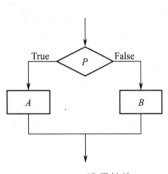

图 5-15　选择结构

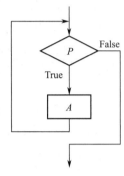

图 5-16　当型循环

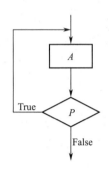

图 5-17　直到型循环

两种循环结构的区别：当型循环结构先判断条件，后执行循环体；直到型循环结构先执行循环体，后判断条件；直到型循环结构至少执行一次循环体，而当型循环有可能一次也不执行循环体。

采用结构化方法设计的软件，因为模块之间是相对独立的，所以每个模块可以独立地被理解、编程、调试、排错和修改，从而使大型信息系统的开发工作得以简化，缩短了软件开发周期。模块的相对独立性能有效防止错误在模块之间蔓延，提高了系统的可靠性。但是结构化方法也存在一些不足，它把数据和处理分离为相互独立的部分，当程序规模不断扩大时，就暴露出存在的问题：可重用性差，系统维护比较困难，在解决规模较大、结构不明确和需求容易变化的系统的开发问题时有相当大的难度。面向对象方法的出现解决了结构化方法中数据和处理过程被分开的不足，大大提高了软件的开发效率和软件的可维护性、可重用性，能够很好地解决规模较大、需求模糊易变的系统的开发问题。

2. 面向对象的方法

面向对象的方法的基本指导思想：在进行软件系统开发时，尽可能按人类的思维方式，从现实世界的客观现状出发，去考虑软件开发的方法。面向对象的方法是将客观世界刻画成各种各样的对象，每一个对象都有其特定的属性和行为，对象被一组属性或方法操纵，并通过消息协议进行相互通信。面向对象的软件开发方法基于对象概念，以对象为中心，以类和继承为构造机制，来认识、理解、刻画客观世界和设计、构建相应的软件系统。面向对象的方法包括面向对象分析、面向对象设计和面向对象编程三个部分。

面向对象的方法起源于面向对象的程序设计语言，在 20 世纪 60 年代后期被提出。1967 年挪威科学家研制的 Simula 语言首次引入类和对象的概念。到 20 世纪 90 年代，面向对象的研究重点已从编程语言转移到了设计方法学。

在对软件系统进行分析、设计时，结构化方法对软件系统进行功能分析，而面向对象的方法以对象为中心认识问题、分解问题、解决问题。所以，面向对象的方法的实质是从系统的组成上进行分解，而不是从功能上或是从处理问题的算法上来考虑。用面向对象的方法开发软件的过程如下：首先是分析用户需求，从实际问题中抽取对象模型；然后将模型细化，设计对象类，包括类的属性和类之间的相互关系，同时考虑是否有可以直接引用的已有的类或部件；而后选定一种面向对象的编程语言，用具体编码实现类的设计；最后进行测试，实现整个软件系统的设计，如图 5-18 所示。

图 5-18　基于面向对象的方法的软件开发过程

1）面向对象的几个基本概念

① 对象（Object）。对象是现实世界中某个具体的物理实体在计算机逻辑中的映射和体现，它可以是有形的物理实体（如一台电视机），也可以是无形的逻辑概念（如一项计划）。对象具有自己的状态和行为。对象的状态用数据表示，称为属性；对象的行为用对象中的操作代码实现，称为方法。

② 类（Class）。类是一组具有共同特性的相似对象的抽象描述，对象是其具体实例。例如，从学校存在的对象中抽象出学生类、教师类、课程类、专业类等，某一名学生、教师，某一门课程，某一个专业就是对应类的实例。类是对象的抽象，对象是类的实例。

③ 封装（Encapsulation）。封装是把对象的属性和方法结合成一个基本单位，各对象之间相对独立，互不干扰的技术。封装是一种信息隐蔽技术，目的在于将对象的使用者和对象的设计者分开。用户不必知道对象内部的具体细节，只需了解对象的外部功能就可以操作对象。例如，使用电视机看电视，无须了解电视机的内部构造，只要会使用即可。封装能够降低开发过程的复杂度，提高效率和质量。

④ 继承（Inheritance）。继承是父类与子类之间共享数据和方法的机制。通过继承，一个类的定义可以基于另一个类（后者称为前者的基类或父类），对基类的特征可以不加任何修改，或是根据特定情形进行适当调整。例如，汽车制造厂想生产一款新型汽车，可以将已有的某一型号汽车作为基础，再增加一些新的功能，而不必从头开始设计。继承是面向对象软件开发的重要措施，它能有效地支持软件复用与扩充。

⑤ 多态性（Polymorphism）。多态性是指在父类中定义的属性和行为，被子类继承之后，可以具有不同的数据类型或表现出不同的行为，这使得同一属性或行为在父类及各个子类中具有不同的语义。例如，可以定义一个父类"几何图形"，它具有"绘图"行为，但并不确定执行时具体画什么样的图形。然后定义一些子类，如"椭圆"和"多边形"，它们都继承自父类"几何图形"，具有"绘图"行为。接下来可以在子类中根据具体需要重新定义"绘图"，使之分别实现画椭圆和多边形的功能。进而还可以定义"矩形"类继承"多边形"类，在其中使"绘图"行为实现绘制矩形的功能。

对象根据所接收的消息做出动作，同样发出"绘图"命令的消息，被不同的对象接收时可产生完全不同的行动，这种现象就是多态性。在程序设计语言中，多态性是通过重载函数和虚函数等技术来实现的。

多态性是面向对象程序设计的一个重要特征，多态性机制增强了面向对象软件系统的灵活性，进一步减少了信息冗余，显著提高了软件的可重用性和可扩充性。当扩充系统功能增加新的实体类型时，只需派生出与新实体相应的子类，无须修改原有的程序代码，甚至不需要重新编译原有的程序。利用多态性，用户能够发送一般形式的消息，而将所有的实现细节都留给接收消息的对象。

2）面向对象分析

面向对象分析就是抽取和整理用户需求并建立问题域精确模型的过程。从问题陈述入手，分析和构造所关心的现实世界问题域的模型，并用相应的符号系统表示。在这个阶段，要进行需求分析和需求模型化的建立。

需求分析的主要任务是明确用户的需求，包括对用户需求的全面理解和分析，明确要开发的软件系统的工作范围、可行性研究，以及制定资源、进度预算等，形成一个合理的方案。

需求模型化方法是面向对象分析中常用的方法，这种方法通过对需要解决的实际问题建立模型来抽取、描述对象实体，将用户的需求准确地表达出来。面向对象分析中所建的模型有对象模型、动态模型和功能模型。其中，对象模型表示静态的、结构化的系统的"数据"性质，它是对模拟客观世界实体的对象以及对象彼此间的关系的映射，描述了系统的静态结构。动态模型表示瞬时的、行为化的系统的"控制"性质，它规定了对象模型中对象的合法变化序列。功能模型表示变化的系统的"功能"性质，着重于系统内部数据的传送和处理，更直接地反映了用户对目标系统的需求。

面向对象分析过程一般可分为以下几个步骤：

① 确定问题域，获取用户对系统的需求；

② 根据基本的需求选择类和对象；

③ 定义类的结构和层次；

④ 建造对象模型，确定对象之间的关系；

⑤ 建造动态模型；

⑥ 建造和完善功能模型；

⑦ 利用用例、场景来复审分析模型，进一步确定对象状态，确定类的服务。

3）面向对象设计

面向对象设计是把分析阶段所得到的需求模型转变成符合成本和质量要求的、抽象的系统实现方案的过程，其核心问题从问题空间转移到解空间，着重完成各种不同层次的模块设计。面向对象设计不仅要说明为实现需求必须引入的类和对象、它们的属性和服务、它们之间的关系，描述对象之间如何传递消息和对象的行为如何实现，还必须从提高软件设计质量和效率方面考虑如何改进类结构和可复用类库中的类。面向对象设计从内容上可分为系统设计和对象设计两部分。

① 系统设计。系统设计确定实现系统的策略和目标系统的高层结构，即整个应用软件的结构框架和外部接口。这个阶段的任务包括：将分析模型中紧密相关的类划分为若干子系统（也称为主题），子系统应该具有良好的接口，子系统中的类相互协作；标识问题本身的并发性，为子系统分配处理器，建立子系统之间的通信。面向对象设计的系统结构是软件的高层结构形式，包含问题域子系统、人机交互子系统、任务管理子系统和数据管理子系统。

问题域部分是面向对象软件系统的核心，需要根据需求的变化，对面向对象分析中的某些类与对象、结构、属性和方法进行组合与分解。人机交互部分包括有效的人机交互所必需的实际显示和输入，需要设计使软件系统能够接收用户的命令和能够为用户提供信息所需要的类。任务管理部分包括任务定义、通信和协调，以及确定任务的硬件分配。数据管理部分对数据进行管理，使软件系统能够存储和检索对象的属性值，提供存储和检索对象的基本结构，包括对永久性数据的访问和管理。

② 对象设计。对象设计确定解空间中的类、关联、接口形式及实现服务的算法。对象设计是对每个类的属性和操作进行的详细设计，包括属性和操作的数据结构、实现算法，以及类之间的关联。此外，在进行对象设计的同时也要进行消息设计，即描述对象间接收和发送消息的接口。

4）面向对象实现

设计阶段设计的对象和关系最终都必须用具体的编程语言实现。面向对象实现就是选择一种合适的编程语言进行编码，对详细设计所得到的软件系统的各对象类进行详尽的描述，将编写好的各个类代码模块根据类的相互关系集成的过程。如果在实现阶段的工作过程中，发现分析或设计阶段隐藏的问题，那么需要及时返回相关的步骤做相应的调整，最终完成可运行的应用软件系统。

面向对象的程序设计方法应尽可能地模拟现实世界中人类的思维过程，使程序设计方法和过程尽可能地接近人类解决现实问题的方法和步骤。

① 面向对象程序设计思想。

面向对象程序设计的基本思想，一是从现实世界中客观存在的事物（即对象）出发，尽可能运用人类自然的思维方式去构造软件系统，也就是直接以客观世界的事物为中心来思考问题、认识问题、分析问题和解决问题；二是将事物的本质特征经抽象后表示为软件系统的对象，以此作为系统构造的基本单位；三是使软件系统能直接映射问题，并保持问题中事物及其相互关系的本来面貌。因此，面向对象方法强调按照人类思维方法中的抽象、分类、继承、组合、封装等原则去解决问题。这样，程序员便能更有效地思考问题，从而更容易与用户沟通。

在面向对象程序设计中，程序由一组对象组成，每个对象都有其自身的特点（称为属性）和能够执行的操作（称为方法），对象之间通过发送和接收消息互相联系。消息是对象之间传递的信息，它请求对象执行某一操作或回答某一要求的信息。面向对象程序设计的基本模式如图 5-19 所示，从客观世界中抽象出一个个对象，对象之间能够传递消息，并通过对象提供的方法（或操作）使用其功能。

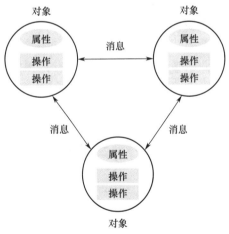

图 5-19　面向对象程序设计的基本模式

面向对象程序设计方法比较符合人们认识问题的客观规律：先对需要求解的问题进行分析，将问题域中具有相同属性和行为的对象抽象为一个类，随着对问题认识的不断深入，可以在相应的类中增加新的属性和行为，或者由原来的类派生出一些新的类，再向这个子类中添加新的属性和行为。类的修改与派生过程也是对问题认识程度不断深入的过程。

② 面向对象程序设计的过程。

面向对象程序设计总体上采用"自底向上"的方法，先将问题域划分为一系列对象的集合，再将对象集合进行分类抽象，一些具有相同属性和行为的对象被抽象为一个类，采用继承来建立这些类之间的联系；对于每个具体类的内部结构，采用"自顶向下，逐步求精"的设计方法。面向对象程序设计的设计过程如下：

- 分析现实世界问题域；
- 建立模型（类属性／方法的确定及类之间关系的确定）；
- 编制程序，建立类数据类型（属性、方法）；
- 用类声明对象，通过对象间传递消息（方法调用）完成预定功能。

面向对象程序设计方法是迄今为止最符合人类认识问题思维过程的方法，这种方法具有4个基本特征：抽象、封装、继承和多态性。

用面向对象方法开发的软件，其结构源于客观世界稳定的对象结构，与传统软件相比，软件本身的内部结构发生了质的变化，可重用性和可扩充性都得到了提高。围绕对象来组织软件并进行软件设计，可将现实世界模型直接自然地映射到软件结构中，可以从根本上解决软件的复杂性问题。这种新的软件结构，可使软件通过构造的方法自动生成，从而提高软件的生产率和质量。同时，由于软件建立在应用域基本结构之上，而不是某个问题的指定功能需求，所以当用户的需求发生变化时，比较容易在以前开发的基础之上修改和完善，使得开发软件系统的过程更加高效、快捷。

3．基于构件的方法

构件是指可以复用的软件成分，可被用来构造其他软件。它可以是功能模块、软件框架、需求分析报告、软件设计报告、程序等。基于构件的软件开发方法是一种基于预先开发好的软件构件，通过将其集成组装的方式来开发软件系统的方法，是实现软件复用的重要方式，其根本目的仍然是提高软件开发的质量和效率。

基于构件的软件开发方法为开发大型复杂应用提供了一种理想的解决方案，可复用构件的制造是整个基于构件的软件开发方法的基础。基于构件的软件开发过程包括：领域分析、构件抽取和检验、建立构件库、构件检索、构件组装。如图 5-20 所示，领域分析与构件抽取和检验属于构件制作阶段的工作。构件库用来存储和管理已经制作好的构件，构件库中的构件是通过不断积累和充实得到的。开发人员在开发一个新的系统时，首先到构件库中检索和选择当前系统可复用的构件，然后再对构件进行集成，形成新的软件系统。

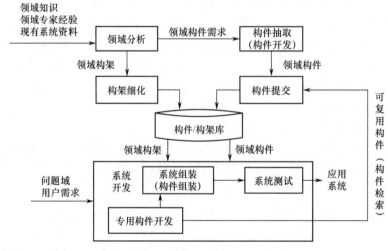

图 5-20　基于构件的软件开发的过程模型

1）领域分析

领域分析主要是根据应用领域的特征及相似性预测构件的可复用性，发现并描述可复用实体，进而建立相关的模型和需求规约的过程。领域分析是领域工程的核心。领域工程是通过领域分析找出最优复用，并将其设计和构造为可复用构件，进而建立大规模软件构件仓库的过程。领域分析是分析、研究有关应用领域特性的活动，是发现和记录某个领域中各系统的共性和差异的过程，是系统化、形式化、有效复用的关键。

2）构件抽取

经过领域分析，就了解了领域中各个实体的共性和差异。对实体的共性进行抽象，就可识别可能复用的构件，然后对这些具有复用价值的软件构件进行抽象化、参数化，以适应新的类似领域。构件抽取就是从现存系统中提取可复用的单元，并使其完整化。如果领域中公共的实体在现成的系统中不存在，就需要建立这样的可复用的构件。建立或抽取构件是一个需要不断积累的过程。

3）建立构件库

在构件大量产生的情况下，需要对构件进行有效的管理。构件库是一种具有良好结构，能够持久存储可复用软件构件及其相关资源的集合，构件库需要有相应的管理软件进行管理，此类软件称为构件库管理系统。在构件库管理系统的统一管理下，构件库能够向用户提供所需的构件以及相关的构件描述信息。构件库的实现过程是不断向构件库中按一定规则加入新构件的过程，新加入的构件一般要经过构件获取、构件分类两个阶段后才能存储到构件库中，这一过程往往需要反复执行才能得到满意的构件。

4）构件检索

基于构件的软件开发方法关键是如何从构件库中快速、准确地获得新系统所需的构件。构件检索的一般原理是将需求的描述同构件库中构件的功能描述进行匹配，从库中找出与需求相同或相近的构件。构件的检索效率会直接影响构件库检索的查准率、查全率和效率。

5）构件组装

构件的组装技术是基于构件的软件开发中的核心技术，应用系统需要将一定数量的构件组装起来才能成为产品，同时实现构件的价值。构件组装涉及软件构件和构件组装工具，构件是组装的对象，工具是组装的操作及手段。构件组装是采用某种组装工具，按照某种操作，将一组构件有机组合成一个软件系统或者更高级别构件的过程。在这个过程中，用于每次组合的构件可以是原子构件或者是之前经过组装得到的复合构件。基于构件的软件开发就是在一定的控制下多次组装原子构件或复合构件，最终得到目标系统的过程。

基于构件的软件开发方法是在软件重用技术和面向对象技术基础上发展起来的，它提供了一种自底向上、基于预先定制包装好的构件来构建应用系统的途径，开发过程从传统的以程序设计为重点转移到了以构件的定制与组装为重点，提高了系统的灵活性，简化了管理架构，降低了维护成本。基于构件的软件开发方法有效提高了软件开发效率，成为继面向对象方法之后一个新的研究热点。

5.1.3　软件测试

由于客观系统的复杂性，无论采用哪一种开发模型开发出来的大型软件系统，都不可避免会产生错误。因此，软件在交付使用前必须经过严格的软件测试，发现错误并加以纠正，才能得到高质量的软件。软件测试不仅是软件设计的最后审核，也是保证软件质量的关键。

1. 软件测试的方法

软件测试是检测和评价软件，以确定其质量的过程与方法，即评价软件或程序的属性和能力，确定它是否满足所需结果。软件测试可分为静态测试和动态测试。

（1）静态测试。静态测试方法常称为静态分析，是指在测试过程中不执行被测程序，而是通过对软件代码进行分析、检查和审阅，进而找到程序中存在的错误的方法。静态测试可以由人工进行，对需求分析、程序设计、编码测试等工作进行评议，并在评议中进行错误检验；也可以借助软件测试工具自动进行，对被测程序进行特性分析，从程序中提取信息，检查程序逻辑和程序构造。

（2）动态测试。动态测试是基于计算机的测试，计算机必须真正运行被测试的程序，通过输入测试用例，对其运行情况（输入/输出的对应关系）进行分析。动态测试一般可分为黑盒测试和白盒测试。

① 黑盒测试。也称为功能测试，指对软件已经实现的功能是否满足需求进行测试和验证。根据程序的功能来设计测试用例，完全不考虑程序内部的结构和处理过程，只按照需求规格说明书来检查程序的功能是否符合它的功能需求。黑盒测试常用的方法有：等价划分法、边界值分析法、错误推测法和因果图法。

② 白盒测试。也称为结构测试，指将测试对象看作一个透明的盒子，测试人员需要事先了解被测程序的内部结构和处理过程，根据程序内部的逻辑结构及有关信息设计测试用例，检查程序中所有逻辑路径是否都按预定的要求正确工作。白盒测试常用的方法有：基本路径测试、语句覆盖测试、判定覆盖测试、判定/条件覆盖测试和条件组合覆盖测试。

2. 软件测试的步骤

软件测试的目的是验证软件构件间的交互作用、验证软件构件的正确集成、验证所有需求被正确的实现。因此，大型软件系统的测试过程可分为5个步骤：单元测试、集成测试、确认测试、系统测试和验收测试，如图5-21所示。

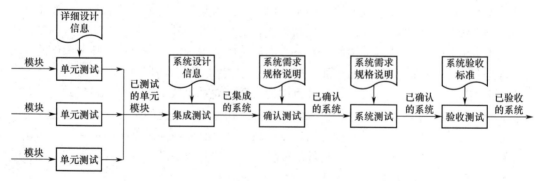

图 5-21　软件测试过程

（1）单元测试。单元测试集中对软件设计的最小单位——模块进行测试，主要是为了发现模块内部可能存在的各种错误和不足。单元测试多采用白盒测试技术，系统内多个模块可以并行地进行单元测试。

（2）集成测试。集成测试是在单元测试的基础上，将本项目所有模块按照设计要求组装成子系统或系统进行测试的过程。这里重点测试模块间的接口、子功能的组合是否达到了预期要求的功能，全局数据结构是否有问题等。

（3）确认测试。集成测试通过后，需要对系统各方面的特性进行确认测试，检查已实现的软件系统是否满足需求规格说明中定义的各种需求，以及软件配置是否完全、正确。确认测试通常采用黑盒测试方法。

（4）系统测试。系统测试是将通过确认测试的软件作为整个应用系统的一个元素，与硬件、支持软件、数据和人员等其他系统元素结合在一起，在实际运行环境下，对系统进行一系列的集成测试和确认测试的过程。系统测试的目的是通过与系统的需求定义做对比，从而发现软件与系统定义不符合的地方，以验证系统的功能和性能等。

（5）验收测试。完成系统测试后，系统经过一段时间的试运行，各方面均已满足需求。因此，验收测试不再对系统的功能进行全面测试，而是在用户的参与下，选择用户最为关注的核心功能进行确认。验收测试用例应当是粗粒度的，不应过多描述软件内部实现的细节。

5.1.4　软件维护

软件维护是软件生存周期的最后一个阶段，是软件产品在交付使用之后，为改正错误、改进性能或其他属性，或者为适应环境变化而对其进行修改的活动。软件交付后的整个运行期间都可能发生软件的维护活动，因此，在整个软件生存周期中，软件维护阶段的时间通常要比软件开发阶段的时间长得多。

软件维护大致可分为以下 4 类。

1）改正性维护

软件测试不可能检测出一个大型软件系统中隐藏的所有错误，因此，在任何大型软件的使用期间，用户必然会发现程序错误，并把它们遇到的问题报告给维护人员。我们把这个为改正发现的问题而修改软件的活动称为改正性维护。

2）适应性维护

为适应软件的外部环境（如硬件、操作系统等）改变或数据环境（数据库、数据格式、数据输入 / 输出方式、数据存储介质等）改变而修改软件的活动称为适应性维护。

3）完善性维护

在软件使用过程中，用户常会对软件提出新的功能与性能要求。为了满足这些要求，需要对软件进行修改，以扩充软件功能，提高软件性能和加工效率，增强软件的易维护性。这种情况下进行的维护活动称为完善性维护。

4）预防性维护

为了改进未来的可维护性或可靠性，为以后进一步改进软件打下良好基础而修改软件的活动称为预防性维护。

5.2　算法与数据结构

利用计算机进行数据处理是计算机应用的一个重要领域。程序的中心是数据，在进行数据处理时，实际需要处理的数据元素一般有很多，这些数据元素需要存储在计算机中。因此，数据元素在计算机中如何组织，以提高数据处理的效率，节省存储空间，是进行数据处理的关键问题。

数据结构是研究非数值计算的程序设计问题中所出现的计算机操作对象以及它们之间的关系和操作的学科。算法则是对特定问题求解步骤的一种描述。算法与数据结构是构筑计算机求解问题过程的两大基石。字符、图像、声音、信号等在计算机内称为数据，数据之间的联系情况称为数据的逻辑结构；施加在各类数据及关系上的操作，称为运算；各类信息在计算机中的存储方式，称为数据的物理结构。数据结构研究的内容是数据的逻辑结构、数据的物理结构和运算，它是程序设计的基础。本节将介绍数据结构和算法的基本概念、几种常用的数据结构，以及几种常用运算的算法。

5.2.1 算法

使用计算机解决问题，首先需要明确该问题的解决方法和步骤，即进行算法设计，然后根据算法选择某一种程序设计语言编写程序，最终交由计算机执行。瑞士计算机科学家N.Wirth 也曾指出：程序 = 数据结构 + 算法。程序的核心是算法设计，算法是程序设计的基础，算法设计的质量直接影响计算机求解问题的效率。

1. 算法的概念

算法是对解决给定问题的操作步骤的具体描述。简单地说，算法是解决一个问题而采取的方法和步骤。对于给定的同一问题来说，算法不是唯一的。计算机算法一般可分为数值计算算法和非数值计算算法。数值计算算法就是对所给的问题求数值解，如求函数的极限、方程的根等；非数值计算算法主要是指对数据的处理，如对数据的排序、分类、查找及文字处理、图形图像处理等。

2. 算法的特征

由于需要求解的问题多种多样，这使得算法千变万化，但所有算法都具有以下特征。

① 可行性：算法中的每一步操作必须是可行的、有效的。

② 确定性：算法中的每一步操作必须有确定的含义，不能有任何歧义。

③ 有穷性：算法必须能在执行有限个步骤之后结束。

④ 输入：一个算法有零个或多个输入，用来描述运算对象的初始情况，所谓零个输入是指算法本身定出了初始条件。

⑤ 输出：一个算法有一个或多个输出，反映对输入数据加工后的结果。

3. 算法的描述

算法的描述应直观、清晰、易懂，便于维护和修改。描述算法的方法有多种，常用的表示方法有自然语言、流程图、N-S 图和伪代码等。

1）自然语言

用自然语言表示算法，虽然容易表达，也易于理解，但文字冗长且模糊，在表示复杂算法时不直观，而且往往不严格。对于同一段文字，不同的人有不同的理解，容易产生"二义性"。因此，除了很简单的问题，一般不用自然语言表示算法。

2）流程图

流程图是一种传统的、广泛使用的算法工具，它采用几何图形、线条和文字来表示不同的操作步骤。用流程图表示算法直观形象、易于理解，能将设计者的思路清楚地表达出来，便于之后检查修改和编程。

3）N-S 图

传统流程图虽然形象直观，但对流程线的使用没有限制，使得流程随意跳转，破坏了程序结构，也给阅读和维护带来了困难。为此，美国学者 Nassi 和 Shneiderman 提出了一种新的流程图，其主要特点是不带有流程线，将整个算法完全写在一个大矩形框中，这种流程图被称为 N-S 图，又称为盒图。N-S 图特别适合结构化程序设计。

4）伪代码

伪代码是一种介于自然语言和计算机语言之间，类似计算机语言的描述形式。用伪代码描述算法可以像自然语言那样灵活方便、易于理解，不需要顾及程序设计语言的语法，使设计者更专注于算法本身。由于采用类似计算机语言的形式，描述的算法大体一看很像程序代码，但又不是真正的程序代码，因此被称为伪代码。用伪代码描述的算法可以更方便地转换为计算机程序代码。

4．算法设计的准则

同一个问题可以有多种不同的算法，算法的优劣将影响算法乃至程序的效率，一个好的算法应该具有如下标准。

① 正确性：算法必须是正确的，不含语法、数据的错误。

② 可读性：算法要易于理解、易于编码、易于调试。

③ 健壮性：当输入非法数据时，算法也能有所反应。

④ 时空效率：高效率及低存储量。算法的执行时间要短，占用的存储空间要小。

5．算法分析

算法分析的目的在于选择合适算法和改进算法。对一个算法的评价主要从时间复杂度和空间复杂度来考虑。

1）时间复杂度

算法时间复杂度是执行算法所需要的计算工作量，即在给定的问题规模 n 下，算法中语句重复执行次数的数量级。对于一个算法来说，首先要找出该算法的基本操作，即重复执行次数最多的语句，计算其被重复执行的次数，得到一个关于问题规模 n 的多项式，再去掉常数项和常数系数，取最高次项，便得到该算法的时间复杂度。

算法的时间复杂度通常记作：$T(n)=O(f(n))$。

其中，n 为问题的规模，$f(n)$ 表示算法中基本操作重复执行的次数，是问题规模 n 的某个函数。$f(n)$ 和 $T(n)$ 是同数量级的函数，大写字母 O 表示 $f(n)$ 与 $T(n)$ 只相差一个常数倍。

在各种不同算法中，若算法中语句执行次数为一个常数，则时间复杂度为 $O(1)$，按数量级递增排列，常见的时间复杂度有：常数阶 $O(1)$、对数阶 $O(\log n)$、线性阶 $O(n)$、线性对数阶 $O(n\log n)$、平方阶 $O(n^2)$、立方阶 $O(n^3)$ 等。

2）空间复杂度

算法的空间复杂度是执行算法所需要的内存空间，即在给定的问题规模 n 下，算法执行时所需临时占用存储空间的量度，通常记作 $S(n)=O(f(n))$。其中，n 为问题的规模，空间复杂度 $f(n)$ 也是问题规模 n 的函数，一般讨论的是除正常占用内存开销外的辅助存储单元规模，也是用算法需占用临时存储空间的数量级描述的。

5.2.2 数据结构概述

计算机加工处理的对象不仅是数值数据，更多的是具有一定结构的非数值数据。数据结构是此类具有特定结构的数据的集合，它主要用来研究数据和各数据之间的关系，以及数据如何以最有效的方式在计算机内部存储，便于计算机快速获取、处理和维护。

数据结构主要研究以下 3 个方面的问题。

① 数据集合中各数据元素之间固有的逻辑关系，即数据的逻辑结构。

② 在对数据进行处理时，各数据元素在计算机中的存储关系，即数据的存储结构。

③ 对各种数据结构进行的运算。

1. 数据与数据结构

1）数据

数据是描述客观事物的所有能输入计算机并被计算机程序处理的符号的总称。数据有很多种类，如字符、数值、声音、图像、视频等。可以说，数据是表示信息的物理符号，它是信息的载体，它能够被计算机识别、存储和加工处理。计算机处理的数据可以是数值数据，如整数、实数等；也可以是非数值数据，如文字、图像、声音等。

2）数据元素和数据项

数据项是数据不可分割的最小单位。数据项有名和值之分，数据项名是一个数据项的标识，用变量定义，而数据项值是它的一个可能取值。

数据元素是数据的基本单位，即数据集合中的个体。每个数据元素可包含一个或若干个数据项，当一个数据元素由若干个数据项组成时，称数据元素为记录。例如，一张教师情况汇总表，表中每个教师的信息就是一个数据元素（或者称记录），而其中的每一项（如姓名、性别等）均为数据项。

3）数据结构

数据结构是相互之间存在一种或多种特定关系的数据元素的集合。在任何问题中，数据元素之间都不会是孤立的，它们之间都存在着一定的关系，这种数据元素之间的关系称为结构。数据结构包括数据的逻辑结构和数据的存储结构（或称物理结构）。数据的逻辑结构可以看作从具体问题抽象出来的数学模型。数据的存储结构是数据结构在计算机中的表示。

一个数据结构有两个要素：一是数据元素的集合，二是关系的集合。在形式上，数据结构可以用一个二元组来表示：$B=(D, R)$，其中 B 是数据结构，D 是数据元素的有限集，R 是 D 上关系的有限集；也可以直观地用图形表示。

用图形表示数据结构时，数据集合 D 中的每一个数据元素都用中间标有元素值的圆表示，一般称之为数据结点，简称为结点。为了进一步表示各数据元素之间的前后件关系，关系 R 中的每一个二元组，都用一条有向线段从前件（即前驱）结点指向后件（即后继）结点。用图形方式表示数据结构方便、直观。在不会引起歧义的情况下，前件结点到后件结点连线上的箭头可以省略。

2. 数据的逻辑结构

数据集合中各元素之间抽象化的逻辑关系称为数据的逻辑结构。它与数据在计算机内部如何存储无关，独立于计算机。根据数据元素之间的关系的不同特性，通常可分为 4 种基本结构：集合结构、线性结构、树形结构和图状结构。如图 5-22 所示。

① 集合结构：该结构中的数据元素之间的关系是同属于一个集合的。

② 线性结构：该结构中的数据元素之间存在"一对一"的关系。

③ 树形结构：该结构中的数据元素之间存在"一对多"的关系。

④ 图状结构：该结构中的数据元素之间存在"多对多"的关系。

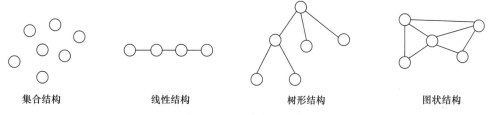

集合结构　　　　　　线性结构　　　　　　树形结构　　　　　　图状结构

图 5-22　4 种基本结构

根据数据结构中各数据元素之间的前后件关系，一般将数据结构分为两大类型：线性结构与非线性结构。如果一个数据结构满足条件：除第一个和最后一个结点以外的每一个结点只有唯一的一个前件和唯一的一个后件，第一个结点没有前件，最后一个结点没有后件，则称该数据结构为线性结构；否则，称之为非线性结构。如图 5-22 所示，树形结构和图状结构都是非线性结构。

3. 数据的存储结构

数据的存储结构是指数据元素在计算机存储设备中的存储方式，又称为物理结构。数据的存储结构可采用顺序存储或链式存储的方式。顺序存储结构借助元素在存储器中的相对位置来表示数据元素之间的逻辑关系；链式存储结构借助指示元素存储地址的指针来表示数据元素之间的逻辑关系。

1）顺序存储结构

顺序存储结构是把逻辑上相邻的元素存储在物理位置相邻的存储单元中的方式。这种存储方式主要用于线性的数据结构，只存储数据元素的值，不存储数据元素之间的关系，元素之间的关系由存储单元的邻接关系来体现，通常借助程序设计语言中的数组来实现。

2）链式存储结构

链式存储结构不要求逻辑上相邻的元素其物理位置也相邻，元素间的逻辑关系通过附设的指针字段来表示，链式存储结构不仅存储结点的值，还存储结点之间的关系。它利用结点附加的指针域，存储其后继结点的地址，通常借助程序设计语言中的指针来实现。

链式存储结构中的结点由两部分组成，一部分存储结点元素的值，称为数据域；另一部分存储该结点的前驱或后继结点的存储单元地址，称为指针域。链式存储结构结点的结构如图 5-23 所示，其中 Data 为数据域，P_1，P_2，…，P_n 均为指针域。

图 5-23　结点的结构

4．数据的运算

数据的运算是定义在数据的逻辑结构上的操作，但运算的具体实现要在存储结构上进行。数据的各种逻辑结构有相应的各种运算，每种逻辑结构都有一个运算的集合。运算的种类很多，可以根据需要进行定义。常用的基本运算如下。

① 插入：在数据结构中的指定位置上增加新的结点。

② 删除：删去数据结构中某个指定的结点。

③ 查找：在数据结构中寻找满足一定条件的结点。

④ 更新：改变数据结构中指定结点的一个或多个域的值。

⑤ 排序：保持线性结构结点序列里的结点数不变，在线性结构中重新安排结点之间的逻辑关系，使之按某种指定的顺序重新排列。

5.2.3 线性表

线性表的逻辑结构是一种典型的线性结构。在线性结构中，元素之间的邻接关系是一对一的。线性表的存储结构有顺序存储结构和链式存储结构两种。

1．线性表的定义

线性表是由 n（$n \geq 0$）个数据元素组成的有限序列，记为（a_1，a_2，$\cdots$，a_n）。其中，数据元素个数 n 称为线性表长度，当 $n=0$ 时，称此线性表为空表。线性表中每个元素的位置是线性（一维）的，与元素的序号有关。线性表是最简单、最基本的一种线性数据结构。非空线性表有如下结构特征。

① 有且只有一个开始结点 a_1，它没有前驱结点。

② 有且只有一个终端结点 a_n，它没有后继结点。

③ 除开始结点与终端结点外，其他结点 a_i（$1<i<n$）都有且只有一个前驱结点 a_{i-1}，也有且只有一个后继结点 a_{i+1}。

线性表是一种相当灵活的数据结构，常见的运算有存取、插入、删除、查找、排序、合并、分解和求长度等。

2．线性表的顺序存储结构

在计算机中用一组地址连续的存储单元依次存储线性表的各个数据元素，称为线性表的顺序存储结构，其前后两个元素在存储空间中是相邻的。由于线性表的所有元素都属于同一数据类型，所以每个元素在存储器中占用的空间大小是一样的。

若定义线性表 $A=$（a_1，a_2，$\cdots$，a_n），假设第 1 个元素的存储地址为 Loc（a_1），每个数据元素占用 d 个字节，则线性表中第 i 个数据元素 a_i 的地址为：

$$\text{Loc}（a_i）=\text{Loc}（a_1）+（i-1）\times d$$

即元素 a_1，a_2，$\cdots$，a_n 的地址分别为 Loc（a_1），Loc（a_1）+d，$\cdots$，Loc（a_1）+（$n-1$）$\times d$，其结构如图 5-24 所示。

线性表可以进行的运算较多，插入和删除是两种基本的运算，下面介绍顺序存储结构中这两种常用操作的算法。

1）顺序存储结构的插入算法

顺序存储结构的线性表的插入是指在表的第 i 个位置插入一个值为 x 的新元素，插入后表的长度增加 1。

逻辑地址	数据元素	存储地址
1	a_1	Loc（a_1）
2	a_2	Loc（a_1）+d
⋮	⋮	⋮
i	a_i	Loc（a_1）+（i−1）×d
⋮	⋮	⋮
n	a_n	Loc（a_1）+（n−1）×d

图 5-24　线性表的顺序存储结构

完成这一运算的算法为：

① 从 a_n 开始至 a_i 的各结点，按顺序向后移动一个存储位置，为新元素让出位置。

② 将 x 置入空出的第 i 个位置。

③ 线性表的长度加 1。

顺序存储结构的线性表的插入运算的时间主要用在结点的移动上，结点需要移动的次数不仅与表的长度有关，还与结点插入的位置有关。

2）顺序存储结构的删除算法

顺序存储结构的线性表的删除是指将表的第 i 个位置上的元素删除，删除后表的长度减 1，删除前应检查第 i 个位置上是否存在元素。

完成这一运算的算法为：

① 若第 i 个位置合法，则将从 a_i+1 开始至 a_n 的各结点，按顺序向前移动一个存储位置。

② 线性表的长度减 1。

显然，如果删除运算在表尾进行，即删除最后一个元素，则不需要移动线性表中的元素；如果要删除第 1 个元素，则线性表中的其他元素都需要移动。

顺序表形式简单，可以方便地随机存取表中的任一结点。但当使用长度变化较大的线性结构时，必须按所需的最大空间定义，因此，存储空间得不到充分利用，表的长度也不易扩充。此外，当线性表的长度较大时，进行插入、删除等运算，移动元素要花费较多的时间。

3．线性表的链式存储结构

用链式存储结构存储的线性表称为链表。链表由一系列分散的结点组成，结点可以在运行时动态生成。每个结点包括两个部分：一个是存储数据元素的数据域；另一个是存储下一个结点地址的指针域。各结点可以不连续存放，通过前一个结点提供的下一个结点的地址，就可以顺着链表逐一访问各结点。链表分为单链表、双向链表和循环链表。

1）单链表

单链表中每个结点用一个数据域和一个指针域来描述，数据域存储数据元素，指针域存储后继结点的地址。单链表的最后一个结点无后继结点，它的指针域为空（记为 NULL 或∧）。另外，还要设置表头指针 head，指向单链表的第 1 个结点。图 5-25 给出了一个单链表结构。

链表与顺序表不同，每个结点占用的存储空间不是预先分配的，而是运行时系统根据需要临时生成的。链表的一个重要特征是插入、删除运算灵活方便，不需移动结点，只要改变结点中指针域的值即可。

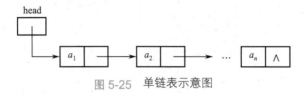

图 5-25 单链表示意图

① 单链表的插入。

在单链表中插入数据元素 x，如图 5-26 所示，在单链表中指针 p 所指结点后插入一个新的结点，虚线所示的是变化后的指针。算法如下：

a. 生成一个数据域为 x 的结点，s 为指向结点 x 的指针。

b. 从表头开始按指针指向找到 p（在指针 p 所指结点的后面插入）。

c. 把 p 所指结点的指针域的值赋给 s 的指针域，把 s 所指结点指针域的值赋给 p 所指结点的下一个结点的指针域。

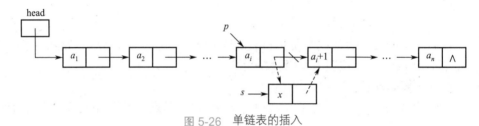

图 5-26 单链表的插入

② 单链表的删除。

删除操作改变的是被删结点的前一个结点中指针域的值，因此，应在查找被删结点的同时记下它前一个结点的位置。如图 5-27 所示，从单链表中删除指针 p 所指结点的下一个结点，虚线所示的是变化后的指针。算法如下：

a. 从表头开始按指针指向找到 p（删除 p 所指结点的下一个结点）。

b. 把 p 所指结点的下一个结点的指针域的值赋给 p 所指结点的指针域。

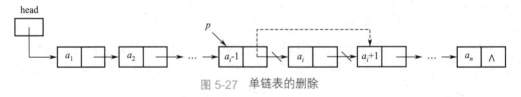

图 5-27 单链表的删除

2）双向链表

双向链表中每个结点用一个数据域和两个指针域来描述，数据域存储数据元素，指针域一个指向直接前驱，另一个指向直接后继。链表中的第 1 个结点没有前驱结点，它的前驱指针为空；最后一个结点没有后继结点，它的后继指针为空，如图 5-28 所示。

3）循环链表

把单链表中最后一个结点的指针域的值改为第 1 个结点的地址，即最后一个结点的指针域指向第 1 个结点，就构成了循环链表，如图 5-29 所示。

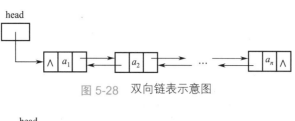

图 5-28　双向链表示意图

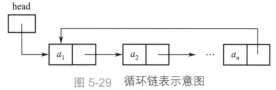

图 5-29　循环链表示意图

4．线性表的顺序存储与链式存储的区别

线性表的顺序存储结构在使用前必须指定长度，一旦分配内存，在使用中便不能再动态更改。链表是通过指针来描述元素关系的，所占内存可以是物理地址不连续的空间。两者的区别如下。

（1）顺序存储结构只存放数据，不存放逻辑关系，其存储密度大，占用空间小，而链式存储结构需要存储数据以及逻辑关系，占用空间大。

（2）顺序存储结构按地址顺序存放数据，所以存取、查找等操作的速度快，而链式存储结构的数据不按顺序存放，存放地址无规律，对结点的访问需从表头开始，按顺序进行，存取、查找等操作的速度慢。

（3）在顺序存储结构上进行插入和删除操作会引起元素的移动（后移和前移），而在链式存储结构上进行插入和删除操作，没有元素的移动。因此，链式存储结构的插入和删除操作比顺序存储结构方便。

如果对线性表的插入、删除运算发生的位置加以限制，就是两种特殊的线性表——栈和队列。

5.2.4　栈和队列

栈和队列是两种重要的线性结构，它们是操作受限的线性表。操作受到限制虽然降低了它们的灵活性，但也使得它们更高效，更容易实现。

1．栈

栈是限制仅在表尾进行插入和删除运算的线性表，又称为后进先出（Last In First Out，LIFO）的线性表。表尾称为栈顶（top），是允许插入和删除的一端。表头称为栈底（bottom），是不允许插入和删除的一端。表中没有元素时称为空栈。

如图 5-30 所示，栈中有元素 a_1，a_2，…，a_n，其中 a_1 称为栈底元素，a_n 称为栈顶元素。新元素进栈要置于 a_n 之上，删除或出栈必须先对 a_n 进行操作。这就是"后进先出"的栈结构。

栈的物理存储可以用顺序存储结构，也可用链式存储结构。栈的基本运算有进栈、出栈、取栈顶元素、置空栈等。

进栈和出栈的算法如下。

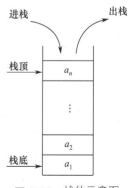

图 5-30　栈的示意图

1）进栈

进栈运算是指在栈顶位置（假设 top 为栈顶指针）插入一个新元素的过程，步骤如下。

① 判断栈是否已满，若栈满（top=n），则进行溢出处理。

② 若栈未满，则将栈顶指针加 1（top 加 1）。

③ 将新元素送入栈顶指针所指的位置。

2）出栈

出栈运算指退出栈顶元素（假设 top 为栈顶指针），赋给指定变量，步骤如下。

① 判断栈是否为空，若栈空（top=0），则进行下溢处理。

② 若栈不空，则将栈顶元素赋给变量（若不需要保留栈顶元素，可省略此步骤）。

③ 将栈顶指针退 1（top 减 1）。

因为栈结构具有后进先出的固有特性，所以栈是使用最广泛的数据结构之一，表达式求值、递归的实现都是栈应用的典型例子。

2．队列

队列是一种先进先出（First In First Out，FIFO）的线性表，它允许在表的一端进行插入运算，在表的另一端进行删除运算。把允许插入的一端称为队尾（rear），允许删除的一端称为队头（front）。如图 5-31 所示是一个队列，入队的顺序依次为 a_1，a_2，…，a_n，出队时的顺序仍然是 a_1，a_2，…，a_n，即先进先出。在队列中，新元素总是加入到队尾，每次删除的总是队头元素。显然，队列也是一种运算受限制的线性表，是一种特殊的线性表。

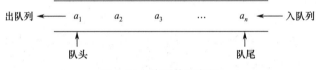

图 5-31　队列的示意图

队列的物理存储可以用顺序存储结构，也可以用链式存储结构。队列的基本运算有入队、出队、取队头元素、判队列空等。

入队和出队的算法如下。

1）入队

入队运算是指在队尾位置（假设 rear 为队尾指针）插入一个新元素，步骤如下。

① 判断队列是否已满，若队列已满（rear = n），则进行溢出处理。

② 若队列未满，则将队尾指针加 1（rear 加 1）。

③ 将新元素送入队尾指针所指的位置。

2）出队

出队运算是指在队头位置（假设 front 为队头指针）退出一个元素，赋给指定变量，步骤如下。

① 判断队列是否为空，若队列为空（front > rear），则进行下溢处理。

② 若队列不为空，则将队头元素赋给变量（若不需保留队头元素，则可省略此步骤）。

③ 将队头指针加 1（front 加 1）。

队列也是应用广泛的数据结构，操作系统中进行的管理、网络用户服务申请的管理都是典型的例子。

5.2.5 树与二叉树

线性结构中，元素间的关系是一对一的，而非线性结构中，一个数据元素可能有多个直接前驱或多个直接后继。树是一类重要的非线性数据结构，它是数据元素按分支关系组织起来的结构，所有元素之间具有明显的层次特性，很像自然界中的树，经常用来描述具有层次关系的问题。二叉树是最常用的树结构。

1. 树和二叉树的定义

1）树

树是由一个或多个结点组成的有限集合。它的结构像一棵倒悬的树，从树根到大、小枝干，直到叶子，用这种形式将数据联系起来。下面结合图 5-32 介绍树的几个基本术语。

① 父结点和根结点：在树结构中，每个结点只有一个前驱，称为父结点，没有前驱的结点只有一个，称为树的根结点，简称为树的根。在图 5-32 中，结点 A 是树的根结点；结点 H 的父结点是结点 D。

② 子结点、兄弟结点和叶子结点：在树结构中，每个结点可以有多个后继，它们都称为

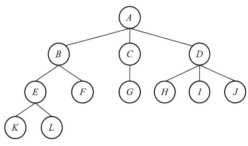

图 5-32 树结构示意图

该结点的子结点。同一个父结点的子结点互为兄弟结点。没有后继的结点称为叶子结点。在图 5-32 中，结点 A 的子结点是结点 B、C、D；结点 B、C、D 互为兄弟结点；结点 F、G、H、I、J、K、L 均为叶子结点。

③ 度：在树结构中，一个结点所拥有的后继的个数称为该结点的度。在图 5-32 中，根结点 A 的度为 3；结点 B 的度为 2；结点 C 的度为 1；叶子结点的度为 0。在树结构中，所有结点中最大的度称为树的度。在图 5-32 中，树的度为 3。

④ 层：在树结构中，结点的层次从根结点开始定义，根结点在第 1 层，根的子结点在第 2 层，以此类推，同一层上所有结点的所有子结点都在下一层。在图 5-32 中，根结点 A 在第 1 层；结点 B、C、D 在第 2 层；结点 E、F、G、H、I、J 在第 3 层；结点 K 和 L 在第 4 层。

⑤ 深度：树的最大层次称为树的深度。在图 5-32 中，树的深度为 4。

⑥ 子树：在树结构中，以某个结点的一个子结点为根构成的树称为该结点的一棵子树。叶子结点没有子树。在图 5-32 中，结点 A 有 3 棵子树，它们分别以 B、C、D 为根结点；结点 B 有两棵子树，其根结点分别为 E、F。

2）二叉树

二叉树是有限个结点的集合，该集合或为空，或由一个称为根的结点及两个不相交的、被分别称为左子树和右子树的二叉树组成。当集合为空时，称该二叉树为空二叉树。

二叉树是有序的，其子树有左、右之分，次序不能任意颠倒，所有子树（左子树或右子树）也均为二叉树。在二叉树中，一个结点可以只有一棵子树，也可以没有子树。即

使某个结点只有一棵子树，也要区分它是左子树还是右子树。因此，二叉树具有5种基本形态，如图5-33所示，它们分别是：空二叉树，单个结点二叉树，只有左子树的二叉树，只有右子树的二叉树，左、右子树都有的二叉树。

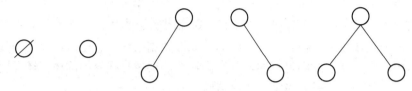

图5-33　二叉树的5种基本形态

一棵深度为k且具有2^k-1个结点的二叉树称为满二叉树。一棵深度为k，有n个结点的二叉树，当且仅当其每个结点都与深度为k的满二叉树中编号从1至n的结点一一对应时，称为完全二叉树。图5-34是满二叉树和完全二叉树示意图。

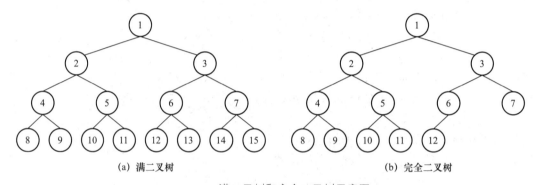

(a) 满二叉树　　　　　　　　　　　　　　　(b) 完全二叉树

图5-34　满二叉树和完全二叉树示意图

二叉树是一种应用广泛的非线性结构，具有以下重要特性。

性质1：在二叉树的第i层上至多有2^{i-1}个结点（$i \geqslant 1$）。

性质2：深度为k的二叉树至多有2^k-1个结点（$k \geqslant 1$）。

性质3：具有n个结点的完全二叉树的深度为$\lfloor \log_2 n \rfloor + 1$。

性质4：对任何一棵二叉树而言，若其叶子结点数为n_0，度为2的结点数为n_2，则$n_0 = n_2 + 1$。

2．二叉树的存储

二叉树的存储通常采用链式存储结构。每个结点由3个域组成，除了数据域，还有两个指针域，分别用来给出该结点左、右子树的根结点的地址。当左子树或右子树不存在时，相应指针域值为空（用NULL或∧表示）。图5-35给出了二叉树的链式存储结构。

3．二叉树的遍历

遍历是二叉树的一种重要运算。二叉树的遍历就是按一定的次序访问二叉树中的所有结点，使每个结点恰好被访问一次的过程。可以按多种不同的次序遍历树，在这里仅介绍3种重要的二叉树遍历方法。

① 先序遍历法：访问根结点，先序遍历左子树，先序遍历右子树。

② 中序遍历法：中序遍历左子树，访问根结点，中序遍历右子树。

③ 后序遍历法：后序遍历左子树，后序遍历右子树，访问根结点。

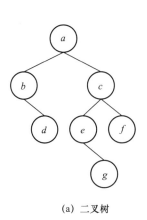

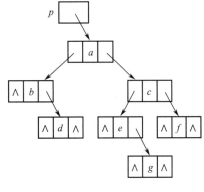

(a) 二叉树　　　　　　　　　　(b) 二叉链表

图 5-35　二叉树的链式存储结构

有如图 5-36 所示的一棵二叉树，其对应的遍历序列如下。

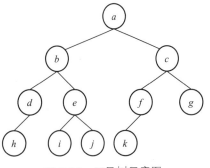

先序遍历序列：$a\,b\,d\,h\,e\,i\,j\,c\,f\,k\,g$。

中序遍历序列：$h\,d\,b\,i\,e\,j\,a\,k\,f\,c\,g$。

后序遍历序列：$h\,d\,i\,j\,e\,b\,k\,f\,g\,c\,a$。

5.2.6　查找

查找就是在某种数据结构中找出满足条件的结点的过程，即按照某个关键字值，在数据结构中找出元素的关键字与被查元素的关键字值满足查找条件的结点。

图 5-36　二叉树示意图

点。若找到，称为查找成功；否则称为查找失败。关键字是数据元素中某个数据项的值，用它可以标识一个数据元素。能唯一确定一个数据元素的关键字，称为主关键字；不能唯一确定一个数据元素的关键字，称为次关键字。

查找是数据结构中的基本运算，查找算法分为 4 类：线性表的查找、树的查找、散列查找和索引查找。它们有各种不同的查找方法，这里仅介绍线性表的两种基本的查找方法：顺序查找和二分法查找。

1. 顺序查找

顺序查找又称线性查找，是最基本的查找方法之一。查找方法为：从线性表的一端开始，依次将线性表中元素的关键字值与被查元素的关键字值进行比较，若相等，则表示找到（即查找成功），给出数据元素在表中的位置；若整个表检索完之后，线性表中所有元素都与被查元素不相等，则表示线性表中没有满足条件的元素（即查找失败），给出失败信息。

在进行顺序查找的过程中，如果线性表中的第 1 个元素就是被查找元素，则只需做一次比较就能查找成功，查找效率最高；但如果被查的元素是线性表中的最后一个元素，或被查元素不在线性表中，那么为了查找这个元素需要与线性表中的所有元素进行比较，这是顺序查找的最坏情况。在平均情况下，利用顺序查找法在长度为 n 的线性表中查找一个元素，大约要与线性表中一半的元素进行比较，即平均查找次数为 $n/2$。

顺序查找的优点：一是对线性表的结点的逻辑次序不做要求，无须按关键字值先进行排序；二是对线性表的存储结构不做要求，顺序存储、链式存储均可。其缺点是平均检索长度较大。

2. 二分法查找

二分法查找也称折半查找，是一种效率较高的线性表查找方法。二分法查找只适用于顺序存储的有序表。有序表是指线性表中的元素是按关键字递增或递减排序的。

二分法查找的方法是：在有序表中，取中间元素作为比较对象，若给定值与中间元素的关键字相等，则查找成功；若给定值小于中间元素的关键字，则在中间元素的前半区继续查找；若给定值大于中间元素的关键字，则在中间元素的后半区继续查找。不断重复上述查找过程，直到查找成功，或所查找的区域无数据元素，查找失败。

图 5-37 给出了在一个有序数列中，用二分法进行查找的过程。要查找关键字为 156 的结点，用方括号表示本次查找的子表，用"↑"指向该子表的中间结点，即本次参加比较的关键字，如图 5-37 所示，经过三次比较找到了要查找的结点。

图 5-37　二分法查找示例

二分法查找的优点：平均检索长度小，即每经过一次关键字比较，就可将查找范围缩小一半，经过 $\log_2 n$ 次比较就可完成查找过程。其缺点是线性表排序费时间，且不能对线性链表有效地进行二分法查找。

5.2.7　排序

排序是计算机程序设计中的一种重要运算，是将一个无序序列整理成按关键字递增（或递减）的有序序列的处理过程。

由于待排序数据的规模不同，因此排序过程中涉及的存储器也不同。可将排序分为内部排序和外部排序。整个排序过程都在内存进行的排序，称为内部排序；若待排序数据的数量很大，导致内存不能容纳全部数据，需要对外存进行访问的排序过程称为外部排序。排序的方法很多，下面介绍几种常用的内部排序方法。

1. 直接插入排序法

直接插入排序法是最简单直观的排序方法。其基本方法是：将无序序列中的各元素依次插入已经有序的线性表中。在线性表中，只包含第 1 个元素的子表显然是有序表，接下来从线性表的第 2 个元素开始直到最后一个元素，逐次将其中的每一个元素按其关键字大小插入前面已经排好序的子表的适当位置上，直到全部元素插入完成为止。

利用直接插入排序法对 82，45，97，78，23，62 按照从小到大的顺序进行排序的过程如图 5-38 所示，图中阴影部分表示每次插入排序后序列中的有序部分。

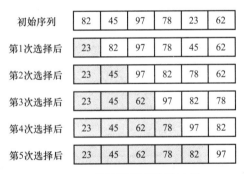

初始序列	82	45	97	78	23	62
第1次插入后	45	82	97	78	23	62
第2次插入后	45	82	97	78	23	62
第3次插入后	45	78	82	97	23	62
第4次插入后	23	45	78	82	97	62
第5次插入后	23	45	62	78	82	97

图 5-38　直接插入排序法示例

2. 简单选择排序法

简单选择排序法的基本思想是：扫描整个线性表，从中选出最小的元素，将它交换到表的最前面；然后再从剩下的子表中选出最小的元素，将它交换到子表的第 1 个位置，以此类推，直到子表长度为 1 时即可完成排序。

扫描线性表，从中选取最小元素，将其交换到子表第 1 个位置的过程是：选取表中第 1 个位置的元素，用它依次和后面的元素进行比较，如果有元素比它小，则交换它们的位置，并继续用第 1 个位置的元素和后面未比较过的元素进行比较，直到完成与最后一个元素的比较为止。

利用简单选择排序法对 82，45，97，78，23，62 按照从小到大的顺序进行排序的过程如图 5-39 所示，图中阴影部分表示每次选择排序后序列中的有序部分。

初始序列	82	45	97	78	23	62
第1次选择后	23	82	97	78	45	62
第2次选择后	23	45	97	82	78	62
第3次选择后	23	45	62	97	82	78
第4次选择后	23	45	62	78	97	82
第5次选择后	23	45	62	78	82	97

图 5-39　简单选择排序法示例

3. 冒泡排序法

冒泡排序法是基于交换思想的一种简单的排序方法。通过比较和交换相邻数据元素，逐步将线性表由无序变成有序。冒泡排序法的基本过程如下。

扫描线性表，从第 1 个元素开始，对相邻数据元素进行比较，若相邻两个元素中，前面的元素大于后面的元素，则将它们互换，并继续进行两两比较，直到完成与最后一个元素的比较为止。在扫描过程中，不断将相邻元素中的大者向后移动，最后就将线性表中的最大者换到了表的最后。这个过程称为第 1 趟冒泡排序。而第 2 趟冒泡排序在不包含最大元素的子表中从第 1 个元素起重复上述过程，直到整个序列变成有序为止。

在排序过程中，对线性表的每一趟扫描，都将其中的最大者沉到了表的底部，最小者像气泡一样冒到表的前头，冒泡排序由此得名，冒泡排序又称下沉排序。

利用冒泡排序法对 82,45,97,78,23,62 按照从小到大的顺序进行排序的过程如图 5-40 所示，图中阴影部分表示每趟冒泡排序后序列中的有序部分。

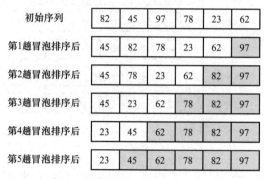

图 5-40　冒泡排序法示例

4．快速排序法

快速排序法的基本思想是在一组待排序的数据中，设定一个基数，将待排序的数据分为比基数大和比基数小的两组，再分别对这两组数据进行快速排序，以此类推，直至整个序列有序。在选择基数时，最好选择待排序数据的中间值，以便使分解成的两个子序列的长度近似。算法具体实现过程中，为简化操作也可选择第 1 个数据元素作为基数。

将所有关键字比基数小的数据元素放置在基数前面，将所有关键字比基数大的数据元素放置在基数后面，由此将待排序的数据序列分成两个子序列的过程称为一趟快速排序。具体的做法是：附设两个指针 i 和 j 分别指向序列的第 1 个元素和最后一个元素；首先从 j 所指位置开始向前搜索，找到第 1 个关键字小于基数的元素和基数互换；然后从 i 所指位置开始向后搜索，找到第 1 个关键字大于基数的元素和基数互换；重复上述两步直至 $i=j$ 为止。

利用快速排序法对 82,45,97,78,23,62 按照从小到大的顺序进行排序的过程如图 5-41 所示，每趟排序，选择序列的第 1 个元素作为基数，图中阴影部分是每趟快速排序后基数所在的位置。

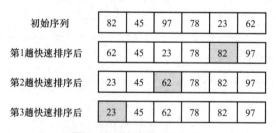

图 5-41　快速排序法示例

5.3　数据库技术基础

数据库技术是计算机科学的一个重要分支，数据库系统的出现使计算机的应用渗透到了各个领域。随着计算机科学技术的发展，数据库成了管理信息系统、办公自动化系统、决策支持系统等各类应用系统的核心部分。目前，因特网已经渗透到社会生活的各个方面，而数据库技术就是因特网的核心。数据库技术已成为计算机信息系统与应用系统的核心技术和重要基础。数据库的建设规模、数据库信息容量的大小和使用频率，已成为衡量一个国家信息化程度的重要标志。

5.3.1 数据库系统概述

数据库系统是计算机应用系统的重要支撑性软件，任何一个可以运行的信息系统，都会有一个数据库系统作为支撑。采用数据库技术可以更加高效地获取和处理数据，科学地组织和存储数据。

1. 数据库技术的发展

计算机对数据的管理是指对数据的组织、分类、编码、存储、检索和维护提供的操作手段，而数据库是数据管理的工具。可供实际使用的数据库管理系统在 20 世纪 60 年代就已经研制出来了，多年来，随着计算机硬件、软件技术的发展和计算机应用范围的普及，计算机数据管理技术也不断发展，大致经历了以下几个阶段。

1）人工管理阶段

20 世纪 50 年代中期以前，计算机的硬软件不完善，计算机主要用于数值计算。当时的硬件存储设备只有纸带、卡片、磁带，没有磁盘等直接存取设备，因此，数据不能被保存，只是在计算时将数据输入，用完就撤销。软件方面没有操作系统，没有数据管理软件，都是人工管理数据，程序与数据之间的关系如图 5-42 所示。人工管理阶段数据管理的特点如下。

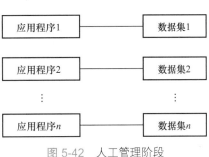

图 5-42 人工管理阶段

① 数据不保存。

此阶段计算机主要用于科学计算，一般不需要长期保存数据，只是在程序运行需要数据时临时输入，应用程序加工处理后将结果数据输出。计算任务完成后不保存原始数据，也不保存计算结果。

② 应用程序和数据之间缺少独立性。

应用程序和数据不可分割，数据的组织方式必须由程序员自行设计，程序员不仅要熟悉数据的逻辑结构，还要设计程序中数据的物理结构。当数据的物理组织或存储设备改变时，应用程序也随之改变，数据与程序之间的独立性较差。

③ 数据不能共享。

数据的组织面向应用程序，一组数据对应一个程序，所以不同的计算程序之间不能共享数据。即使两个程序用到相同的数据，也必须各自定义、各自组织，数据无法共享，无法相互利用和相互参照，从而导致不同的应用程序之间存在大量的重复数据。

2）文件系统阶段

20 世纪 50 年代后期到 60 年代中期，硬件方面已经有了磁盘、磁鼓等直接存取设备；软件方面，操作系统中也已经有了专门的数据管理软件，一般称为文件系统；在数据的处理方式上不但能进行批量处理，而且能够实现联机实时处理。在文件系统阶段，程序和数

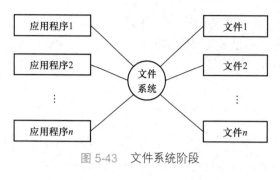

图 5-43　文件系统阶段

据之间的关系如图 5-43 所示。文件系统阶段数据管理的特点如下。

① 数据可以长期保存在外存中。

计算机外存的出现，使数据可以文件形式长期保存在外存中。文件系统阶段计算机不仅用于科学计算，还用于信息管理。因此，数据以文件形式保存，便于对数据进行大量的查询和更新操作。

② 应用程序和数据之间的独立性较差。

有专门的软件，即文件系统进行数据管理，应用程序和数据之间由软件提供的存、取方法进行转换，应用程序和数据可以分离，使数据与应用程序有了一定的独立性。但应用程序和数据之间的独立性较差，应用程序依赖于文件的存储结构，修改文件存储结构就要修改应用程序，而当应用程序改变时，文件结构也会随之改变。

③ 数据共享性差，冗余度高。

在文件系统中，各个应用程序可以共享一组数据，实现了以文件为单位的共享，但一个文件基本上对应一个应用程序，即文件仍然是面向应用的。当不同应用程序具有部分相同的数据时，也必须建立各自的文件，而不能共享相同的数据，因此，数据的冗余度高，浪费存储空间。同时，相同数据的重复存储、各自管理，容易造成数据的不一致性。

3）数据库系统阶段

20 世纪 60 年代后期，计算机数据管理的规模越来越大，应用领域越来越广泛，数据量快速膨胀，计算机性能大大提高。尤其是大容量磁盘的出现，为数据处理提供了大容量快速存储设备，在此基础上诞生了数据库技术。同时，操作系统的逐渐成熟，为数据库技术的发展提供了良好的基础。

与文件系统相比，数据库系统中的数据呈现出结构化的特点，这些结构化的数据由数据库管理系统统一管理。在数据库系统中，数据不再只针对某一特定应用，而是全面组织，具有整体的结构性，因此，这些数据可以被多个用户和多个应用程序共享，大大减少了数据的冗余，节约了存储空间，避免了数据之间的不相容性和不一致性。在数据库系统阶段，应用程序和数据之间的关系如图 5-44 所示。数据库系统阶段数据管理的特点如下。

图 5-44　数据库系统阶段

① 数据结构化。

数据库是按照某种数据模型，面向多个应用建立起来的，它不但要描述数据本身的特征，还要描述数据之间的联系，具有整体的结构性，因此，数据不再面向特定的某个或多个应用，而是面向整个应用系统。

② 数据的共享性好，冗余度低。

数据库系统是面向系统内、外所有用户建立起来的，从整体的角度看待和描述数据。所有用户可同时存、取数据库中的数据，也可以用各种方式通过接口使用数据库，并提供数据共享。同文件系统相比，数据库实现了数据共享，从而避免了用户各自建立应用文件的问题。减少了大量的重复数据和冗余数据，维护了数据的一致性。

③ 数据独立性高。

数据的独立性包括数据库中数据的逻辑结构和应用程序相互独立，也包括数据物理结构的变化不影响数据的逻辑结构。

④ 数据实现集中控制。

数据库管理系统能统一管理和控制数据库的建立、运行和维护，使用户能方便地定义数据和操作数据，并能够保证数据的安全性、完整性、多用户对数据的并发使用及发生故障后的系统恢复。

4）新型数据库系统

近年来，数据库技术与多媒体技术、网络技术、并行计算技术、面向对象等技术相结合，使得数据库系统在功能、性能等方面得到了很大的发展和改善。随着与其他学科知识的结合，数据库的许多概念、应用领域，甚至某些原理都有了重大的发展和变化，形成了数据库领域众多的研究分支和课题，产生了一系列的新型数据库系统。

① 分布式数据库。

分布式数据库系统是数据库技术和计算机网络技术相结合的产物，具有物理上分散、逻辑上集中的数据库结构。数据库的某一部分在一个位置存储和处理，数据库的其他部分在另一个或多个位置进行存储和处理。尽管数据分布在不同的位置，但在逻辑上，它们属于一个完整的整体。分布式数据库系统降低了单个集中式中心站点的故障风险，但由于数据是分布式访问的，因此会给数据安全控制带来复杂化的问题。

② 面向对象数据库。

面向对象数据库系统是面向对象技术与数据库技术相结合的产物，其数据和数据操作方法由面向对象的数据库管理系统统一管理。面向对象数据库和面向对象语言源于同一概念，但面向对象数据库又增加了一些传统数据库的特征，如并发控制、持久性、可恢复性、一致性和查询数据库的能力。面向对象方法中的继承性可以使数据和操作方法在相关的对象中共享。一个面向对象的数据库系统首先应该是一个数据库管理系统，其次再是一个面向对象的系统，即在一个可能的范围内，它与当前的一批面向对象的程序设计语言一致。面向对象的特征包括复杂对象、对象标识、封装性、类型或类、继承性、可扩充性及计算完备性。

③ 多媒体数据库。

随着多媒体技术的发展，媒体应用逐步深入，多媒体信息系统的建立强烈地呼唤着管理多媒体的数据库技术。多媒体数据库涉及图像处理技术、音频处理技术、视频处理技术、三维动画技术、海量数据存储与检索技术等多方面的技术。近年来，大容量磁盘、高速 CPU、高速宽带网络等硬件技术的发展为多媒体数据库的应用奠定了基础。管理多媒体数据的数据库系统本身就应是一个多媒体系统，在目前绝大多数的多媒体系统中，多媒体数据是存放在外部文件中的，而在数据库中只存放指向该文件的指针，这使数据操纵可以直接对文件进行，而不必通过数据库管理系统。也就是说，多媒体数据还没有放入数据库中，还不能称为多媒体数据库管理系统，只能称为多媒体数据处理系统。但从发展的角度来看，必然会产生真正的多媒体数据库管理系统。

④ 模糊数据库。

模糊数据库是在一般数据库系统中引入"模糊"概念，进而对模糊数据、数据间的模糊关系与模糊约束实施模糊数据操作和查询的数据库系统。一般的数据库都是以二值逻辑和精确的数据工具为基础的，不能表示许多模糊不清的事情。随着模糊数学理论体系的建立，现在已经可以用数量来描述模糊事件并进行模糊运算。把不完全性、不确定性和模糊性引入数据库系统，就形成了模糊数据库。模糊数据库的研究主要有两个方面：一是如何在数据库中存放模糊数据，二是如何定义和建立模糊数据上的代数运算。

⑤ 主动数据库。

主动数据库的突出思想是数据库具有各种主动进行服务的功能，并使用一种统一和方便的机制来实现各种主动的需求，主动的需求可以是实时监控功能、错误自动恢复功能、方便的人机交互接口、自适应和自学习功能等。主动数据库通常采用的方法是在传统数据库中嵌入 ECA（即事件－条件－动作）规则，在某一事件发生时引发数据库管理系统去检测数据库当前状态，看是否满足设定的条件，若条件满足，便触发规定动作的执行。

⑥ 数据仓库。

数据仓库是面向主题的、集成的、稳定的和随时间变化的数据集合，主要用于制定决策。数据仓库是一个新的概念，并不是一个新的平台，它仍然使用传统的数据库管理系统，数据仓库的处理过程是从历史的角度组织和存储数据，并能集成地进行数据分析的过程。由于数据仓库是集成信息的存储中心，由数据存储管理器收集整理源信息的数据，使其成为仓库系统使用的数据格式和数据模型，自动检测数据源中数据的变化，并反映到存储中心，对数据仓库进行更新维护。

2. 数据库的基本概念

1）数据

数据（Data）是用于描述客观事物的符号，包括数值、文字、图像、声音及由若干个数据项组成的数据元素等。在计算机中，数据是指所有能输入计算机，并能被计算机程序处理的符号的总称。在计算机中的数据可分为两类：一类是临时性数据，它通常放在计算机内存中，计算机断电后，它就丢失了；另一类是持久性数据，通常放在计算机外存中，数据库系统要处理的数据就是这类数据。

2）数据库

数据库（DataBase，DB）就是数据的集合，是存储在计算机内的、有组织的、可共享的数据的集合，数据库中的数据是按一定的数据模型组织、描述和存储的。

3）数据库管理系统

数据库管理系统（DataBase Management System，DBMS）是对数据进行管理的软件系统，是数据库系统的核心。它是介于用户与操作系统之间的管理软件，负责数据库中的各种操作，包括数据定义、查询、更新及各种控制。数据库管理系统的主要功能如下。

① 数据定义功能。

数据库管理系统提供了数据定义语言（Data Definition Language，DDL），用户通过它可以定义数据库的结构，例如，定义数据库、数据项的类型和长度、记录间的联系等。

② 数据操纵功能。

数据库管理系统提供了数据操纵语言（Data Manipulation Language，DML），用户通过它来实现对数据库的多种基本操作，如对表中数据的更新、插入、删除、查询等。

③ 数据库的运行控制功能。

数据库运行控制是数据库管理系统的核心部分，它包括并发控制、安全性检查、完整性约束条件的检查和执行、数据库的内部维护等。所有数据库的操作都要在这些控制程序的统一管理下进行，以保证数据的完整性、安全性、多用户对数据库的并发使用以及发生故障后的系统恢复。

④ 数据库的建立和维护功能。

数据库的建立和维护是数据库管理系统的一个重要组成部分，包括数据库初始数据的输入、转换功能，数据库的转存、恢复功能，数据库的重组织、分析和性能监视功能等，通常是由一些实用程序来完成这些功能的。

4）数据库管理员

数据库管理员（DataBase Administrator，DBA）负责管理和监控数据库管理系统，为用户解决应用中系统出现的问题。为保证数据库高效正常运行，大型数据库系统都需要有专人进行管理和维护。

5）数据库系统

数据库系统（DataBase System，DBS）是指在计算机系统中引入数据库后的系统构成，通常是由数据库、数据库管理系统、数据库管理员、系统硬件平台、系统软件平台组成的一个集合体。数据库系统并不单指数据库和数据库管理系统，而是指带有数据库的整个计算机系统。

6）数据库应用系统

数据库应用系统（DataBase Application System，DBAS）是以在某一领域应用为目的而开发的数据库系统。它包括数据库、数据库管理系统、数据库管理员、系统软/硬件平台、应用软件及界面。图 5-45 给出了数据库应用系统的组成。

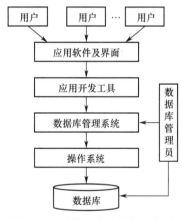

图 5-45　数据库应用系统的组成

3. 数据库系统的结构

数据库系统的结构是数据库系统的总框架，其具有三级模式和二级映像的结构特征。这样的结构特征保证了数据库的物理独立性和逻辑独立性，如图 5-46 所示。

1）三级模式

数据库系统的三级模式结构是指数据库系统由模式（Schema）、外模式（External Schema）和内模式（Internal Schema）三级构成。

① 模式。

模式又称为逻辑模式或概念模式，是对数据库中全部数据的逻辑结构和特征的描述。它是数据库系统模式结构的中间层，不涉及数据的存储结构、访问技术细节和硬件环境，也不涉及具体的应用程序及开发工具。一个数据库只有一个模式。

② 外模式。

外模式又称为子模式或用户模式。外模式面向用户，是数据库用户（包括程序员和最终用户）能够看到和使用的局部数据结构和特征的描述。它是数据的局部逻辑结构，通常是模式的一个子集，是从模式推导出来的。一个模式可以有若干个外模式，每个用户只关心与自己有关的外模式。

所有的应用程序都是根据外模式中对数据的描述来编写的。外模式可以共享，即在一个外模式上可以编写多个应用程序，但一个应用程序只能使用一个外模式。不同的外模式之间可以以不同方式相互重叠，即它们可以有公共的数据部分。同时也允许模式与外模式之间在数据项的名称、次序等方面互不相同。

③ 内模式。

内模式又称为存储模式，是对数据库在物理存储器上具体实现的描述。它规定了数据在存储介质上的物理组织方式和存取策略等。内模式要解决的问题是如何将各种数据及其之间的联系表示为具有二进制位流形式的物理文件，然后以一定的文件组织方法组织起来。一个数据库只有一个内模式，独立于具体的存储设备。

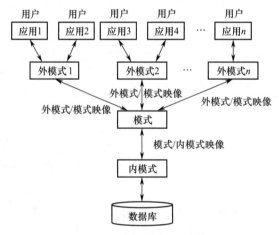

图 5-46　数据库系统的结构

三个层次的模式级别反映了模式的不同环境以及它们的不同要求，底层的内模式反映了数据在计算机中的实际存储形式，中间层的模式反映了设计者对数据的全局逻辑要求，而顶层的外模式则反映了用户对数据的要求。数据库的三级模式结构将数据库的物理组织结构与全局逻辑结构以及用户的局部逻辑结构相互区别开来，不仅可以实现数据的逻辑独立性和物理独立性，也便于数据库的设计、组织和使用。

2）二级映像

数据库系统的三级模式是数据的三个抽象级别，它把数据的具体组织留给数据库管理系统，使用户能逻辑地、抽象地处理数据，而不必关心数据在计算机中的具体表示方式和存储方式。为了能够在系统内部实现这三个抽象层次的联系和转换，数据库管理系统在这三级模式之间提供了两层映像：外模式/模式映像和模式/内模式映像。正是这两层映像保证了数据库系统中的数据能够具有较高的逻辑独立性和物理独立性。

① 外模式 / 模式映像。

同一模式，可以有任意多个外模式。对于每个外模式，数据库系统都有一个外模式 / 模式映像，它用于定义外模式和模式之间的对应关系，这些映像定义通常包含在各自外模式的描述中。当模式因某种原因改变时，数据库管理员只需对各个外模式 / 模式的映像进行相应的改变，使外模式尽可能保持不变。应用程序是依据数据的外模式编写的，从而不必对应用程序进行修改，保证了数据的逻辑独立性。

② 模式 / 内模式映像。

数据库中只有一个模式，也只有一个内模式，因此模式 / 内模式映像是唯一的。它用于定义模式和内模式之间的对应关系，该映像定义通常包含在模式描述中。当数据库的物理存储结构改变时，数据库管理员只需对模式 / 内模式的映像进行相应改变，就能使模式保持不变，从而应用程序也不必改变，保证了数据的物理独立性。

数据库的二级映像保证了数据库外模式的稳定性，从而从底层保证了应用程序的稳定性，除非应用需求本身发生变化，一般不需要修改应用程序。

5.3.2　数据模型

计算机不能直接处理现实世界中的具体事物，因此，需要把具体事物转换成计算机能够处理的数据。在数据库中用数据模型来抽象、表示和处理现实世界中的数据和信息。现有的数据库系统均是基于某种数据模型的。数据模型是数据库系统的核心和基础。

1. 数据模型及其组成要素

在数据库技术中，用数据模型来反映数据本身及其相互之间的联系，对现实世界进行抽象。数据模型是数据特征的抽象，它是对数据库组织的一种模型化表示，是数据库系统的核心与基础。数据模型可以分为两类：一类是概念模型，也称为信息模型，它是按用户的观点来对数据和信息建模的方法，主要用于数据库设计；另一类是逻辑模型和物理模型，逻辑模型是按计算机系统的观点对数据建模的方法，即将现实世界中的事务按照一定规则转换成计算机能够处理的信息模型，主要用于数据库管理系统的实现，而物理模型则描述了数据在存储介质上的组织结构，具体实现是数据库管理系统的任务。

数据模型从抽象层次上描述了系统的静态特征（数据结构）、动态特征（数据操作）和约束条件，为信息表示和操作提供了一个抽象的框架。通常，数据模型由数据结构、数据操作和完整性约束条件 3 部分组成。

① 数据结构。

数据结构是所研究的对象类型的集合。这些对象是数据库的组成成分，它们包括两类：一类是与数据类型、内容、性质有关的数据对象；另一类是与数据之间联系有关的对象。由于数据结构不涉及数据操作，因此它描述了系统的静态属性。

② 数据操作。

数据操作是对数据库中各种数据对象的实例所允许执行的操作的集合，包括操作及相关的操作规则。数据库基本操作主要是查询、插入、删除、修改等。数据模型要定义这些操作的确切含义、操作符号、操作规则及实现操作的语言。由于数据操作描述了各种操作的具体实现，因此它描述了系统的动态特性。

③ 完整性约束条件。

完整性约束条件是给出数据模型中的数据及数据联系所具有的制约和依存规则，这些规则用于限定符合数据模型的数据库的状态及状态的变化，保证数据库中数据的正确性、有效性和相容性。

2. 概念模型

为了把现实世界中的具体事物抽象、组织为数据库管理系统支持的数据模型，常常要将现实世界抽象为信息世界，然后将信息世界转换为机器世界。概念模型用于信息世界的建模，是现实世界到信息世界的第 1 层抽象，是数据库设计人员进行数据库设计的有力工具，也是数据库设计人员和用户之间进行交流的语言。因此，概念模型不仅要具有较强的语义表达能力，能够方便、直接地表达应用中的各种语义知识，还应该简单、清晰，方便用户和设计人员交流。

1）信息世界中的基本概念

信息世界涉及的概念包括实体、属性、码、实体型、实体集、联系等。

① 实体（Entity）。

现实世界中客观存在并可以相互区分的事物称为实体。实体可以是具体的人、事、物，例如，某班级的学生；实体也可以是抽象的概念或联系，例如，一门课程，学生与所在班级的从属关系等。

② 属性（Attribute）。

实体所具有的特性就是该实体的属性。每个实体都有自己的特性，利用实体的特性可以区别不同的实体。一个实体可以具有多种属性，例如，一个长方体有长、宽、高等属性，一个学生有学号、姓名、性别、年龄、班级等属性。所有这些属性共同描述了一个实体。

③ 码（Key）。

在实体的众多属性中，能唯一标识该实体的属性的集合称为码。例如，通过学生的学号可以唯一识别一位同学，则学号就是学生实体的码。

④ 实体型（Entity Type）。

具有相同属性的实体必然具有共同的特征和性质。用实体名及其属性名集合来抽象和刻画同类实体，称为实体型。例如，学生的实体型可以表示为（学号、姓名、性别、年龄、班级）。

⑤ 实体集（Entity Set）。

同型实体的集合称为实体集。例如，全体学生就是一个实体集。

⑥ 联系（Relationship）。

现实世界中，事物内部以及事物之间是有联系的，这些联系在信息世界中反映为实体内部的联系和实体之间的联系。实体内部的联系通常指组成实体的各属性之间的联系，而实体之间的联系通常指不同实体集之间的联系。实体之间的联系可以分为一对一（1:1）联系、一对多（1:n）联系和多对多（m:n）联系等多种类型。

2）概念模型的表示方法

概念模型有多种表示方法，其中最常用的是实体－联系方法（Entity-Relationship approach），该方法用 E-R 图来描述现实世界的概念模型，E-R 方法也称为 E-R 模型。E-R 图提供了表示实体型、属性和联系的方法。

① 实体型。

用矩形表示，矩形框内写出实体名。

② 属性。

用椭圆形表示，并用无向边将实体与其属性连接起来。

③ 联系。

用菱形表示，菱形框内写出联系名，并用无向边将联系与有关实体连接起来，同时在无向边旁边标注上联系的类型（1:1、1:n 或 $m:n$）。

例如，假设一个学生可选多门课程，而一门课程又有多个学生选修，则学生和课程这两个实体及其之间的联系的 E-R 图如图 5-47 所示。

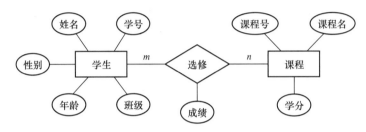

图 5-47　学生选课 E-R 图

E-R 图是用实体型、属性、联系这三个概念来描述现实事物的，E-R 模型是一种很好的方法，但现有的数据库系统还不能直接接受 E-R 模型。由于 E-R 模型只能说明实体语义的联系，还不能进一步说明详细的数据结构，所以直到目前还没有可直接支持 E-R 模型的数据库管理系统，它只能作为中间数据模型使用，也就是说，遇到实际问题时，总是先设计一个 E-R 模型，然后再把 E-R 模型转换成与数据库管理系统关联的数据模型，如层次、网状或关系模型。

3. 常用数据模型

不同的数据库管理系统支持不同的数据模型。在各种数据库管理系统中，常见的逻辑数据模型有层次模型、网状模型和关系模型。层次模型用树形结构来表示实体及实体间的联系；网状模型用网状结构来表示实体及实体间的联系；关系模型用一组二维表来表示实体及实体间的联系。在 20 世纪 70 年代至 80 年代初非常流行层次模型和网状模型，而目前应用最广泛的是关系模型。自 20 世纪 80 年代以来，软件开发商提供的数据库管理系统基本上都是支持关系模型的。在建立数据库之前，首先必须确定选用何种类型的数据模型，即确定采用什么类型的数据库管理系统。下面简要介绍这 3 种常用的数据模型。

1）层次模型

层次模型是数据库中最早出现的数据模型，它用树形结构来表示各类实体以及实体之间的联系。在数据库中，满足下面两个条件的数据模型称为层次模型。

① 在树形结构中有且只有一个结点无父结点，该结点称为根结点；

② 除了根结点，其他结点有且只有一个父结点。

在层次模型中，结点层次从根开始定义，根为第 1 层，根的子结点为第 2 层，根是其子结点的父结点，同一父结点的子结点称为兄弟结点，没有子结点的结点称为叶子结点。

层次模型中的每个结点表示一个记录类型（实体），每个记录类型包含若干字段（实体的属性），记录之间的联系用结点之间的有向边表示，这显然是一种一对多的联系。图5-48给出了教师学生信息数据库系统的层次模型。

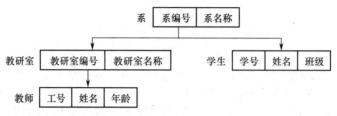

图 5-48 教师学生数据库系统的层次模型

从上述层次模型中可以看出，给定的任何一个记录值只有得到从根结点遍历到该结点所在位置的全部路径才能得到完整的意义。层次模型的结构比较简单，容易理解。但由于层次顺序严格和复杂，导致数据的查询、插入、删除也复杂，所以编写的应用程序也比较复杂。

2）网状模型

在现实世界中，很多应用不能用层次模型来实现，尤其是当事物之间的联系非常多时，用网状模型实现较为合适。在数据库中，满足下面两个条件的数据模型称为网状模型。

① 允许一个以上的结点无父结点；

② 一个结点可以有多于一个的父结点。

由此可见，网状模型是一种比层次模型更具普遍性的结构。它去掉了层次模型的两个限制，允许多个结点无父结点，并允许结点有多个父结点。此外，它还允许两个结点之间有多种联系，因此，网状模型可以更直接地描述现实世界。

图 5-49 学生与选修课程之间的网状模型

在网状模型中，同样用结点表示一个记录类型，每个记录类型包含若干字段，结点之间的连线表示记录之间的一对多的父子关系。图5-49给出了学生与选修课程之间的网状模型。

相对层次模型而言，网状模型能够较为详细地描述事物之间的联系，可以描述现实生活中常见的多对多的关系。但其结构复杂，如果某个应用较为复杂并且规模庞大，网状数据库的结构也会变得越来越复杂，不利于使用和维护。

3）关系模型

关系模型是目前数据库领域研究和应用最为广泛的数据模型。关系模型通常用一张二维表来描述数据的逻辑结构。在二维表中，每一列的数据必须类型相同，行和列的顺序可以是任意的，但任意两行不能完全相同，且在一个表中不允许再有子表。这样的基本结构构成的数据模型称为关系模型。

表5-3给出的学生基本情况表就是一个关系模型。在这张表中，每一列的命名都与学生有关系，同一列是同一属性，也称为一个字段，同一行称为一条记录。

关系模型的数据结构简单、清晰，用户易懂，用户只需要用简单的查询语句就可以对数据库进行操作，并不涉及存储结构、访问技术等细节。常见的数据库管理系统都是基于关系模型的。

表 5-3　学生基本情况表

学　号	姓　名	年　龄	专　业
17210115	李明	20	计算机
17290226	王然	21	物联网
17250212	张平	22	信息工程
17240311	赵刚	19	自动化

5.3.3　关系数据库

使用关系模型构建的数据库称为关系数据库，它是目前信息系统中最常用、最有效的一种数据库。从数据模型的 3 个要素来看，关系模型由关系数据结构、关系操作和关系完整性约束 3 部分组成。

1．关系数据结构

在关系数据库中，信息被存放在二维结构的表中，一个二维表即一个关系。一个关系数据库可以包含多个表，每个表又包含记录和字段。可以将表想象为一个电子表格，其中，行对应的是记录，列对应的是字段。记录是对某事物个体的完整描述，字段则是对该事物某方面属性的描述。

多个表之间可以相互关联。表之间的这种关联是由主码和外码所体现的参照关系实现的。主码是指表中某一列或多列的集合，该集合所映射的值能够唯一地标识所在行，主码不允许为空值。表中某个属性或属性组合并非关键字，但却是另一个表的主关键字，则此属性或属性组合为本表的外码。

数据库中不仅包含表，还包含其他数据实体对象，如视图、存储过程、索引等。视图是数据库的一个动态查询子集，存储过程是对数据库的预定义查询的规则，索引是对数据按不同方式进行排序的文件，这些实体对象的存在可以帮助用户简化数据库的查询过程并提高访问速度。

2．关系操作

关系操作的特点是集合操作方式，即操作的对象和结果都是集合。这种操作方式也称为一次一集合的方式。相应地，非关系数据模型的数据操作方式则为一次一记录的方式。关系操作能力通常用代数方式或逻辑方式来表示，分别称为关系代数和关系演算。关系代数是用关系的运算来表达查询要求的方式，关系演算是用谓词来表达查询要求的方式。

常用的关系操作包括查询操作和非查询操作。查询操作包括传统的集合运算（并、交、差和笛卡儿积等）以及专门的关系运算（选择、投影、连接和除运算等）。非查询操作包括插入、删除、修改等操作。关系运算可以用关系代数来表达，也可以用关系演算来表达。下面用关系代数介绍关系的 3 种基本运算：选择、投影和连接。

① 选择。

选择是从指定的关系中选择满足给定条件的元组（记录）组成新的关系的操作。从表5-3 的关系中选择年龄大于 20 的元组组成的新的关系 S_1，如表 5-4 所示。

② 投影。

投影是从指定关系的属性集合中选取若干个属性组成新的关系的操作。从表 5-3 的关系中选择"学号""姓名""年龄"属性组成的新的关系 S_2，如表 5-5 所示。

表 5-4　关系 S_1

学　号	姓　名	年　龄	专　业
17290226	王然	21	物联网
17250212	张平	22	信息工程

③ 连接。

连接是将两个关系中的元组按指定条件进行组合，形成一个新的关系的操作。将表 5-3 和表 5-6 的关系按相同学号的元组进行合并组成的新的关系 S_3，如表 5-7 所示。

表 5-5　关系 S_2

学　号	姓　名	年　龄
17210115	李明	20
17290226	王然	21
17250212	张平	22
17240311	赵刚	19

表 5-6　学生基本情况表 2

学　号	姓　名	爱　好
17210115	李明	书法
17290226	王然	唱歌
17250230	王芳	乒乓球
17240322	张华	排球

表 5-7　关系 S_3

学　号	姓　名	年　龄	专　业	爱　好
17210115	李明	20	计算机	书法
17290226	王然	21	物联网	唱歌

3. 关系完整性约束

完整性约束是为保证数据库中数据的正确性和相容性，对关系模型提出的某种约束条件或规则。在数据库理论中，对于关系数据库有 3 类完整性约束：实体完整性、参照完整性和用户定义的完整性。其中，实体完整性和参照完整性是关系模型必须满足的约束条件，关系数据库系统提供了对实体完整性、参照完整性约束的自动支持，即在进行插入、删除、修改操作时，数据库系统自动保证数据的正确性与一致性。

1）实体完整性

实体完整性是指表中主码不能为空，也不能重复。一个关系对应现实世界中一个实体集，现实世界中的实体具有某种唯一性的标识。在关系模式中，以主关键字作为唯一性标识，而主关键字中的属性不能取空值。如果取了空值，就表明关系模式中存在着不可标识的实体，这与现实世界的实际情况相矛盾。如果主码是多个属性的组合，则所有的主属性均不得取空值。

关系数据库中有各种关系表，如基本表、查询表、视图表等。其中，基本表往往反映实际存在的关系表，是实际存储数据的逻辑表示；查询表是根据查询条件返回的查询结果对应的表；视图表是由基本表或其他视图表导出的表，是一张虚拟表。实体完整性是针对基本关系而言的，在基本表中，主码的属性不能为空。例如，在表 5-3 学生基本情况表中，"学号"为主码，则该属性不能为空。

2）参照完整性

参照完整性是指表中外码的值必须与另一表中主码的值相匹配。关系数据库中通常都包含多个存在相互联系的关系，关系与关系间的联系是通过公共属性实现的。所谓公共属性，它是一个关系 R 的主码，同时又是另一个关系 K 的外码。

如果在一个关系中定义有外码 F，则把这个表称为参照表，而把外码 F 所在的另一个表（也可为本表，F 为表的主码或主码的一部分）称为被参照表。例如，如果在学生表和选修课表之间用学号建立关联，学生表是被参照表，选修课表是参照表，那么，在向参照表中输入一条新记录时，系统要检查新记录的学号是否在被参照表中，如果在，则允许执行输入操作，否则拒绝输入，这就是参照完整性。

3）用户定义的完整性

实体完整性和参照完整性适用于任何关系型数据库系统，它主要是针对关系的主码和外码取值必须有效而做出的约束。用户定义的完整性是根据应用环境的要求和实际需要，对某一具体应用所涉及的数据提出的约束性条件。这一约束机制一般不由应用程序提供，而是由关系模型提供。用户定义的完整性主要包括字段有效性约束和记录有效性约束。例如，可以将"学生成绩"属性的取值范围定义在 0 到 100 之间等。

5.3.4 关系数据库标准语言 SQL

结构化查询语言（Structured Query Language，SQL）是一种通用的关系数据库标准语言。SQL 简洁易懂，功能强大，已经成为关系数据库语言的国际标准，得到了广泛的应用。常见的数据库管理系统，如 Access、SQL Server、Oracle、Sybase 等都支持 SQL 作为数据存取语言和标准接口，使用 SQL 可使不同数据库系统之间的相互操作更为容易，用户可以使用近乎相同的语句在不同的数据库系统上执行相同的操作。

SQL 是用户与数据库管理系统进行通信的工具，它使用户可以方便地进行数据库管理。SQL 主要提供数据定义、数据查询、数据更新等功能。其中，数据定义语句用于定义基本表、视图、索引、模式等数据库对象；数据查询语句用于数据的查询，数据库查询是数据库的核心操作；数据更新语句用于数据的插入、删除及修改。

下面简要介绍 SQL 的常用语句。

1. 数据定义语句

关系数据库三级模式中的基本对象包括基本表、索引和视图等。基本表是本身独立存在的表；索引是对表中某一列或多列的值进行排序的结构，建立索引能够有效提高查询数据库的速度；视图是从一个或多个基本表导出的虚表，数据库中只存储视图的定义，不存储视图对应的数据。SQL 的数据定义功能包括表定义、索引定义、视图定义和模式定义。

SQL 提供了 CREATE 语句来实现表、索引、视图和模式的创建；对表、索引、视图和模式的删除，SQL 提供了 DROP 语句来完成；ALTER 语句可以实现表定义的修改以及视图的重命名。SQL 标准不提供修改模式和视图的操作，如果想修改这些对象，那么需要先将其删除，然后重新创建。下面以创建基本表为例，简要介绍 SQL 提供的数据定义语句。

创建基本表，即定义基本表的结构。SQL 用 CREATE TABLE 语句实现基本表结构的定义。其一般格式为：

```
CREATE TABLE <表名> ( <列名1> <数据类型1> [列级完整性约束条件1]
                    [, <列名2> <数据类型2> [列级完整性约束条件2] ]
                    …
                    [, <表级完整性约束条件> ] );
```

基本表的结构包括表名、属性的数据类型及长度、相关的完整性约束条件等。表可以由一个或多个属性组成，创建表时可以指定与该表有关的完整性约束条件。

例如，创建一个学生表 Student，含有学号（Sno）、姓名（Sname）、年龄（Sage）、专业（Smajor）4 个属性。语句如下：

```
CREATE TABLE Student
  ( Sno CHAR(8) PRIMARY KEY ,              /* Sno 是主码 */
    Sname CHAR(10),
    Sage SMALLINT,
    Smajor CHAR(20)
  );
```

学生表中年龄属性的数据类型为 SMALLINT 型，其余属性的数据类型均为 CHAR 型，CHAR(*n*) 中的 *n* 表示属性值的长度。

2. 数据查询语句

数据查询是数据库中最常用的操作，SQL 提供了通用、简洁且功能丰富的 SELECT 语句进行数据的查询。其一般格式为：

```
SELECT [ ALL | DISTINCT ] <目标列表达式1> [, <目标列表达式2> ] …
FROM <表名或视图名1> [, <表名或视图名2> ] …
[WHERE <条件表达式>]
[GROUP BY <列名1> [HAVING <组条件表达式>] ]
[ORDER BY <列名2> [ASC | DESC] ];
```

该语句的含义是，根据 WHERE 子句的条件表达式从 FROM 子句指定的表或视图中找出满足条件的元组，再根据 SELECT 子句中的目标列表达式选出元组中的属性值形成结果表。如果有 GROUP BY 子句，则将结果按 <列名1> 的值进行分组，该属性列的值相同的元组为一个组。如果 GROUP BY 子句带 HAVING 短语，则只有满足指定的组条件表达式的组才予以输出。如果有 ORDER BY 子句，则结果表要根据 <列名2> 的值进行升序或降序排列。

例如，查询 Student 表中计算机科学（CS）专业的学生的学号和姓名，查询结果按年龄的升序排列。语句如下：

```
SELECT Sno,Sname
FROM Student
WHERE Smajor = 'CS'
ORDER BY Sage ASC;
```

3. 数据更新语句

数据更新包括插入、删除和修改 3 种操作，即向表中添加若干行数据、删除表中的若干行数据和修改表中的数据。

1）插入数据

SQL 提供了 INSERT 语句来实现数据的插入。其基本格式为：

```
INSERT
```

```
INTO <表名> [ ( <属性列 1> [, <属性列 2> ] …) ]
VALUES( <常量 1> [, <常量 2> ] …);
```

该语句的功能是将新元组插入指定表，其中，VALUES 子句中新元组属性值的顺序应与 INTO 子句中表的属性列一致。如果 INTO 子句中没有属性列，则新元组必须在每个属性列上均有值。

例如，在学生表中插入一个新学生元组（学号：17210136，姓名：王霞，年龄：19，专业：计算机）。语句如下：

```
INSERT
INTO Student(Sno, Sname, Sage, Smajor)
VALUES( '17210136', '王霞', 19, '计算机');
```

2）删除数据

SQL 提供了 DELETE 语句来实现表中数据的删除。其基本格式为：

```
DELETE
FROM <表名>
[WHERE <条件> ];
```

该语句的功能是从指定表中删除满足 WHERE 子句条件的所有元组。如果省略WHERE 子句，则删除表中全部元组。需注意，DELETE 语句只是删除了表中的数据，表的定义仍然存在。

例如，从学生表中删除学号为 17210136 的学生记录。语句如下：

```
DELETE
FROM Student
WHERE Sno= '17210136';
```

3）修改数据

SQL 提供了 UPDATE 语句来实现表中数据的修改。其基本格式为：

```
UPDATE <表名>
SET <列名>=<表达式> [, <列名>=<表达式>] …
[WHERE <条件> ];
```

该语句的功能是修改指定表中满足 WHERE 子句条件的元组。SET 子句中的表达式用于替换相应属性列的值。如果省略 WHERE 子句，则表示修改表中所有元组。

例如，将学生表中学号为 17210136 的学生的年龄改为 20 岁。语句如下：

```
UPDATE Student
SET Sage=20
WHERE Sno= '17210136';
```

5.3.5　数据库设计

数据库设计是开发数据库及其应用系统的技术，数据库应用系统又是以数据库为核心和基础的，所以数据库设计的好坏直接影响整个系统的效率和质量。数据库设计要与整个数据库应用系统的设计开发结合起来进行，只有设计出高质量的数据库，才能开发出高质量的数据库应用系统，也只有满足整个数据库应用系统的功能要求，才能设计出高质量的数据库，满足用户的各种信息需求。

数据库设计的目标是为用户和各种应用系统提供一个信息基础设施和高效的运行环境。数据库设计的基本任务是根据用户的需求，在某一具体的数据库管理系统上，设计数据库的各级模式并建立数据库。数据库设计方法主要采用软件工程的生存周期法，即将整个数据库应用系统的开发分解成目标独立的若干阶段。由此，数据库设计分为需求分析、概念结构设计、逻辑结构设计、物理结构设计、数据库实施、数据库运行和维护 6 个阶段。

1. 需求分析

需求分析阶段的主要任务是对用户需求进行调查、分析，明确用户的信息需求和应用系统功能，提出拟建系统的逻辑方案。具体来说就是要了解用户的信息要求，即用户要从数据库中得到哪些信息，以及这些信息的具体内容和性质，从而确定数据库中应存储哪些数据。了解用户的处理要求，即用户要求完成什么样的处理功能，对某种处理要求的响应时间，涉及的数据，以及对数据的安全性、完整性的要求。

根据具体的应用要求，对选用什么样的数据库管理系统及其相应的软、硬件配置进行认真的分析和研究。是选择建立一个综合的数据库，还是建立若干个专门的数据库，这也需要一番考量。对于规模比较小的应用系统可以建立一个综合数据库，对于大型应用系统来说建立一个支持系统所有功能的综合数据库难度较大，效率也不高，比较好的方式是建立若干个专门的数据库，需要时可以将多个数据库连接起来，以满足实际功能的需要。

2. 概念结构设计

概念结构设计是整个数据库设计的关键。数据库设计人员在需求分析阶段已做了充分调查并描述了用户的需求，概念结构设计阶段的主要任务是将需求分析阶段得到的用户需求进行综合、归纳与抽象，形成一个独立于数据库管理系统的、反映现实世界信息需求的数据库概念模型。

概念模型是现实世界与逻辑结构（机器世界）的中介。它能够真实、充分地反映现实世界，包括实体与实体之间的联系，同时又易于向关系、网状、层次等各种数据模型转换。它便于和不熟悉计算机专业知识的用户进行交流，使用户容易参与，当应用环境和用户需求发生改变时，概念模型又可以很容易地做出相应调整。

描述概念模型的有效工具是 E-R 图（实体－联系图），因此，概念结构设计阶段的主要工作就是设计 E-R 图。

3. 逻辑结构设计

概念结构是独立于任何一种数据模型的信息结构，逻辑结构设计的任务就是把概念结构设计阶段设计好的基本的 E-R 图转换成与选用数据库管理系统所支持的数据模型相符合的逻辑结构，并对其进行优化。目前的数据库应用系统都采用支持关系数据模型的关系数据库管理系统，因此，逻辑结构设计包括两个步骤：第一，将 E-R 图转换为关系模型，并对关系模型进行优化；第二，将优化后的关系数据模型向特定的关系数据库管理系统支持的模型转换。

4. 物理结构设计

数据库的物理结构是数据库在实际的物理设备上的存储结构和存取方法，它依赖于选定的数据库管理系统。数据库的物理结构设计就是为一个设计好的逻辑数据模型选择一个最适合应用环境的物理结构。

数据库的物理结构设计通常分为两步：第一，确定数据库的物理结构，在关系数据库中主要指存储结构和存取方法；第二，对物理结构进行评价，重点是时间和空间效率。如果评价结果满足设计要求，则进入实施阶段，否则，需要重新设计或修改物理结构，有时甚至需要返回逻辑结构设计阶段修改数据模型。

5. 数据库实施

数据库实施阶段的任务是根据逻辑设计和物理设计的结果，在实际选用的数据库管理系统上建立数据库，编制与调试应用程序，组织数据入库，并进行试运行。数据库实施阶段需要做两项工作：第一，建立数据库的结构，以逻辑结构设计和物理结构设计的结果为依据，用选用的数据库管理系统的数据定义语言书写数据库结构定义源程序，调试执行源程序，完成数据库结构的建立；第二，输入测试数据并调试应用程序，通过运行应用程序，测试系统的性能指标是否满足设计要求，如果不满足，那么修改程序，直至达到设计要求。

6. 数据库运行和维护

数据库试运行合格后，数据库开发工作基本完成，可以投入正式运行。但是，由于应用环境在不断变化，数据库运行过程中物理存储也会不断变化，因此需要对数据库设计进行评价、调整、修改，这些维护工作是一个长期的任务。如果数据库应用环境发生变化，例如，增加新的应用或新的实体，取消某些已有的应用，有的实体与实体间的联系也发生了一些变化等，使原有的数据库设计不能满足新的需求，则需要调整数据库的模式和内模式。

在数据库运行阶段，数据库经常性的维护工作主要由数据库管理员完成。数据库的维护工作主要包括数据库的转存和恢复，数据库的安全性和完整性控制，数据库性能的监督、分析和改造，数据库的重组织与重构造等。

5.3.6　大数据

随着社会各领域对信息需求的迅猛增长，数据正以前所未有的速度不断增长和积累，如何从各种类型的数据中快速获取有价值的信息成为人们关注的热点。著名管理咨询公司麦肯锡称，数据已经渗透到每一个行业和业务职能领域，成为重要的生产因素。人们对于海量数据的挖掘和运用，预示着新一波生产力的增长和科技发展浪潮的到来。

1. 大数据的概念

大数据又被称为海量数据、巨量资料。人们从不同角度诠释大数据的内涵，一般意义上，大数据是指无法在合理的时间内用传统流程或常规软件工具进行捕捉、分析、处理的数据集合。

大数据通常被认为是 PB 或 EB 数量级以上的数据集合，但大数据并非大量数据的简单堆积，不完全等同于大规模数据。对大数据进行分析处理，最终目标是要从复杂的数据集合中发现新的关联规则，继而进行深度挖掘，得到有用的新信息。如果数据量庞大，但数据结构简单，重复性高，分析处理需求也仅仅是根据已有规则进行数据分组归类，并未与具体业务紧密结合，依靠传统数据分析处理技术已足够，则不能称为完全的大数据，只能算是大数据的初级发展阶段。

2. 大数据的结构类型

大数据的来源极其广泛，如 POS 机、信用卡、电子商务等产生的交易数据，各种移动通信设备产生的移动通信数据，各种社交媒体、因特网产生的交互数据，以及遍布地球各个角落的各种传感器捕获的传感数据等。这些数据结构复杂，包括结构化的、半结构化的和非结构化的数据，其中非结构化和半结构化数据所占比例在不断增大。

（1）结构化数据。结构化数据具有预定义的数据类型和固定的格式，通常用二维表结构来描述，主要通过关系型数据库进行存储和管理。结构化数据，简单来说就是数据库，如财务系统、教育一卡通等核心数据库。

（2）半结构化数据。半结构化数据具有一定的结构性，但结构变化很大，不能简单地建立一个二维表与之对应，它适合描述包含在两个或多个数据库中的数据，数据本身具有自述性和动态可变性，如 XML、HTML 文档。Web 数据的不断增长和异构数据源集成的应用，导致大量半结构化数据的产生。

（3）非结构化数据。非结构化数据没有固定的结构，无法使用关系数据库存储，通常保存为不同类型的文件，如办公文档、图片、音频、视频等格式的数据。非结构化数据的产生往往伴随着社交网络、移动计算和传感器等新技术的不断涌现和应用。此类数据通常无法直接了解其内容，需要对应的软件才能浏览，它们不易理解，没有规定的结构，不易于管理，因此查询、存储、更新以及使用这些非结构化数据需要更加智能化的系统。

3. 大数据的特征

相比于传统数据，大数据具有 4 个显著特征：数据量巨大、数据类型多样、处理速度快和价值密度低。

（1）数据量巨大。大数据的数据量从 TB 级别跃升至 PB 或更高级别。社交媒体、商业应用、科学研究以及企业部门，时时处处都在产生数据。传统数据库所管理的结构化数据的数据量急速增大，因特网应用带来的非结构化数据的数据量增幅更大。

（2）数据类型多样。大数据的来源广泛，数据类型极为复杂，不仅包含传统的关系型数据，还包含越来越多的应用产生的非结构化、半结构化的数据，如文本、图形、图像、音频、视频和网页等。如此类型繁多的异构数据，对数据处理和分析技术提出了新的挑战，也带来了新的机遇。

（3）处理速度快。大数据时代数据产生、处理、分析的速度在持续加快，很多应用都需要基于快速生成的数据给出实时分析结果，用于指导生产和生活实践，数据处理和分析的速度通常要达到秒级响应。

（4）价值密度低。大数据规模巨大，很多有价值的信息分散在海量数据中，随着数据体量不断加大，单位数据的价值密度在不断降低，但整体价值却在提高。数据蕴含的巨大价值只有通过对大数据以及数据之间的联系进行复杂的分析、深入的挖掘才能获得。

4. 大数据处理工具

随着大数据时代的到来，存储数据和计算数据变得越来越困难，大数据处理工具应运而生，这些工具让使用者能够像使用本地主机一样使用多个计算机的处理器，像使用本地磁盘一样使用大规模的存储集群，方便数据的存储与处理。

在目前已出现的大数据处理工具中，Hadoop 被认为是大数据处理的利器。这是一套开源的、以 Java 为基础的、可对大数据进行存储和计算的分布式软件框架。Hadoop 框架最核心的设计是 HDFS（Hadoop Distributed File System）和 MapReduce。分布式文件系统 HDFS 为海量的数据提供了存储，而分布式计算框架 MapReduce 为海量的数据提供了计算。Hadoop 能够让成千上万台服务器组成一个稳定的、强大的集群。借助于 Hadoop，那些想充分利用大数据的 IT 专业人员可以轻松地将分布式并行程序运行于计算机集群上，完成海量数据的处理。

5. 大数据的价值与应用

网络为大数据提供了信息汇集、分析的一手资料。大数据技术能够将隐藏于海量数据中的信息和知识挖掘出来，为人类的社会经济活动提供依据，提高各个领域的运行效率。大数据是未来产业竞争的核心支撑。大数据深刻影响着人们的生活、工作与思维，在商业智能、社会管理、教育发展等方面都有着广泛应用。

（1）大数据推动商业智能发展。商业智能通常被理解为将企业中现有的数据转化为知识，帮助企业做出更好的业务经营决策的系统。大数据的存在提高了企业运用商业智能的意识，引导企业主动寻求商业智能的帮助，来改善业务决策。企业越来越重视从大数据中挖掘潜在的商业价值，一些大型企业往往拥有几十个甚至数百个信息系统，其中的海量数据将为企业创造巨大的价值，提高企业运营效率，增强企业的核心竞争力。

（2）大数据提升社会管理水平。大数据在政府和公共服务领域的应用，可以有效提高工作效率，提升政府社会治理能力和公共服务能力，产生巨大社会价值。大数据在社会治安管理、智能交通管理、能源动态监测、食品安全监管、形成立体社会管理网络等方面都发挥了巨大作用。通过大数据技术可以深入分析公共服务供给过程中的每一个环节，确立相适应的服务工作标准，最终推进公共服务的科学化、规范化。

（3）大数据促进教育变革。大数据是推动教育领域创新发展的新动力，为破解教育发展难题提供可能。大数据能够推进教育决策的科学性发展，有效助力智慧教育，引发教育科研、教育管理、教育评价等一系列的变革。基于大数据的精确学情分析和智能决策支持，大大提升了教育品质，对促进教育公平、提高教育质量、优化教育治理都具有重要作用，已成为实现教育现代化必不可少的重要支撑。

习　题

一、选择题

1. 下面不属于软件工程三要素的是　　　　。

A）工具　　　　　　　B）过程　　　　　　　C）方法　　　　　　　D）环境

2. 下面描述中错误的是　　　　。

A）系统总体结构图支持软件系统的详细设计

B）软件设计是将软件需求转换为软件表示的过程

C）数据结构与数据库设计是软件设计的任务之一

D）PAD 图是软件详细设计的表示工具

3. 在软件开发中，需求分析阶段产生的主要文档是　　　　。

A）软件集成测试计划　　　　　　　　　B）软件详细设计说明书

C）用户手册　　　　　　　　　　　　　D）软件需求规格说明书

4. 软件生命周期是指　　　　。

A）软件产品从提出、实现、使用维护到停止使用退役的过程

B）软件从需求分析、设计、实现到测试完成的过程

C）软件的开发过程

D）软件的运行维护过程

5．在软件开发中，需求分析阶段可以使用的工具是 _____。

A）N-S 图 　　　　　　B）PAD 图 　　　　　　C）DFD 图 　　　　　　D）程序流程图

6．软件设计中划分模块的一个准则是 _____。

A）低内聚低耦合 　　B）高内聚低耦合 　　C）低内聚高耦合 　　D）高内聚高耦合

7．下列对于软件测试的描述中正确的是 _____。

A）软件测试的目的是证明程序是否正确

B）软件测试的目的是使程序运行结果正确

C）软件测试的目的是尽可能多地发现程序中的错误

D）软件测试的目的是使程序符合结构化原则

8．下面选项中不属于面向对象程序设计特征的是 _____。

A）继承性 　　　　　　B）类比性 　　　　　　C）多态性 　　　　　　D）封装性

9．结构化程序设计的基本原则不包括 _____。

A）逐步求精 　　　　　B）模块化 　　　　　　C）多态性 　　　　　　D）自顶向下

10．根据数据结构中数据元素间的前后件关系，将数据结构分为 _____。

A）线性结构与非线性结构 　　　　　　　B）内部结构与外部结构

C）静态结构与动态结构 　　　　　　　　D）紧凑结构与非紧凑结构

11．算法的空间复杂度是指 _____。

A）算法在执行过程中所需要的计算机存储空间

B）算法所处理的数据量

C）算法程序中的语句或指令条数

D）算法在执行过程中所需要的临时工作单元数

12．下列叙述中正确的是 _____。

A）有一个以上根结点的数据结构不一定是非线性结构

B）只有一个根结点的数据结构不一定是线性结构

C）循环链表是非线性结构

D）双向链表是非线性结构

13．下列关于队列的叙述中正确的是 _____。

A）在队列中只能插入数据 　　　　　　　B）在队列中只能删除数据

C）队列是先进后出的线性表 　　　　　　D）队列是先进先出的线性表

14．下列关于二叉树的叙述中正确的是 _____。

A）叶子结点总是比度为 2 的结点少一个

B）叶子结点总是比度为 2 的结点多一个

C）叶子结点数是度为 2 的结点数的两倍

D）度为 2 的结点数是度为 1 的结点数的两倍

15．下列数据结构中，能用二分法进行查找的是 _____。

A）有序线性链表 　　　　　　　　　　　B）线性链表

C）二叉链表 　　　　　　　　　　　　　D）顺序存储的有序线性表

16．在数据管理技术发展的三个阶段中，数据独立性最高的是 _____。

A）人工管理阶段 　　B）文件系统阶段 　　C）数据库系统阶段 　　D）三个阶段相同

17．数据库管理系统是 _____。

A）操作系统的一部分 　　　　　　　　　B）在操作系统支持下的系统软件

C）一种编译系统 　　　　　　　　　　　D）一种操作系统

18. 层次模型、网状模型和关系模型数据库的划分原则是 _____。

A）记录长度　　　　B）文件的大小　　　　C）联系的复杂程度　　　　D）数据之间的联系方式

19. 数据库设计中反映用户对数据要求的模式是 _____。

A）内模式　　　　B）概念模式　　　　C）外模式　　　　D）设计模式

20. 一个工作人员可以使用多台计算机，而一台计算机可被多个人使用，则实体工作人员与实体计算机之间的联系是 _____。

A）1:1 联系　　　　B）1:m 联系　　　　C）m:1 联系　　　　D）m:n 联系

二、问答题

1. 什么是软件工程？

2. 可将软件生存周期划分为哪几个阶段？

3. 什么是结构化分析方法？用什么工具描述？

4. 程序设计语言的 3 种类型和特点是什么？

5. 简述算法的 5 个重要特征并对其进行说明。

6. 简述树与二叉树的区别。

7. 数据结构主要包括哪 3 个方面的内容？

8. 数据库管理技术的发展经历了哪几个阶段？各阶段的特点是什么？

9. 什么是数据库、数据库管理系统、数据库系统？

10. 简述大数据的概念及结构类型。

第 6 章　计算机网络和信息安全

计算机网络涉及计算机与通信两个领域，是计算机技术与现代通信技术紧密结合的产物。一方面，通信技术为计算机之间的数据传递和交换提供了必要手段。另一方面，计算机技术的发展渗透到通信技术中，提高了通信网络的各种性能。

6.1　计算机网络概述

自 20 世纪 50 年代开始，计算机网络逐步发展起来，技术性能不断完善，应用范围越来越广。现如今，计算机网络已经成为人们社会生活中不可缺少的一个重要组成部分，已经深入国民经济各部门和社会生活的各个方面，成为当今信息社会的重要基础和人们日常生活工作中不可缺少的工具。

计算机网络是通过通信线路连接起来的，并通过通信协议进行数据通信实现资源共享的计算机的集合。

6.1.1　计算机网络的发展

计算机网络的发展是从简单到复杂、从单机到多机、从终端与计算机间通信到计算机与计算机间通信、从局域网内到网络之间的发展过程。

计算机网络的发展经历了以下几个发展阶段。

1. 第 1 阶段——面向终端的计算机网络

1954 年，人们为了共享远地的计算资源，将终端通过通信线路与远地的计算机相连，构成了面向终端的计算机网络，基本模型如图 6-1 所示。这种网络并非严格意义上的网络，只是计算机网络的雏形。

图 6-1　面向终端的计算机网络基本模型

为了解决单机系统既承担通信工作又承担处理数据工作造成负担过重的问题，在计算机和终端之间，引入了前端处理机（Front End Processor，FEP），专门负责通信控制工作，从而实现了数据处理与通信控制的分工，如图 6-2 所示。在 20 世纪 60 年代，这种面向终端的计算机通信网获得了很大的发展。

2. 第 2 阶段——计算机与计算机通信网

1964 年 8 月，英国国家物理实验室 NPL 的戴维斯提出了分组（Packet）的概念，找到了新的适合计算机通信的交换技术。

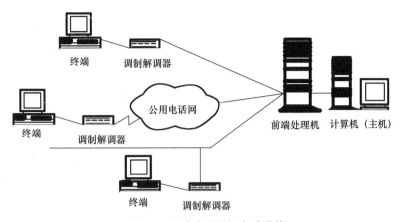

图 6-2 用前端处理机完成通信

1969 年 12 月，美国国防部高级研究计划署（Advanced Research Projects Agency，ARPA）的分组交换网 ARPANET 投入运行，它连接了 4 台计算机。到 1975 年，已有 100 台不同型号的计算机入网，ARPANET 的成功让计算机网络的概念发生了根本性变化，使计算机网络的通信方式由终端与计算机之间的通信，发展到计算机与计算机之间的直接通信，标志着计算机网络的形成。在 ARPANET 中，计算机和计算机通过通信线路实现了互联，从此，计算机网络的发展就进入了一个崭新的时代，其结构如图 6-3 所示。这种计算机网络的功能比第 1 代面向终端的计算机网络扩大了许多，称为第 2 代计算机网络。

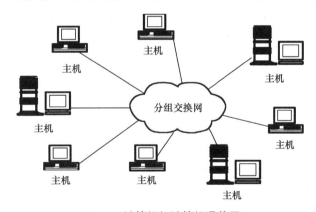

图 6-3 计算机与计算机通信网

3．第 3 阶段——标准化网络阶段

计算机网络系统是非常复杂的系统，计算机之间的通信涉及许多复杂的技术问题。1974 年，美国 IBM 公司公布了它研制的系统网络体系结构（System Network Architecture，SNA），不久后各种不同的分层网络系统体系结构相继出现。

由于同一体系结构的网络产品互联是比较容易实现的，而不同系统体系结构的产品互联却很难实现，因此人们迫切希望建立一系列的国际标准。为此，国际标准化组织（International Standards Organization，ISO）于 1977 年成立了专门的机构来研究该问题，随后正式颁布了"开放系统互连参考模型"（Open Systems Interconnection Reference

Model，OSI-RM），计算机网络体系结构得到了逐步的完善和规范，这就产生了第3代计算机网络。

4. 第4阶段——网络互联与高速网络阶段

进入20世纪90年代，计算机技术、通信技术以及建立在互联计算机网络技术基础上的计算机网络技术得到了迅猛的发展。

1993年，美国宣布建立国家信息基础设施NII（National Information Infrastructure）后，全世界许多国家纷纷效仿，制定和建立本国的NII，推动了计算机网络技术的发展，使计算机网络进入了一个崭新的阶段。这就是网络互联与高速网络阶段，计算机网络也进入了第4代，如图6-4所示。

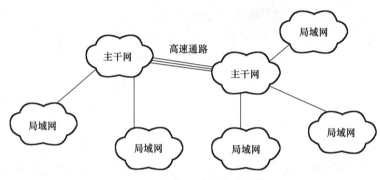

图 6-4 网络互联与高速网络

6.1.2 计算机网络的组成

就像任何智能系统都是由硬件和软件两部分组成的一样，计算机网络同样由网络硬件和网络软件组成。

1. 网络硬件

网络硬件主要分为两大类：网络节点和通信链路。

网络节点又分为端节点和转接节点。端节点是指通信的源设备和目的设备，如具有智能的主机系统和非智能的终端设备。转接节点是指网络中控制和转发信息的中间节点设备，如各种交换机、集中器、多路复用器、调制解调器和光通信设备等。

通信链路是指传输信息的信道，可以是有线的，如同轴电缆、光纤、双绞线等，也可以是无线的，如微波、无线电、红外线、卫星等。

2. 网络软件

计算机网络是一个智能系统，需要通过软件来控制网络硬件的运行和管理。另外，为了安全有效地利用网络资源，为用户提供资源共享服务和信息发布服务，也需要通过软件对网络资源进行全面的管理、调度和分配，并提供安全防护功能。网络软件是实现网络功能不可缺少的软件环境。主要网络软件如下。

① 网络协议软件。实现网络协议功能，如TCP/IP，常用协议会嵌入到网络操作系统。

② 网络应用客户端软件。为用户提供使用网络的界面，如IE浏览器（新版为Edge）、Outlook、微信等。

③ 网络操作系统。实现系统资源共享、管理资源访问、提供网络通信的程序集合。

流行的网络操作系统主要有 Windows、Linux 等。

④ 网络工具软件。实现对网络的监控、管理和维护等。

6.1.3　计算机网络的分类

计算机网络的分类方法很多，从不同角度观察、分类网络，有利于全面了解网络系统的各种特性。常见的网络分类依据包括覆盖范围和拓扑结构。

1. 按覆盖范围分类

1）局域网（Local Area Network，LAN）

局域网的覆盖范围通常为几米到几百米，一般在一个建筑物内，或在一个小型工厂、一个企事业单位内部，为单位独自建设并自行管理。局域网的特点如下：

① 系统灵活性高，建设、维护、扩展、改造和升级都非常简单和容易。

② 传输速率高（10Mbit/s ～ 10Gbit/s）。

③ 传播延迟小，可靠性高。

④ 使用成本低。

常见的局域网拓扑结构是总线型和环形，这是由其有限的地理范围决定的。局域网采用的传输介质包括双绞线、光纤和无线。

目前，非常流行的以太网（Ethernet）就是一种典型的局域网。

2）城域网（Metropolitan Area Network，MAN）

城域网的覆盖范围在广域网与局域网之间，运行方式与局域网相似。如果不进行严格的区分，城域网可以认为是一种"城市范围的局域网"，它可以覆盖一组邻近的公司或一个城市。城域网一般采用光纤作为传输介质，采用的技术既包括广域网技术，也包括局域网技术，可以支持数据、声音、图像和视频的传输，并有可能涉及当地的有线电视网。

3）广域网（Wide Area Network，WAN）

广域网的覆盖范围通常为几十千米到几千千米，可以是一个地区或一个国家，甚至是世界范围。广域网通常利用各种公用交换网络，将分布在不同地区的计算机网络或计算机系统互联起来。广域网的特点如下：

① 覆盖地理范围广。

② 适应大容量与突发性通信的要求。

③ 适应综合业务服务的要求，提供 QoS 能力。

④ 拥有开放的设备接口与规范化的协议。

⑤ 拥有完善的通信服务与网络管理。

广域网的典型通信速率为 56kbit/s ～ 622Mbit/s，现在已有更快速率的产品，价格也高许多。由于距离很远，广域网的传播延迟较大，约为几毫秒到几百毫秒（卫星信道）。

在拓扑结构上，广域网呈现为由许多交换机互联而成的网状结构，交换机之间采用点到点线路连接的方式，采用的传输介质包括光纤、无线电、微波、卫星等。

在体系结构上，广域网工作在 OSI-RM 的最低 3 层，主要采用存储转发方式进行数据交换。

2. 按拓扑结构分类

拓扑（Topology）是从图论演变而来的，是一种研究与大小形状无关的点、线、面的特点的方法。在计算机网络技术中，抛开网络中的具体设备，把计算机、服务器、交换机、路由器等设备都抽象为"点"（称为节点），把通信介质或通信链路抽象为"线"，这样从拓扑学的观点来观察计算机网络系统，就形成了点和线组成的几何图形，从而抽象出了计算机网络的连接结构。这种采用拓扑学方法抽象的网络结构称为计算机网络的拓扑结构。

计算机网络的拓扑结构主要有总线型、星形、环形、树形、不规则型和全互联型等几种，如图 6-5 所示。网络拓扑结构对网络的设计、传输控制方法、传输技术、可靠性、费用等方面有着重要的影响。这里需要注意的是逻辑结构和物理结构的概念，一个网络的逻辑结构和物理结构可能是不同的，例如，一些逻辑上的环形网在物理上却采用星形结构。

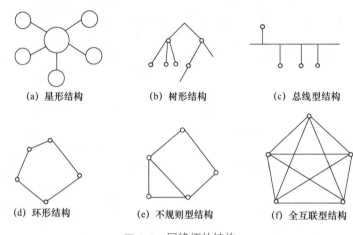

（a）星形结构　　　　　（b）树形结构　　　　　（c）总线型结构

（d）环形结构　　　　　（e）不规则型结构　　　　（f）全互联型结构

图 6-5　网络拓扑结构

1）星形结构

星形结构由一个中心节点和一些通过点到点链路与中心节点相连的端节点（计算机）组成，如图 6-5（a）所示。中心节点有两种类型：一种是仅用来连接各种节点的集中连接设备，对传输的数据不进行处理；另一种是具有处理能力的设备，能够对传输的数据进行存储、处理和转发。星形结构的优点是构建容易，易于扩充，控制相对简单，缺点是属集中控制，对中心节点的可靠性要求较高。

2）树形结构（层次结构）

网络呈现为倒置的树形结构，树的叶子节点是计算机，根节点和中间节点是集中连接设备，如图 6-5（b）所示。树形结构如果仅有两级，就变为星形结构。一般来说，规模比较大的网络都采用树形结构来构建。

3）总线型结构

总线型结构是一条由公用总线连接若干个端节点所形成的网络，如图 6-5（c）所示。在总线型网络中，数据传输采用广播通信方式，即一个节点发送的信息会被广播到网络上的其他节点。由于总线是公用的，如果有两个以上的节点同时发送数据，就会产生冲突，因此，必须采取某种方法来控制链路的有序使用，这就是介质访问控制方法（Medium Access Control Method），典型例子就是以太网中使用的载波监听多路访问 / 冲突检测（Carrier Sense Multiple Access/Collision Detect，CSMA/CD）。

总线型网络的优点是结构简单、成本低，缺点是节点发送数据时需要使用总线，所以实时性较差，当网络通信量增加时，性能会急剧下降。

4）环形结构

环形结构呈现为一种首尾相连的闭合环，环中的节点以点到点的方式两两连接，如图6-5（d）所示。环形结构常常使用令牌控制方法来管理各节点的数据传输。

5）点－点部分连接的不规则型结构（网状结构）

网络中的节点以点到点的方式连接，每个节点至少有一条链路与其他节点连接，如图6-5（e）所示。这种结构多用于广域网。广域网中各节点间的距离很远，某些节点之间是否使用点—点线路连接，要依据信息流量及节点的地理位置而定，如果节点间的通信可由其他节点转发而不影响传输性能，则可不必直接互联。因此，网络覆盖地域范围很广且节点数较多时，往往采用部分节点连接的不规则型结构。不规则型结构的网络必然会出现经由中间节点转发进行通信的现象，这称为交换。用于转发数据的设备称为交换机。

6）点—点全互联型结构

如果网状结构中每个节点和其他所有节点都有连接，就构成了全互联型结构，如图6-5（f）所示。全互联型结构的连接数随节点数量的增加而迅速增加。例如，具有 10 个节点的全互联型结构，每个节点需要 9 条线路与其他节点连接，则整个网络共需要 45 条线路。显然，在大型网络中，全互联型结构的线路建设成本是非常高的。

3．其他分类方法

计算机网络按网络用途可分为科研网、教育网、校园网、企业网等。

按网络数据传输和转接系统的拥有者来分，可分为专用网络和公用网络。公用网络指由国家电信部门组建、控制和管理的网络，任何单位都可使用。公用数据通信网络的特点是借用电话系统、微波通信，甚至卫星通信等通信业务部门的公用通信手段，实现计算机网络的通信联系。

6.1.4　计算机网络的协议和体系结构

计算机网络中的任何两个设备进行通信时，必须遵守相关的约定，否则，通信双方都无法理解对方的意图和协调其行为。网络协议是通信双方共同遵守的规则和约定的集合。

整个计算机网络的实现主要体现为协议的实现。在复杂的通信系统中，协议是非常复杂的。为了保证网络的各个功能的相对独立性，以及便于实现和维护，通常将协议划分为多个子协议，并且让这些协议保持一种层次结构。协议的集合通常称为协议族，由于协议族中的协议具有上、下层次关系，因此又称为协议栈（Protocol Stack）。

网络协议的分层有利于将复杂的问题分解成多个简单的问题，分而治之；分层有利于网络的互联，进行协议转换时可能只涉及某一个或几个层次而不是所有层次；另外，分层还可以屏蔽下层的变化，新的底层技术的引入，不会对上层的应用协议产生影响。

简而言之，一个网络应包括哪些层次、各层具有哪些功能、各层包括哪些协议、层次间如何交换数据，这些都是网络体系结构所要研究的问题。

网络体系结构是抽象的，是对计算机网络通信所需要完成的功能的精确定义，是从功能上来描述计算机网络结构的。

目前，最典型的计算机网络体系结构有两种：OSI-RM（7层）和TCP/IP（5层）。

1. OSI-RM 协议及其体系结构

20世纪70年代，随着网络的发展，开始出现了多种网络体系结构，如美国的ARPANET结构、IBM公司的系统网络体系结构SNA以及一些其他公司各自的体系结构。这种多种体系结构并存的状况成为网络发展和网络互联的障碍。针对这一问题，国际标准化组织经过研究提出了著名的开放系统互连参考模型，如图6-6所示。

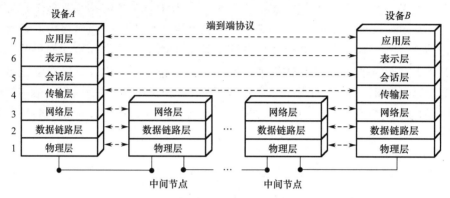

图 6-6 开放系统互连参考模型

各层的功能如下。

（1）物理层涉及网络接口和传输介质的机械、电气、功能和规程方面的特性。具体包括接口和介质的物理特性、二进制位的编码/解码、传输速率、位同步、传输模式、物理拓扑、线路连接等。物理层涉及的数据单位是二进制位（bit）。

（2）数据链路层将不可靠的物理层传输转变成一个无差错的数据链路传输。具体功能包括数据成帧、介质访问控制、物理寻址、差错控制、流量控制等。数据链路层涉及的数据单位是帧（Frame）。

数据链路层又分为介质访问控制（MAC）和逻辑链路控制（LLC）两个子层。

（3）网络层负责报文分组（Packet）从源主机到目的主机的端到端传输过程。具体功能包括网络逻辑寻址、路由选择、流量控制、拥塞控制等。网络层涉及的数据单位是报文分组。

以上三层属于通信子网。

（4）传输层负责整个报文（Message）从源到目的的传输。具体功能包括连接控制、流量控制、差错控制、报文的分段和组装、主机进程寻址等。传输层关注的是报文的完整性和有序性。源和目的指的是主机中的进程。传输层实现高层与通信子网的隔离。

（5）会话层负责网络会话的控制。具体功能包括会话的建立、维护和交互过程中的同步。

（6）表示层负责信息的表示和转换。具体功能包括数据的加密/解密、压缩/解压、标准格式间的转换等。

（7）应用层负责向用户提供访问网络资源的界面。应用层包括一些常用的应用程序和服务，如电子邮件、文件传输、网络虚拟终端、WWW服务、目录服务等。

OSI-RM定义了不同计算机互联标准的框架结构，得到了国际上的承认，它被认为是新一代网络的结构。它通过分层把复杂的通信过程分成了多个独立的、比较容易解决的子问题。在 OSI-RM 中，下一层为上一层提供服务，而各层内部的工作与相邻层是无关的。

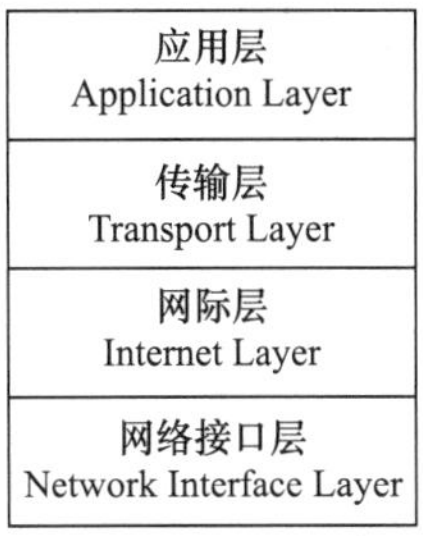

2. TCP/IP 协议及其体系结构

TCP/IP 是因特网使用的标准协议。它实际上是一个协议族，其中包含很多具体的协议，它们共同构成一个具有 4 个层次的体系结构，这 4 个层次从上到下分别是应用层、传输层、网际层和网络接口层，如图 6-7 所示。不过，其中的网络接口层并没有定义具体的内容，通常用 OSI-RM 中的数据链路层和物理层替代。

| 应用层
Application Layer |
| 传输层
Transport Layer |
| 网际层
Internet Layer |
| 网络接口层
Network Interface Layer |

图 6-7　TCP/IP 体系结构

TCP/IP 体系结构各层的定义如下。

（1）应用层（Application Layer）为用户进程提供所需要的各种信息交换和远程操作服务。本层包含了很多面向应用的协议，如简单邮件传输协议（Simple Mail Transfer Protocol，SMTP）、超文本传输协议（Hyper Text Transfer Protocol，HTTP）、文件传输协议（File Transfer Protocol，FTP）等。本层的数据传输的单位（PDU）是报文。

（2）传输层（Transport Layer）又称为运输层，为应用层进程提供端到端（不涉及中间节点）的通信服务。本层定义了两个主要的传输协议：无连接的用户数据报协议（User Datagram Protocol，UDP）和面向连接的传输控制协议（Transmission Control Protocol，TCP）。

UDP 在传送数据前不需要建立连接，如同邮递信件，属于发送后不管的方式，接收方接收到数据后也不需要给出任何确认信息，因此，UDP 提供的是一种不可靠的传输服务。但也正是由于不需要建立连接，使得协议开销小、灵活、资源占用少。UDP 的数据传输的单位是用户数据报（User Datagram）。

TCP 提供面向连接的服务，如同打电话，在传送数据前必须先建立连接，数据传送结束后要释放连接。面向连接意味着 TCP 提供的是可靠的传输服务，但也意味着需要增加更多任务开销，如确认、流量控制、计时器及连接管理等。这不仅使报文头部增大很多，还要占用大量的处理机资源来处理这些任务。TCP 的数据传输的单位是报文分段（Segment）。

（3）网际层（Internet Layer），又称为互联网层或网络层，为网络上的不同主机提供通信服务，即解决主机到主机的通信问题。网际层提供的是一种无连接、不可靠，但尽力而为的传输服务。本层提供的核心协议是网际互连协议（Internet Protocol，IP），还包括一些辅助协议，如地址解析协议（Address Resolution Protocol，ARP）、互联网控制报文协议（Internet Control Message Protocol，ICMP）等。本层的数据传输的单位是数据报，数据报又称为分组或包（Packet）。

（4）网络接口层（Network Interface Layer）提供了将数据报通过物理网络传输的服务。在概念上本层对应 OSI-RM 的数据链路层和物理层，但是 TCP/IP 并没有规定本层的协议，其目的是使 TCP/IP 能够适应不同的物理网络。在实际应用中往往会直接采用物理网络本身的相关协议，例如，局域网主要采用 IEEE 802 系列协议，广域网常采用 HDLC、帧中继、PPP 等协议。

在 TCP/IP 网络中，物理网络是一个经常使用的概念。各种物理网络，如各种局域网、城域网、广域网，甚至是一条简单的物理线路之间的差异都可能很大，但在 TCP/IP 看来，它们不过是一条主机之间传输信息的"管道"而已。

6.2 局域网

个人计算机的发展和普及促进了局域网的形成。局域网是计算机网络的重要组成部分，局域网的特点是：网络覆盖范围较小，数据传输速率较高，误码率低，一般为一个单位或部门独有。

6.2.1 局域网技术

局域网的拓扑结构一般采用总线型、星形和环形，传输介质可以采用双绞线、50Ω 同轴电缆、75Ω 同轴电缆、光纤以及无线介质等。

作为计算机网络的一个重要分支，局域网由于其组网方便、传输速率高等特点得到了迅速的发展和广泛的应用，而推动局域网技术快速发展的一个主要因素就是由 IEEE 802 委员会制定的 IEEE 802 局域网标准。

IEEE 802 委员会是美国电气和电子工程师学会（IEEE）在 1980 年 2 月成立的一个分委员会，专门从事局域网标准化方面的工作，以推动局域网技术的发展，规范相关产品的研制和开发。目前已陆续制定了一系列的标准，从 IEEE 802.1 到 IEEE 802.16，并不断增加新的标准，对应不同类型的局域网技术。

20 世纪 70 年代至 20 世纪 80 年代，出现了各种实验性和商业化的局域网，如美国加州大学的 Newhall 环网、英国剑桥大学的剑桥环网、3COM 的以太网、IBM 的令牌环网以及 ARCNet 等。

经过多年的市场考验和技术发展，以太网终于以技术成熟、联网方便、价格低廉等优点脱颖而出，尤其是快速以太网（100Mbit/s）、吉比特以太网（1Gbit/s）和 10 吉比特以太网（10Gbit/s）应用后，以太网在局域网领域占据了绝对优势，应用极为普遍。

随着通信技术的发展，无线局域网近年来得到了迅速普及应用，很多公共场所都有相应的设施，通过它们可以将计算机、平板电脑、智能手机等接入因特网，也可以使相近的

图 6-8　无线局域网的拓扑结构

两台或多台主机直接进行通信。在无线局域网系统中，每台主机配备无线调制解调器和天线，与被称为接入点（Access Point，AP）的设备通信。接入点可以是无线路由器（Wireless Router）或是基站（Base Station），主要负责中继无线主机之间，以及无线主机与因特网之间的数据包转发。无线局域网的拓扑结构如图 6-8 所示。

无线局域网的标准是 IEEE 802.11，使用星形拓扑结构，中心节点称为接入点，在 MAC 层使用 CSMA/CA 协议。通常，使用 IEEE 802.11 系列协议的局域网又称为 Wi-Fi（Wireless-Fidelity）。

6.2.2 以太网

以太网是当前占主导地位的分组交换局域网技术，是由 Xerox 公司的 PARC（Palo

Alto Research Center）在 20 世纪 70 年代早期发明的。Xerox 公司、Intel 公司和 DEC 公司于 1978 年将以太网进行了标准化。IEEE 802 组织用 IEEE 802.3 发布了一个与这个标准兼容的标准版本，目前以太网已经成为一种最流行的局域网技术。

早期以太网的设计采用总线型结构，用同轴电缆作为传输介质，每根以太网电缆直径约为 1.27 厘米，长度约为 500 米。在同轴电缆的每一端都要加上一个电阻，以免出现电信号的反射。以太网的传输介质经历了由粗同轴电缆到细同轴电缆，再到双绞线的发展过程。

20 世纪 70 年代末，以太网得到了标准化，以 10Mbit/s 速率工作。经过多年的发展，其性能不断提高，传输速率越来越快，拓扑结构、传输介质、工作方式都在发生改变。

1.　以太网介质访问控制协议

以太网的基本拓扑结构为总线型，所有站点都连接到一根总线上，如图 6-9 所示。

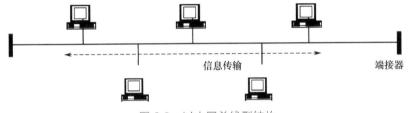

图 6-9　以太网总线型结构

由于网络中所有站点共享同一总线传输的信息，任何一个站点发送的信息都以广播方式向总线两端传播，因此当网络中有两个以上的站点同时发送信息时，就会出现冲突，所发送的信息将受到破坏。

目前以太网使用的介质访问控制协议是 CSMA/CD——带冲突检测的载波侦听多路访问，通过该协议来解决介质争用的冲突问题。

某站点要发送信息时，一方面对介质进行侦听，判断介质是否忙碌（有载波），即是否有其他站点正在传送信息，只有当介质空闲（无载波）时才能发送。另一方面，由于信号在线路上的传输时延，可能会出现多个站点同时侦听到介质空闲而开始发送，并出现冲突的情况，因此，站点在发送的同时仍然需要进行侦听，一旦检测到冲突，就立即停止发送。

上述过程也可以简单地归纳为：发前先听，边发边听，冲突停止，延迟重发。

CSMA/CD 是局域网的一个重要协议，其对应标准为 IEEE 802.3。

2.　以太网地址

以太网为每个硬件网络接口指定一个唯一的 48 位二进制数作为以太网地址，该地址又称为硬件地址、物理地址、MAC 地址或第 2 层地址。保证以太网地址全球唯一的方法是：IEEE 负责分配 48 位地址中的前 24 位，生产以太网网卡和设备的厂商向 IEEE 购买 3 个字节的号码，作为厂商的地址块，地址的后 3 个字节再由厂商进行分配，并在生产网卡时固化在其只读存储器中。

IEEE 802 标准规定 MAC 地址采用 6 个字节（48 位）的地址，如图 6-10 所示。

3.　以太网帧格式

以太网中信息以"帧"为单位进行传输，其格式如图 6-11 所示。

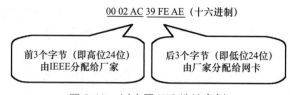

图 6-10　以太网 MAC 地址实例

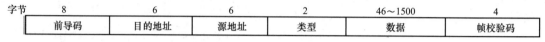

图 6-11　以太网帧格式

以太网中信息以广播方式传输，一个站点发送的帧可以传到网络上的所有站点，但只有一个"地址与帧的目的地址相符"的站点能接收该帧。

4．典型以太网

1）10Base-T 双绞线以太网

早期以太网采用总线型结构，传输速率为 10Mbit/s，如 10Base5 粗缆以太网、10Base2 细缆以太网。粗缆以太网的可靠性高、安装复杂；细缆以太网安装简单灵活、可靠性较差。

1990 年，出现了 10Base-T 双绞线以太网，传输速率为 10Mbit/s，"T"表示用双绞线作为传输介质。采用这种技术的以太网是星形结构的，利用集线器组网，所有站点分别通过双绞线连接到一个集线器（Hub）上，它具有组网方便、便于系统升级、易于维护等特点，如图 6-12 所示。

集线器类似于一个多端口的转发器，每一个端口通过一对双绞线直接连接一个站点，站点到集线器的距离不超过 100 米。集线器连接的网络在物理上是一个星形网，但从介质访问控制方式来看，仍然是一个总线型网络，各站点共享逻辑上的总线，同一时刻只能有一个站点发送数据。

2）交换式以太网

使用交换机（也称为交换式集线器）连接各个站点组成交换式以太网，可以明显地提高网络性能。

交换机同样带有多个端口，其组网的方法与共享式集线器类似，如图 6-13 所示。交换机与集线器的主要区别在于内部结构和工作方式不同，当交换机从某个端口收到一个站点发来的数据帧时，不再向所有其他端口传送，而是将该数据帧直接送到目的站点所对应的端口并转发出去。因此，交换机可以同时支持多对站点之间的通信而不产生冲突，如图中的 A_1 和 A_2、B_1 和 B_2。交换机由于其良好的性能，在局域网中得到了广泛使用。

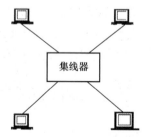

图 6-12　10Base-T 双绞线以太网

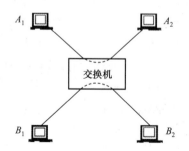

图 6-13　交换式以太网

3）高速以太网

高速以太网通常指传输速率为 100Mbit/s 以上的网络，如 100Base-T 高速以太网，传输速率为 100Mbit/s，用户可以方便地从 10Base-T 升级到 100Base-T。随着 100Base-T 以太网的普及，对以太网的吞吐能力的要求也在不断提高，因而又研制了千兆位以太网和万兆位以太网，它们的传输速率更快，分别可达 1000Mbit/s（1Gbit/s）和 10Gbit/s。

这些技术的出现，极大地提高了网络的性能，扩大了局域网的规模和应用范围，距离可以扩大到几十千米甚至上百千米，特别是千兆位以太网和万兆位以太网已成为目前局域网的首选技术。

6.3　因特网

Internet 又称为"互联网"，后来由全国科学技术名词审定委员会正式定名为"因特网"，现在两种称法均很流行，本书采用因特网称法，特殊情况除外。因特网是指通过网络互联设备把不同的多个网络或网络群体互联起来形成的全球性网络，现在有几十亿个计算机、手机或终端接入因特网，覆盖了全球 180 余个国家和地区，连入的计算机存储了最丰富的信息资源，是世界最大的计算机网络。

中国是第 71 个国家级因特网成员。因特网是用户共同遵守的协议，用户共享资源，由此形成了"因特网网络文化"，因特网是全人类最大的知识宝库之一。

6.3.1　因特网的关键技术

因特网采用 TCP/IP 进行通信和数据传输，其中 TCP 负责保证传输的正确性，IP 则保证通信的可用性。因特网不属于任何国家、部门或机构，任何遵守 TCP/IP 的网络都可以接入因特网，成为其中的一员；因特网也不属于任何个人或组织，任何个人或组织只要愿意都可以加入，在因特网中查找或传递信息，也可以将信息发布到因特网上。

因特网由众多网络互联而成，实现网络互联的主要设备是路由器。从物理上看，因特网是基于多个通信子网（主干网）的网络，这些通信子网属于加入因特网的不同国家。各国家（地区）的城域网、局域网或个人用户可以通过各种技术接入本国的通信子网。这样，各国的"小网络"就通过通信子网连接成了一个"大网络"，再通过路由器连接成一个更大的网络，就是因特网，如图 6-14 所示。因特网是一种具有层次结构的网络，从上

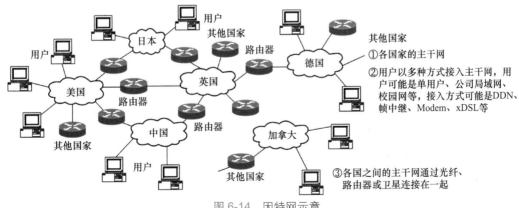

图 6-14　因特网示意

至下，大致可分为 3 层。第 1 层为各国主干网，第 2 层为区域网，底层为局域网。

主干网：由代表国家或者行业的有限个中心节点通过专线连接形成，覆盖到国家一级；如连接各国主干网的是国际互联网信息中心（InterNIC），我国的相应管理机构为中国互联网络信息中心（CNNIC）。

区域网：由若干个作为中心节点代理的次中心节点组成，覆盖部分省、市或地区，如我国的教育网各地区网络中心、电信网各省因特网中心等。

局域网：直接面向用户的网络，如校园网和企业网等。

1. IP 地址

快递公司根据个人的家庭地址信息可以将网购商品送到购买者的手中，与此相似，因特网中的每台计算机也都有一个唯一的网络地址，根据它可以将信息传输到指定的计算机中。在因特网中，计算机的网络地址由 IP 协议负责定义和转换，所以又称为 IP 地址。

最初的 IP 协议用 4 个字节存储 IP 地址，称为 IPv4。4 个字节能够表示的数字个数是 2^{32} = 4294967296，一个数字代表因特网中一台计算机的地址，即最多可有 4294967296 台计算机。记住每台计算机的 32 位二进制数字编号比较困难，所以人们通常用 4 个十进制数字来表示 IP 地址，十进制数之间用"."分开。例如，"11111111111111111111111110000 0111"就表示为"255.255.255.7"，其转换规则是将每个字节转换为一个十进制数，因为 8 位二进制数最大为 255，所以 IP 地址中每个十进制数不超过 255。

因特网中的 IP 地址分为 A、B、C、D、E 共 5 类，每类包括的网络数量和主机（因特网中的计算机称为主机）数量不同，这些信息都隐藏在主机的 IP 地址中，结构如下：

网络类别	网络标识	主机号

网络类别表示 IP 地址的类型，它与网络标识组合成网络号，是网络在因特网中的唯一编号，主机号表示主机在本网络中的编号，如表 6-1 所示。

表 6-1　IP 地址的结构（其中 bit 表示二进制位）

IP 类型	网络类别	网络标识	主机号
	IP 地址（总长 32bit）		
A 类	0	7bit	24bit
B 类	10	14bit	16bit
C 类	110	21bit	8bit
D 类	1110	组播地址	
E 类	11110	保留后用	

从表 6-1 中可以看出，A 类地址是 IP 地址中最高二进制位为"0"的地址，它的网络标识只有 7 位二进制数，能够表示的网络编号范围为 0000000 ～ 1111111，共有 2^7=128 个编号，即最多只有 128 个 A 类地址的网络号。事实上，"0000000"和"1111111"两个编号具有特殊的意义，不能用作网络号，这就是说，具有 A 类地址的网络最多只有 126 个。

A 类地址的主机号为 24bit，即每个 A 类网络中的主机编号可从 000000000000000 000000000 一直编到 111111111111111111111111，共有 2^{24}=16777216 台主机。

　　A 类网络的网络号（网络类别＋网络标识）处于 IP 地址的最高字节，占据 IP 地址的第 1 个十进制数，范围为 1 ～ 127，所以只要看见 IP 地址中的第 1 个十进制数在此范围内，就可以肯定它属于某个 A 类网络。例如，在 IP 地址 12.12.23.21、26.43.56.11、231.192.192.3 中，前两个是 A 类地址，最后一个不是 A 类地址。

　　同理可以推算 B 类、C 类、D 类和 E 类 IP 地址中的网络数和主机数。表 6-2 列出了 A、B、C 类 IP 地址的网络范围和主机数。

表 6-2　A、B、C 类 IP 地址的网络范围和主机数

IP 类型	最大网络数	最小网络号	最大网络号	最多主机数
A	126（2^7-1）	1	126	$2^{24}-2=16777214$
B	16384（2^{14}）	128.0	192.255	$2^{16}-2=65534$
C	2097152（2^{21}）	192.0.0	223.255.255	$2^8-2=254$

说明：

　　IP 地址中的全 "0" 或全 "1" 地址另作它用，这就是表 6-2 中最多主机数减 2 的原因。

　　A 类地址网络数较少，但每个网络中的主机数较多，所以常常分配给拥有大量主机的网络，如大公司（IBM、AT&T 等公司）和 Internet 主干网络。B 类地址通常分配给节点比较多的网络，如政府机构、较大的公司及区域网。C 类地址常用于局域网络，因为此类网络较多，而网络中的主机数又比较少。大家熟知的校园网就常采用 C 类地址，较大的校园网可能还有多个 C 类地址。D 类地址应用较少，E 类地址则保留以备将来使用，到目前为止尚未开放。

　　IPv4 能够管理的 IP 地址并不多，因此人们设计了 IPv6，它采用 128 位二进制数表示 IP 地址，可以设置 2^{128} 个地址，是个很大的数字，足够人们使用多年。

　　2．子网掩码

　　一个 A 类网络中可以容纳 16777214 台主机，B 类网络中可以容纳 65534 台主机。但据统计，许多 B 类网络中实际所连接的主机数不到 200 台，这就意味着有 6 万多个 IP 地址被浪费掉了。这种不合理的地址方案一方面造成了极大的地址浪费，另一方面又使 IP 地址紧缺。有一种解决方案就是，把这些网络划分成更多的子网，再将子网分配给不同的单位。对于划分了子网或未划分子网的 IP 地址而言，结构如表 6-3 所示。

表 6-3　子网的 IP 地址划分

IP 地址	因特网部分	本地网络部分	
未划分子网的 IP	网络号	主机号	
划分子网的 IP	网络号	子网号	主机号

　　从有无子网的 IP 地址结构可以看出，子网技术将本地网络部分（即主机号）再划分为多个更小的网络，对原来 IP 地址的网络号则不进行修改。子网技术没有增加因特网的任何负担，因为在通信过程中，因特网只需将信息送到相关的网络中（由 IP 地址中的网

络号确定），再由相关网络将信息送到主机。子网划分并未引起主机 IP 地址中原有网络号的变化，信息传输也就不会受到子网划分的影响。

子网划分可以通过子网掩码技术实现。所谓子网掩码，实际上是一个与 IP 地址等长（即 32bit）的二进制编码，将一个 IP 地址的网络号部分（包括子网部分）设置为全"1"，主机号部分设置为全"0"，将 IP 地址与之进行二进制数据的"与"运算，即可得出该 IP 地址所在的网络 IP 地址。表 6-4 为一个 C 类网络的子网掩码的默认值。

表 6-4 C 类网络的子网掩码的默认值

IP 地址	网络号	子网号	主机号
子网掩码	1……1	1……1	0……0

例如，有 30 个 B 类地址 132.1.2.1 ～ 132.1.2.30，要想将它们划入同一子网中，可以通过子网掩码技术将"132.1.2"设置为网络号，最后一个字节表示该网络中的主机编号，则其子网掩码为"11111111111111111111111100000000"，如果这 30 台主机都使用这个子网掩码，它们的网络号（包括子网号）就相同。例如，132.1.2.30 地址的网络号计算过程如表 6-5 所示。

表 6-5 网络号计算过程

操作	网络标识		子网号	主机号	含义
	132	1	2	30	IP 地址：十进制
	10000100	00000001	00000010	00011110	IP 地址：二进制
and	11111111	11111111	11111111	00000000	子网掩码
and 结果	10000100	00000001	00000010	00000000	所在网络号：二进制
	132	1	2	0	所在网络号：十进制

如果主机 132.1.2.56 也使用这个子网掩码，同样可得出其网络号为 132.1.2.0，它也会被划入到该子网络中。可以看出，子网掩码和 IP 地址相与的结果与将 IP 地址的主机号直接设置为 0 的结果相同。子网掩码常用十进制数表示，如上述掩码可以表示为 255.255.255.0。

因特网中的每台主机都有子网掩码，路由器以此来推算 IP 地址所属的网络。网管人员可以借助子网掩码将一个较大的网络划分为多个子网。

3. 网关

网关是用来把两个或多个网络连接起来的设备，工作在网络协议的高层，能够实现不同网络协议的转换。计算机要接入因特网，必须进行 IP 地址的设置。在 Windows 系统中进行主机 IP 地址配置时，有一项任务就是网关的设置。但是，这个网关实际上是出入本网的路由器地址，并非真正意义上的网关，这样称呼有其历史原因。图 6-15 是用一个路由器连接两个子网络的网关配置示意。

4. 域名系统

要访问因特网中的任何一台主机，都需要知道它的 IP 地址。IP 地址本质上是一个数字，难以记住，于是因特网允许人们用一个类似于英文缩写或汉语拼音的符号来表示 IP

地址，这个符号化的 IP 地址就称为"域名地址"。

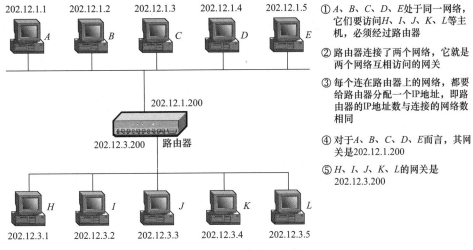

①A、B、C、D、E处于同一网络，它们要访问H、I、J、K、L等主机，必须经过路由器

②路由器连接了两个网络，它就是两个网络互相访问的网关

③每个连在路由器上的网络，都要给路由器分配一个IP地址，即路由器的IP地址数与连接的网络数相同

④对于A、B、C、D、E而言，其网关是202.12.1.200

⑤H、I、J、K、L的网关是202.12.3.200

图 6-15　网关配置示意

在因特网中，域名地址由域名服务器管理。域是一个网络范围，可能表示一个子网、一个局域网、一个广域网或 Internet 的主干网。一个域内可以容纳许多台主机，每台主机一定属于某个域，通过该域的域名服务器访问该主机。域名系统是一种层次命名结构，如图 6-16 所示。

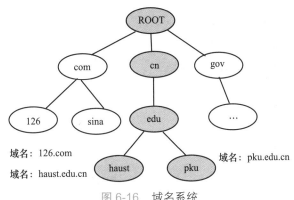

域名：126.com

域名：haust.edu.cn

域名：pku.edu.cn

图 6-16　域名系统

在设置主机的域名地址时，必须符合以下规则：

① 按层次结构划分，最右侧的层次最高；

② 域名地址的各段以小圆点"."分隔；

③ 域名地址从左到右书写，从右到左翻译，从左到右书写，即如图 6-16 所示的层次结构从下向上定义域名，从右到左翻译，即在图中从上向下翻译域名的含义。

例如，河南科技大学的域名为 haust.edu.cn，表示的含义为"中国 . 教育科研网 . 河南科技大学"。

在因特网中，由域名服务器实现 IP 地址与域名地址之间的转换。例如，当在浏览器的地址栏中输入北京大学的域名"www.pku.edu.cn"时，域名服务器会将它转换成北京大学的 IP 地址"162.105.129.12"，表 6-6 给出了常见的域名。

表 6-6   因特网中常见的域名

常见国家或地区的域名				常见组织机构域名	
域名	国家或地区	域名	国家或地区	域名	组织（行业）
cn	中国	hk	香港	edu	教育机构
us	美国	tw	台湾	gov	政府机构
jp	日本	mo	澳门	com	商业机构
de	德国	uk	英国	net	网络组织

6.3.2   因特网的接入方式

接入因特网的方式主要有专线接入、拨号接入、宽带接入或通过移动网络接入等。专线接入多为局域网用户采用；宽带接入技术推出的时间较短，但发展较快，是当前个人用户接入因特网的主要方式；拨号接入是早期的主要接入方式，速度较慢，现在已基本不用，因此本节不再介绍。

1．专线接入

局域网一般采用专线接入因特网，网络中的用户都可以通过此专线访问因特网。图 6-17 是采用专线接入因特网的示意图，局域网通过路由器与数据通信网（如 DDN、帧中继网等）的专线相连接，数据通信网覆盖范围很大，与国内的因特网主干网相连，最后由主干网实现国际互联。

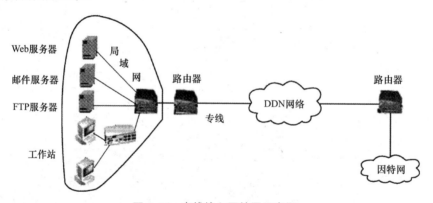

图 6-17   专线接入因特网示意图

专线接入的上网速度比较快，适合大业务量的网络用户使用，接入后网络中的所有终端和工作站均可共享因特网服务。

2．宽带接入

宽带接入近年来发展迅猛，它能够进行视频会议和影视节目的传输，适合小型企业、网吧及家庭用户上网。宽带接入主要采用 DSL 技术。

DSL（Digital Subscriber Line，数字用户线路）是对普通电话线进行改造，利用电话线进行高速数据传输的技术，包括 HDSL、SDSL、VDSL、ADSL 和 RADSL 等，被称为 xDSL。它们的主要区别是传输速率和传输距离不同。

ADSL（Asymmetrical Digital Subscriber Loop，非对称数字用户线环路）是 DSL 接入技术的一种，它在电话线上支持上行（从客户端到局方）速率 640kbit/s ～ 1Mbit/s，下行（从局方到客户端）速率 1Mbit/s ～ 8Mbit/s，有效传输距离为 3km ～ 5km。ADSL 有效地利用了电话线，只需要在客户端配置一个 ADSL Modem 和一个话音分路器就可接入宽带网，如图 6-18 所示。

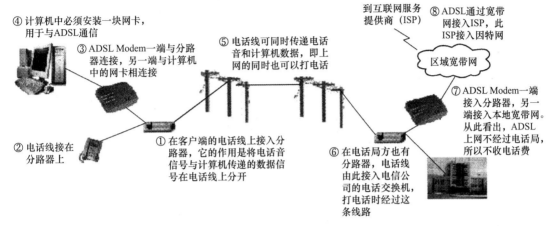

④计算机中必须安装一块网卡，用于与ADSL通信

③ADSL Modem一端与分路器连接，另一端与计算机中的网卡相连接

⑤电话线可同时传递电话音和计算机数据，即上网的同时也可以打电话

到互联网服务提供商（ISP）

⑧ADSL通过宽带网接入ISP，此ISP接入因特网

区域宽带网

②电话线接在分路器上

①在客户端的电话线上接入分路器，它的作用是将电话音信号与计算机传递的数据信号在电话线上分开

⑦ADSL Modem一端接入分路器，另一端接入本地宽带网。从此看出，ADSL上网不经过电话局，所以不收电话费

⑥在电话局方也有分路器，电话线由此接入电信公司的电话交换机，打电话时经过这条线路

图 6-18　ADSL 上网的过程

6.3.3　在 Windows 中创建因特网连接

1. Windows 中的网络接入方式

Windows 系统具有强大的网络管理功能，能够使用户的计算机与其他计算机或网络建立连接，进行信息传递。Windows 系统不仅可以让计算机通过 LAN、调制解调器、ISDN 或 DSL 等方式访问远程服务器，还可以使计算机成为远程访问服务器，让网络中的其他用户访问该计算机。在 Windows 中，至少可以通过以下方法将计算机接入网络。

① 通过计算机的串口或并口，使用电缆直接与另一台计算机相连。

② 使用调制解调器或网络适配卡连接到局域网或专用网。

③ 通过虚拟专用网（VPN）连接网络。

2. Windows 中局域网 IP 地址的参数设置

通过局域网接入因特网是目前较常用的因特网访问方式之一。在同一局域网中，相同子网中的所有用户通过相同的网络设备和网络线路访问因特网。除了做好硬件设备与因特网的物理连接，还必须通过 Windows 系统的网络管理功能建立软件连接，并正确配置网络的 TCP/IP 参数，才能够访问因特网。

在 Windows 系统中，局域网 TCP/IP 参数的设置至少涉及主机的 IP 地址、子网掩码及网关等几个重要参数的设置。只有参数设置正确，才能够访问因特网。下面以图 6-19 所示局域网中的计算机 E 为例，说明 Windows 中 IP 地址的设置过程。从图 6-19 中可以看出，计算机 *A*、*B*、*C*、*D*、*E* 处于同一局域网中，它们通过路由器接入上一级网络。这些计算机能够访问上一级的各种服务器，如 FTP 服务器、邮件服务器和域名解析服务器等，并通过上一级网络接入因特网。

路由器通常用于连接两个或多个不同的局域网，以便在多个不同的网络之间转发信息。这就要求路由器具有多个不同的 IP 地址，每个 IP 地址属于不同的网络。例如，在图 6-19 中，连接 *A*、*B*、*C*、*D*、*E* 的路由器就有两个不同的 IP 地址，其中一个 IP 地址与 *A*、

B、C、D、E 网络计算机具有相同的网络号，这个 IP 地址就是 A、B、C、D、E 计算机的网关。另一个 IP 地址则具有与之相连的另一个网络的网络号。该路由器具有与服务器相同的网络号。路由器的这种地址方案使之能够识别连接的不同网络。

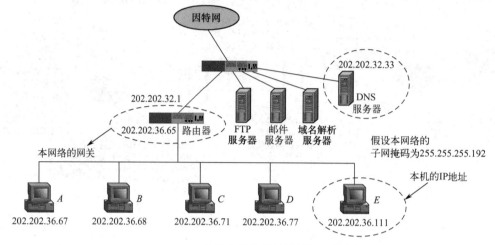

图 6-19　一个接入因特网的局域网示意图

在 Windows 操作系统中，为图 6-19 中的计算机 E 配置 IP 地址的过程如下。

① 选择"开始"→"控制面板"→"网络和 Internet 连接"→"查看网络状态和任务"命令，出现如图 6-20 所示的窗口。

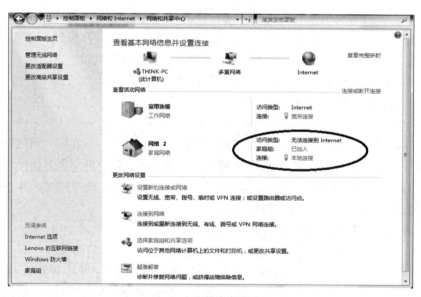

图 6-20　网络和共享中心

② 单击"本地连接"选项，从弹出的"本地连接 状态"对话框中单击"属性"按钮，出现该连接的属性对话框，如图 6-21 所示。

③ 选中"Internet 协议版本 4（TCP/IPv4）"复选框，然后单击"属性"按钮，出现如图 6-22 所示的对话框。

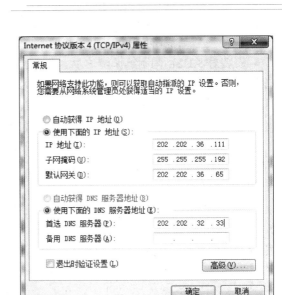

图 6-21　"本地连接 属性"对话框　　　图 6-22　"Internet 协议版本 4（TCP/IPv4）属性"
　　　　　　　　　　　　　　　　　　　　　　　　　　　对话框

④ 设置计算机 E 的 IP 地址、子网掩码、默认网关和 DNS 服务器地址。在图 6-22 所示的对话框中选中"使用下面的 IP 地址"单选按钮，在"IP 地址"框中输入计算机 E 的 IP 地址"202.202.36.111"，在"子网掩码"框中输入"255.255.255.192"，在"默认网关"框中输入路由器的地址"202.202.36.65"。选中"使用下面的 DNS 服务器地址"单选按钮，然后在"首选 DNS 服务器"框中输入计算机 E 所在网络的域名服务器地址"202.202.32.33"。

经过上述操作步骤，就设置好了计算机 E 的 IP 地址参数。其他几台计算机 A、B、C、D 的 IP 地址参数配置过程与此相同，它们的子网掩码、默认网关和 DNS 服务器地址也与计算机 E 相同，不同的是每台计算机的 IP 地址。

3. ADSL 宽带上网

ADSL 上网多用于家庭和个人用户。这种方式通过调制解调器，借助于电话线，通过电话交换网接入特定的 ISP（如电信公司或移动公司），再由 ISP 接入因特网。

要想通过宽带 ADSL 接入因特网，首先需要向 ISP 提出申请，在办理相关手续后，ISP 会给用户分配相应的用户名和初始密码（用户可以修改此密码）。

1）安装调制解调器

安装 ADSL 调制解调器的操作步骤如下。

① 将电话线接入 ADSL 分路器的 Line 接口，将电话机与分路器的 Phone 接口连接，将连接到计算机网卡的网线与分路器的 ADSL 接口连接，并接好 ADSL 调制解调器的电源。

② 启动 Windows，安装好调制解调器的设备管理程序。

> **说明：**
>
> 在一般情况下，将调制解调器接入计算机后，重新给计算机加电时，Windows 会自动识别出调制解调器。

2）创建一个新的连接

安装好 ADSL 调制解调器之后，还需要安装支持调制解调器接入因特网的网络协议和拨号程序。Windows 中有单独的拨号网络程序，在正确配置这个程序的参数之后，才能使用调制解调器拨号上网。拨号程序的参数配置过程如下。

① 在图 6-20 中，单击"设置新的连接或网络"选项，弹出如图 6-23 所示的窗口。

② 单击其中的"连接到 Internet"选项，如果曾经建立过拨号连接，则该窗口会将它们显示出来。这时可以单击其中的"仍然设置新连接"按钮，在接下来的对话框中选择"创建新连接"选项。

③ 按照向导提示，逐步向下执行，直到出现如图 6-24 所示的对话框。

④ 在图 6-24 中，输入从 ISP 申请到的用户名和密码，在"连接名称"文本框中输入宽带连接的名称，此名称用于标识本次创建的宽带连接，由用户自己命名，可以是任意名称，它将显示在网络连接名称的列表中。双击它，就能连接到网络。

图 6-23   "设置连接或网络"窗口

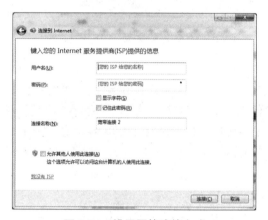

图 6-24   设置网络连接方式

4．拨号接入 ISP

建立了一个拨号连接后，就会在如图 6-20 所示的窗口中增加该拨号连接的图标。双击该图标，在出现的对话框中输入用户名和密码，然后单击"连接"按钮，计算机就能连接到 ISP 的服务器上，ISP 将向用户提供因特网的访问服务，用户就可以访问因特网了。

6.3.4 Windows 系统的几个常用网络命令

1．ipconfig 命令

ipconfig 命令是用来查看主机内 IP 协议配置信息的命令，可以查看的信息包括：网络适配器的物理地址、主机的 IP 地址、子网掩码，以及默认网关、主机名、DNS 服务器、节点类型等。该命令对于查找拨号上网用户的 IP 地址及网络适配器的物理地址很有用。操作过程如下。

① 选择"开始"→"全部程序"→"附件"→"命令提示符"命令，出现 DOS "命令提示符"窗口。在 Windows 10 中，按【Windows+R】组合快捷键，在窗口中输入 cmd，同样可出现命令行窗口，后续命令使用方法相同。

② 在 DOS 命令提示符后面直接输入 ipconfig 命令，然后按【Enter】键，将显示主机

的 IP 地址、子网掩码及默认网关等信息，如图 6-25 所示。

图 6-25　ipconfig 命令的执行结果

如果使用 ipconfig/all 命令，则可以得到更多的信息，如主机名、DNS 服务器、节点类型、网络适配器的物理地址、主机的 IP 地址、子网掩码以及默认网关等。

2. ping 命令

ping 命令用于测试与远程主机的连接是否正确。它使用 ICMP 向目标主机发送数据报，当目标主机收到数据报后，会给源主机回应 ICMP 数据报，源主机收到应答信息后就可确定网络连接的正确性。如果源主机在规定的时间内没有收到回应，就会显示超时（Timed Out）错误。

> **说明：**
>
> ICMP 是 TCP/IP 协议套件中的维护协议，每个 TCP/IP 实施中都需要该协议，它允许 IP 网络上的两个节点共享 IP 状态和错误信息。ping 命令使用 ICMP 来确定远程系统的可访问性。

用 ADSL 宽带上网后，用 ping 命令测试与远程主机连接情况的结果如图 6-26 所示。

ping命令测试结果表明与远程主机61.128.128.68的连接是正常的

ping命令的测试结果是超时错误，表明与远程主机202.202.32.33的连接不正常，不能进行通信

图 6-26　用 ping 命令测试与远程主机连接情况的结果

执行 ping 命令的方法如下：

在 DOS 命令提示符后直接输入 "ping + 远程主机 IP 地址"，然后按【Enter】键，系统将显示连接的状态信息。

6.3.5 因特网的应用

连接到因特网以后，要上网查看和搜索信息，必须有一个浏览器。有了浏览器，用户需要做的仅仅是按几下鼠标，做很少的输入，就能够从网络上获得所需的信息。常用的浏览器主要有 Microsoft 公司的 Internet Explorer（新版为 Edge）、腾讯公司的 QQ 浏览器、奇虎 360 公司的 360 安全浏览器、Mozilla 公司的 Firefox（火狐），以及其他公司开发的各种浏览器。

1. WWW 浏览

WWW（World Wide Web），又称为 W3、3W 或 Web，中文含义为全球信息网或万维网。WWW 最初起源于欧洲粒子物理实验室。

WWW 以超文本标记语言（HTML）和超文本传输协议（HTTP）为基础，采用客户机／服务器（Client/Server）的工作模式。在逻辑上，WWW 包含 3 个组成要素：浏览器、Web 服务器和超文本传送协议。浏览器和 Web 服务器的通信如图 6-27 所示。

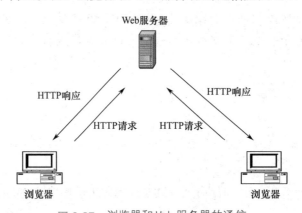

图 6-27 浏览器和 Web 服务器的通信

目前 WWW 已成为因特网上使用最为广泛的服务之一，它是由大量的网页（Web Pages）组成的，是一个分布式信息系统。网页文件由超文本标记语言编写，内容包括文字、图片、动画、声音等多种媒体信息，以及实现与其他网页、网站或资源的关联和跳转的超链接（Hyperlink）。网页能被浏览器识别、解释并显示，它本身是一个文本文件，扩展名为 .htm 或 .html。超文本内容的格式有公开的规范，目前最常用的是 HTML 5 和 XML。

在进行 WWW 浏览时，应该理解以下几个比较重要的概念。

（1）WWW 服务器：WWW 采用 B/S 模式提供网络服务，在 WWW 服务器中存放有大量的网页文件信息，提供各种信息资源。客户端的计算机中则安装有网络浏览器软件程序，当用户需要访问 WWW 服务器时，首先与 WWW 服务器建立连接，然后向服务器发出传送网页的请求。WWW 服务器则随时查看是否有用户连接，一旦建立了连接，它就随时应答用户提出的各种请求。

（2）浏览器（Browser）：一个能够显示网页的应用程序，用户通过它进行网页浏览。浏览器具有格式化各种不同类型文件信息的功能，包括文字、图形、图像、动画、声音等，并能够将格式化的结果显示在屏幕上。

（3）主页（Home Page）与页面：WWW 中的信息称为网页，即页面。一个 WWW 服务器中有许多页面。主页是一种具有特殊意义的页面，是用户进入 WWW 服务器所见到的第 1 个网页。主页相当于介绍信，说明网页所提供的服务，并具有调度各页面的功能，好比图书的封面和目录。

（4）HTTP：WWW 的标准传输协议，用于传输用户请求与服务器对用户的应答信息，要求连接的一端是 HTTP 客户程序，另一端是 HTTP 服务器程序。

（5）HTML：用来描述如何格式化网页中的文本信息，将标准化的文本格式化标记写入 HTML 文件，任何 WWW 浏览器都能够阅读和重新格式化网页信息。

（6）XML（可扩展标记语言）：因特网环境中跨平台的、依赖于内容的技术，是当前处理结构化文档信息的有力工具。XML 是一种简单的数据存储语言，使用一系列简单的标记描述数据，这些标记可以用方便的方式建立和使用。

（7）URL（统一资源定位器）：可以出现在浏览器的地址栏中，也可以出现在网页中。它由 3 部分组成，分别是协议部分、WWW 服务器的域名部分、网页文件名部分，如图 6-28 所示是三者之间的关系。WWW 中的 URL 协议有多种，如 FTP、Telnet 等。

协议　　WWW服务器的域名　网页文件名

地址(D) http://sports.qianlong.com/nba.htm

图 6-28　URL 的组成

2．电子邮件

电子邮件（E-mail）是因特网的主要用途之一，相比于传统的邮政服务，电子邮件的诱人之处在于传递迅速、风雨无阻，而且比普通邮件更快、更省钱。而且，电子邮件可以同时进行一对多的邮件传递，同一邮件可以同时发送给多人。另外，电子邮件还可以传输文件，订阅电子刊物，参与各种论坛及讨论组，发布信息或发表电子杂志，享受因特网所提供的各种服务。如果所用的 E-mail 软件功能齐全，还可以利用电子邮件进行多媒体通信，发送和阅读包括图形、图像、动画、声音等多媒体格式在内的邮件，那是普通邮件所不能比拟的。

电子邮件不是一种"终端到终端"的服务，而是一种"存储转发式"的服务，这是一种异步通信方式。它通过存储转发可以进行非实时通信，即信件发送者可随时随地发送邮件，不需要接收者同时在场。它的邮件服务器是 24 小时连接到网络的高性能、大容量的计算机，在服务器的硬盘上为用户分配一定的存储空间，作为用户的"邮箱"。用户可通过用户名和密码来登录"邮箱"，并进行发信、收信、编辑、转发、存档等各种操作。

用户要收发电子邮件，必须拥有一个属于自己的"邮箱"（E-mail 账号）来存放邮件。E-mail 账号可向 ISP 申请，也可以通过某个网站申请。注册成功后，会在相应的邮件服务器上得到一块存储空间，作为电子邮箱，用户可以检查、收取、阅读或删除该邮箱中的邮件。

每个电子邮箱都必须有一个唯一的 E-mail 地址，它通常由两部分组成，格式如下：

邮箱名 @ 邮箱所在的邮件服务器的域名

邮箱名（用户名或用户账号）是用户申请账号时指定的名称，域名一般就是用户注册的 ISP 的域名。这里 @ 是"位于""在"的意思。发送邮件时，按邮箱所在的邮件服务器的域名送达相应的接收端邮件服务器，再按照邮箱名将邮件存入该收信人的电子邮箱中。

例如，某个 E-mail 地址为 zhangsan@163.com，表示收信人的邮箱名为 zhangsan，邮箱所在的邮件服务器的域名为 163.com。

电子邮件一般由邮件头和邮件体两部分组成。邮件头相当于邮件信封，包括多项信息，其中发信人的地址、发送的日期和时间等由系统自动生成，其他信息，如收信人的地址、抄送人地址及邮件的主题等需要发信人自行输入。

邮件体是信件的具体内容，可以是文字信息，也可以是通过插入附件的形式传输的图像、语音、视频等多种信息。

如图 6-29 所示是电子邮件系统的构成。

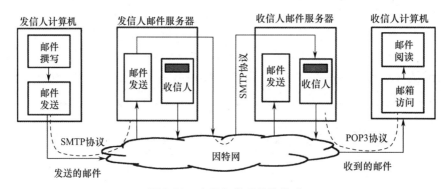

图 6-29　电子邮件系统的构成

目前，许多网站提供了免费电子邮件服务，如雅虎、新浪、搜狐、广州网易以及中华网等。

3．文件传输

文件传输是指通过网络将文件从一台计算机传送到另外一台计算机的过程。文件传输是因特网提供的基本服务之一，由 FTP 完成。

FTP 的基本功能是实现文件的上传（Upload）和下载（Download）。上传指用户将本机上的文件复制上传到远程服务器上，达到资源共享的目的；下载是将远程服务器中的文件复制下载到用户自己的计算机。另外，FTP 还提供本地和远程系统的目录操作（如改变目录、建立目录）、文件操作（如文件改名、显示内容、改变属性、删除）等功能。

FTP 以客户机 / 服务器方式工作，如图 6-30 所示。

本地运行 FTP 客户程序的计算机称为 FTP 客户机，可申请 FTP 服务。远程运行 FTP 服务程序并提供 FTP 服务的计算机称为 FTP 服务器，它通常是信息服务提供者的计算机。

因特网上的 FTP 服务器分为匿名 FTP 服务器和非匿名 FTP 服务器两类。匿名 FTP 服务器是任何用户都可以自由访问的 FTP 服务器，用户使用 anonymous（匿名）作为用户名，用 E-mail 地址作为口令或输入任意的口令就可以登录。匿名 FTP 服务有一定的限制，匿名用户一般只能获取文件，不能在远程计算机上建立文件或修改已存在的文件，对可以复制的文件也有严格的限制。例如，匿名 FTP 服务器经常提供一些免费的软件，用户可以下载，但不能上传文件到服务器。

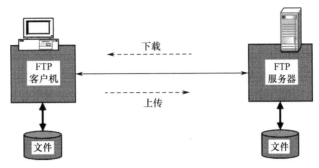

图 6-30　FTP 文件传送

对于非匿名 FTP 服务器，用户首先必须获得该服务器系统管理员分配的用户名和口令才能登录和访问，用户可以获得从匿名服务器无法得到的文件，还可以上传文件到服务器。

访问 FTP 服务器的方法有很多种，典型的有如下方式：

① 使用 Web 浏览器访问，在 Web 浏览器地址栏直接输入已知的 FTP 服务器地址；

② 使用 FTP 工具访问，如 CuteFTP、WS_FTP PRO 等软件；

③ 使用 FTP 搜索引擎，在 Web 浏览器地址栏输入 FTP 搜索引擎的 URL，由搜索引擎导航查找相关信息；

④ 通过引擎导航查找相关信息。

4．即时通信软件

1996 年，几名以色列青年开发了一种可以让人们在因特网上直接交流的软件，取名 ICQ（I SEEK YOU，意为"我找你"）。ICQ 拥有在因特网上聊天、发送消息、传递文件等功能，这就是最初的即时通信软件。

即时通信（Instant Messenger，IM）软件是通过即时通信技术来实现在线聊天和信息交流的软件，允许两人或多人使用网络即时传递文字信息、档案文件，并支持语音与视频交流。通过 IM 软件，人们可以知道自己的亲友是否在线，并能与他们即时通信。

即时通信比传送电子邮件所需时间更短，比拨电话更方便，并且可以提供即时的语音和视频信息，价格更低廉。自面世以来，即时通信软件的功能日益丰富，逐渐集成了电子邮件、博客、音乐、电视、游戏和搜索等多种功能。

当前，即时通信软件已不再是一个单纯的聊天工具，而是一个集交流、资讯、娱乐、搜索、电子商务、办公协作和企业客户服务等为一体的综合化信息平台，是网络时代最方便的通信方式，必将同手机一样普及和通用。我国目前应用广泛的 IM 软件有 QQ、MSN 等。

腾讯 QQ 的发展深刻地影响和改变了数亿网民的沟通方式和生活习惯，为用户提供了一个巨大的便捷沟通平台。如果计算机装有视频摄像头、声卡和麦克风之类的语音设备，就可以用 QQ 进行视频和语音聊天。

5. P2P 技术

在 P2P（Peer-to-Peer）网络中，所有的节点处于相同的地位，没有客户端和服务器的区分，这些地位相等的节点可以相互进行资源利用和数据共享，无须通过服务器进行转接和通信，从而减少了对服务器的依赖，也降低了对服务器性能的要求。

P2P 技术主要指由硬件形成网络连接后的信息控制技术，主要代表形式是在应用层上基于 P2P 网络协议的客户端软件。P2P 系统由若干互联协作的计算机构成，且至少具有如下特征之一：系统依存于边缘化（非中央服务器）设备的主动协作，每个成员直接从其他成员而不是从服务器的参与中受益；系统中成员同时扮演服务器与客户端的角色；系统应用的用户能够意识到彼此的存在，构成一个虚拟或实际的群体。

P2P 技术的应用如下。

（1）对等计算能充分地将网络中多台计算机暂时空闲的资源结合起来，执行超级计算机的任务，实现网络上对等资源的共享。

（2）协同工作是指多个用户利用网络中的协同计算平台，以协作的方式完成某项任务、共享各自的信息资源等。采用 P2P 技术，参与协同工作的计算机可以直接建立连接，不需要中央服务器的帮助。

（3）基于 P2P 技术的搜索引擎可以检索到网络上所有开放的信息资源。

（4）用户可以利用基于 P2P 网络协议的客户端软件，直接从含有所需文件的节点机下载该文件，基于 P2P 技术的文件交换方式可以脱离服务器。

6.4　信息安全

随着计算机网络的发展，政治、军事、经济、科学等各个领域的信息越来越依赖于信息技术，人们的学习、工作、生活、娱乐完全无法脱离手机、计算机、互联网和信息技术，公共机构的运营也高度依赖现代化的网络系统。同时，一些不法分子和国外敌对分子也出于各种目的，在网络世界中实施盗窃、攻击、欺骗、破坏，对网络安全构成严重威胁。网络安全的重要性空前提高，网络安全已成为国家安全的重要组成部分。本节我们仅从信息安全的角度讨论网络安全问题。

信息安全是指信息网络的硬件、软件及其系统中的数据受到保护，不受到偶然的或者恶意的破坏、更改、泄露，系统可连续、可靠、正常运行，信息服务不中断。建立在网络基础之上的现代信息系统就是为了保护硬件、软件及相关数据，使之不因为偶然或者恶意侵犯而遭到破坏、更改、泄露，保证信息系统能够连续、可靠、正常运行。

信息安全依赖于信息系统的安全。信息系统的安全的根本问题也就是网络安全问题。计算机网络安全问题主要表现为黑客的攻击、计算机病毒的破坏以及用户自身行为所带来的不安全因素等方面。

6.4.1　安全威胁

各种安全问题出现的关键原因是，计算机网络系统本身存在着这样或那样的弱点，而且这些弱点往往隐藏在系统所具有的优越的特征之中。

　　具体来讲，计算机网络系统由硬件设备、系统软件、数据资源、服务功能和用户等基本元素组成，与之相关的安全风险因素包括自然灾害威胁、系统故障、操作失误和人为蓄意破坏等，而这些不安全因素则是由计算机网络系统本身的脆弱性决定的。一方面，网络的开放性使网络系统的协议、核心模块和实现技术是公开的，其中的设计缺陷很可能被别有用心的人利用；网络的全球化可以使攻击者实施对网络的远程攻击；基于网络的各成员之间的信任关系可能被假冒。另一方面，由于网络的开放性和网络技术的普及，因特网上存在大量公开的黑客站点，获得黑客工具、掌握黑客技术越来越容易，从而导致信息系统面临的威胁日益严重。

　　对信息系统的攻击主要可分为以下 5 种类型。

1. 被动攻击

　　被动攻击是指攻击者非法获取敏感信息，但不对信息做任何修改。例如，监听未受保护的通信、流量分析、截获认证信息等。这种攻击方式一般不会干扰信息在网络中的正常传输，因而也不容易被检测出来。被动攻击常用的方式如下。

　　① 搭线监听：将电缆搭接在无人值守的网络传输线路上进行监听。

　　② 无线截获：通过高灵敏度的接收装置接收网络辐射的电磁波，再通过对电磁信号的分析恢复原始数据。

　　③ 其他截获：在网络设备或主机中预置恶意程序或释放病毒程序，这些程序会将敏感信息通过某种方式泄露到外部。

2. 主动攻击

　　主动攻击是指对数据进行修改或制造虚假数据。主动攻击常用的方式如下。

　　① 中断：破坏系统资源或使其不可用，造成系统因资源短缺而中断。

　　② 假冒：以虚假身份获取合法用户的权限，进行非法的未授权操作。

　　③ 重放：攻击者对截获的合法数据进行复制，并以非法目的重新发送。

　　④ 篡改：将合法消息进行篡改、部分删除，或使消息延迟、改变顺序。

　　⑤ 拒绝服务攻击（Denial of Service）：攻击者恶意发起远超网络吞吐能力的访问请求，或发送巨量垃圾数据，使网络拥塞、系统崩溃，无法为合法用户提供服务。

　　⑥ 对静态数据的攻击：包括通过穷举方式进行口令猜测、IP 地址欺骗、指定非法路由，以逃避安全检测，将信息发送到指定目的站点。

3. 物理临近攻击

　　物理临近攻击是指攻击者非法接近网络设施实施攻击活动。

4. 内部人员攻击

　　内部人员攻击包括恶意攻击和非恶意攻击。恶意攻击是指内部人员有计划地窃听、偷窃或损坏信息，或干扰其他授权用户的正常访问的行为；非恶意攻击是由于粗心、工作失职或无意间的误操作，对系统产生的破坏行为。

5. 软件、硬件装配攻击

　　软件、硬件装配攻击是指采用非法手段在软件、硬件的生产过程中将一些"病毒"或"木马"植入系统，以便日后伺机攻击，进行破坏。

6.4.2 安全服务

安全服务是由网络安全系统提供的用于保护网络安全的服务。安全服务主要包括如下几个方面。

1. 机密性

机密性服务用于保护信息免受被动攻击，是系统为防止数据被截获或因非法访问而泄密提供的保护。机密性通过加密机制对付消息析出攻击，加密可以改变信息的模式，使攻击者无法读懂信息的内容。

机密性通过流量填充应对通信量分析，流量填充指在通信空闲时发送无用的随机信息，使攻击者难以确定信息的正确长度和通信频度。

2. 完整性

完整性用于保护信息免受非法篡改。完整性保护分为面向连接的和无连接的数据完整性。面向连接的数据完整性又分为带恢复功能的连接方式数据完整性、不带恢复功能的连接方式数据完整性和选择字段连接方式数据完整性3种形式。无连接的数据完整性服务用于处理短的单个消息，通常只保护消息免受篡改。无连接的数据完整性分为对单个消息或对一个消息中所选字段的保护。

3. 身份认证（真实性）

认证是通信的一方对通信的另一方的身份进行确认的过程。认证服务通过在通信双方的对等实体间交换认证信息来检验对等实体的真实性与合法性，以确保一个通信是可信的。

认证服务涉及两个方面的内容：在建立连接时确保这两个实体是可信的；在连接的使用过程中确保第三方不能假冒这两个合法实体中的任何一方来达到未授权传输或接收的目的。

4. 访问控制

访问控制是限制和控制经通信链路对系统资源进行访问的能力。访问控制的前提条件是身份认证，一旦确定了实体的身份，就可以根据身份来决定对资源进行访问的方式和范围。访问控制为系统安全提供了多层次的精确控制。

访问控制通过访问控制策略来实现。访问控制策略可以分为自主式访问控制（Discretionary Access Control）策略和强制式访问控制（Mandatory Access Control）策略。

自主式访问控制策略为特定的用户提供访问资源的权限。自主式访问控制策略对用户和资源目标的分组有很大的灵活性，范围可从单个用户和目标的清晰识别到广阔的组的使用。自主式访问控制策略又称为基于身份的策略。

强制式访问控制策略基于一组能自动实施的规则。规则在很广阔的用户和资源目标组上强行付诸实施。强制式访问控制策略又称为基于规则的策略。

5. 非否认性

非否认用于防止发送方或接收方抵赖传输的信息。非否认性确保发送方在发送信息后无法否认曾发送过信息这一事实以及发送信息的内容；接收方在收到信息后也无法否认曾收到过信息这一事实以及收到信息的内容。

非否认主要通过数字签名和通信双方共同信赖的第三方的仲裁来实现。

6．可用性

一些主动攻击往往会导致系统可用性的降低或完全丧失，如拒绝服务攻击、黑客篡改主页等。计算机病毒也是导致系统可用性降低或丧失的主要因素。另外，各种物理损坏、自然灾害、设备故障以及操作失误都可能影响系统的可用性。为了保证系统的可用性，系统设计和管理人员应该实施严格完善的访问控制策略，采取防病毒措施，实现资源分布和冗余，进行数据备份，加强安全管理。

7．安全审计

安全审计是自动记录用于安全审计的相关事件的过程。审计跟踪将系统中发生的受管理者关注的事件记录到一个日志中，管理者进行安全审计。通常安全审计的事件有用户登录系统的时间、对敏感目录和文件的访问、异常行为等。

安全审计是对审计跟踪记录和过程的检查。通过安全审计可以测试系统安全策略是否完善和一致，协助入侵检测系统发现入侵行为，收集入侵证据用于针对攻击者的法律诉讼。

8．入侵检测

入侵检测是用于检测任何损害或企图损害系统的保密性、完整性和可用性行为的一种安全技术。

按照获得原始数据的方法可以将入侵检测系统分为基于主机的入侵检测系统和基于网络的入侵检测系统。

基于主机的入侵检测系统主要使用系统的安全检测记录，检测系统将新的记录条目与攻击标记相比较，判断它们是否匹配。如果匹配，那么系统就会向管理员报警，以便采取措施。基于主机的入侵检测系统的特点是：性价比高、检测内容详细、对网络流量不敏感、易于用户根据需要进行剪裁。

基于网络的入侵检测系统使用原始网络数据包作为数据源。基于网络的入侵检测系统通常利用一个运行在随机模式下的网络适配器来实时监视并分析通过网络的所有通信业务。一旦检测到了入侵行为，入侵检测系统的响应模块就以通知、报警和阻止等多种方式对入侵采取相应的反应措施。基于网络的入侵检测系统的特点是：侦测速度快、隐蔽性好、检测范围广、占用被保护系统的资源少、与操作系统无关等。

由于入侵检测和响应密切相关，因此绝大多数的入侵检测系统都具有响应功能。

6.4.3　计算机病毒和木马

1．计算机病毒的定义

计算机病毒是某些人根据计算机软件、硬件所固有的弱点而编制出的具有特殊功能的程序。由于这种程序具有传染和破坏的特征，与生物医学上的病毒在很多方面都很相似，因此将这些具有特殊功能的程序称为计算机病毒。

《中华人民共和国计算机信息系统安全保护条例》第二十八条指出："计算机病毒，是指编制或者在计算机程序中插入的破坏计算机功能或者毁坏数据，影响计算机使用，并能自我复制的一组计算机指令或者程序代码。"

计算机病毒代码一般由三大功能模块构成，即引导模块、传染模块和破坏模块。引导模块将病毒由外存引入内存，使传染模块和破坏模块处于活动状态；传染模块用来将病毒传染到其他对象上去；破坏模块实施病毒的破坏作用，如删除文件、格式化磁盘等。

木马也属于一种计算机病毒。这个"木马"的名称借用了古希腊传说中的著名计策木马计。木马程序与一般的病毒不同，它不会自我繁殖，也并不"刻意"地去感染其他文件，它通过将自身伪装成一个非常吸引人们眼球的应用（如一个好玩的小游戏，一段视频，一个非常稀罕的资源等），吸引用户下载或执行，之后木马就会以插件形式嵌入用户主机的操作系统、浏览器等软件中，在受害者计算机中打开了一个后门，使施种者可以任意毁坏、窃取被害者的敏感信息（如银行账号、密码等），甚至远程操控被害者的计算机去做危害网络的操作。

2．计算机病毒的特点

计算机病毒的特点很多，概括来讲主要有以下几点。

（1）破坏性。无论何种病毒程序，一旦侵入都会对系统造成不同程度的影响。至于破坏程度的大小主要取决于病毒制造者的目的。有的病毒以彻底破坏系统运行为目的，有的病毒以蚕食系统资源（如争夺 CPU、大量占用内存）为目的，还有的病毒以删除文件、破坏数据、格式化磁盘，甚至破坏主板为目的。总之，凡是软件能作用到的计算机资源（包括程序、数据、硬件），均可能受到病毒的破坏。

（2）隐蔽性。隐蔽性是病毒的本能特性，为了逃避察觉和清除，病毒制造者总是想方设法地使用各种隐藏术。病毒一般都是短小精悍的程序，大多数隐蔽在正常的可执行程序或数据文件里，因此用户很难发现它们，往往发现它们的时候病毒已经发作了。

（3）传播性和传染性。传播性和传染性是计算机病毒的重要特性，计算机病毒能从一个被感染的文件扩散到许多其他文件。病毒传播的速度极快，范围很广，特别是在网络环境下，计算机病毒可通过电子邮件、Web 文档等进行迅速而广泛的扩散，这也是计算机病毒最可怕的一种特性。

（4）可触发性。病毒在潜伏期内是隐蔽活动（繁殖）的，当病毒的触发机制或条件满足时，就会以各自的方式对系统发起攻击。病毒触发机制和条件可以是五花八门的，如指定日期、时间、文件类型、文件名、用户安全等级、一个文件的使用次数等。如"黑色星期五"病毒就是每逢 13 日的星期五发作；CIH V1.2 病毒发作日期为每年的 4 月 26 日，会破坏计算机硬盘数据，甚至改写主板 BIOS 芯片内容（基本输入 / 输出系统），导致系统主板的破坏，该病毒已有很多的变种；Taiwan NO.1 文件宏病毒发作时会出一道计算机都难以计算的数学乘法题目，并要求输入正确答案，一旦答错，则立即自动开启 20 个文件，并继续出下一道题目，直到耗尽系统资源为止。

（5）攻击的主动性。病毒对系统的攻击是主动的，是不以人的意志为转移的。也就是说，从一定的程度上讲，计算机系统无论采取多么严密的保护措施都不可能彻底地排除病毒对系统的攻击，保护措施只是一种预防的手段而已。

6.4.4　安全技术

在计算机网络安全服务中采用的主要技术包括：密码技术、身份认证技术、数字签名技术、入侵检测技术、防火墙技术和防病毒技术等。

1．密码技术

一个密码系统通常可以完成信息的加密变换和解密变换。加密变换采用一种算法将原信息变为一种不可理解的形式，从而起到保密的作用。而解密变换则采用与加密变换相反的过程，利用与加密变换算法相关的算法将不可理解的信息还原为原来的信息。

在密码学中，加密变换前的信息称为明文，加密变换后的信息称为密文，加密变换时使用的算法称为加密算法，解密变换时使用的算法称为解密算法。加密算法和解密算法是相关的，而且解密算法是加密算法的逆过程。加密模型如图 6-31 所示。

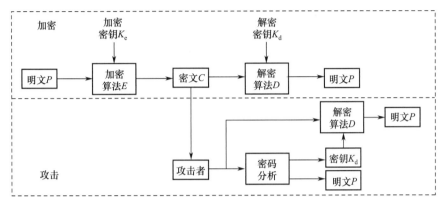

图 6-31　加密模型

通常人们按照在加密、解密过程中使用的加密密钥和解密密钥是否相同，将密码体制分为对称密码体制和非对称密码体制。

对称密码体制又称为常规密码体制。对称密码体制的加密算法和解密算法使用相同的密钥，该密钥必须对外保密。

对称密码体制的特点是：加密效率较高，保密强度较高，但密钥的分配难以满足开放式系统的需求。常见的对称密码算法有 DES、IDEA、RC5、AES 等。

非对称密码体制称为公开密钥密码体制。非对称密码体制的加密算法和解密算法使用不相同但相关的一对密钥，加密密钥对外公开，解密密钥对外保密，而且由加密密钥推导出解密密钥在计算上是不可行的。

非对称密码体制的特点是：密钥分配较方便，能够用于鉴别和数字签名，能较好地满足开放式系统的需求，但由于非对称密码体制一般采用较复杂的数学方法进行加密、解密，因此，算法的开销比较大，不适合进行大量数据的加密处理。常见的非对称密码算法有 RSA、椭圆曲线加密算法和 Diffie-Hellman 密钥交换算法。

2.　身份认证技术

身份认证技术是网络安全技术的重要组成部分之一。身份认证是证实被认证对象是否属实和是否有效的一个过程。基本思想是通过对被认证对象的属性的验证来达到确认被认证对象是否真实有效的目的。用于身份认证的属性应该是被认证对象唯一的、区别于其他实体的属性。被认证对象的属性可以是口令、数字签名或者像指纹、声音、视网膜这样的生理特征。身份认证常常被用于确认通信双方的身份，以保证通信的安全。

传统的身份认证技术主要采用基于口令的认证方法。当被认证对象要求访问提供服务的系统时，提供服务方提示被认证对象提交口令，认证方在收到口令后将其与系统中存储的用户口令进行比较，以确认被认证对象是否为合法的访问者。一般的系统都提供了对口令认证的支持，但这种认证方法的安全性不够高，而且也不适合开放的大型系统。

另一种解决问题的方法是采用"询问—响应"方法。"询问—握手"鉴别协议采用的就是询问–响应方法，它通过3次握手方式对被认证方的身份进行周期性的认证。用于远程拨号接入的点对点协议 PPP 给出了在点到点链路上传输多协议数据报的一种标准方法。

当前最为流行的身份认证技术是国际电信联盟的 X.509。X.509 定义了一种提供认证服务的框架。基于 X.509 证书的认证技术依赖于共同信赖的第三方来实现认证。X.509 采用非对称密码体制，实现上更加简单明了。

这里可信赖的第三方是称为 CA（Certificate Authority）的证书权威机构。该机构负责认证用户的身份并向用户签发数字证书。数字证书遵循 X.509 建议规定的格式，因此称为 X.509 证书，该证书具有权威性。X.509 证书的核心是公开密钥、公开密钥持有者（主体）和 CA 的签名，证书完成了公开密钥与公开密钥持有者的权威性绑定。

3. 数字签名技术

数字签名技术是网络中进行安全交易的基础，目前正逐渐得到世界各国和不同地区在法律上的认可。数字签名不仅可以保证信息的完整性和信息源的可靠性，而且可以防止通信双方的欺骗或抵赖行为。

数字签名标准基于非对称密码体制，生成数字签名时使用私有密钥，验证签名时使用对应的公开密钥。只有私有密钥的所有者可以生成签名。

数字签名的生成和验证过程如图 6-32 所示。生成签名时首先用散列函数求得输入信息的报文摘要，然后再用数字签名算法对报文摘要进行处理，生成数字签名。验证签名时使用相同的散列函数。

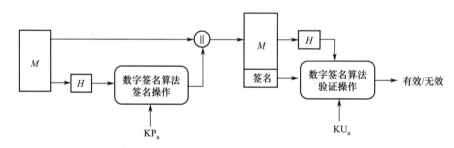

图 6-32　数字签名的生成和验证过程

4. 入侵检测技术

入侵检测（Intrusion Detection）技术是对入侵行为进行检测。它通过收集和分析网络行为、安全日志、审计数据、其他网络上可以获得的信息，以及计算机系统中若干关键点的信息，检查网络或系统中是否存在违反安全策略的行为和被攻击的迹象。

入侵检测技术作为一种积极主动的安全防护技术，提供了对内部攻击、外部攻击和误操作的实时检测和保护，在网络系统受到危害之前进行拦截和响应，包括切断网络连接、记录事件和报警等。因此，入侵检测系统（Intrusion Detection System，IDS）被认为是防火墙之后的第 2 道安全门。

入侵检测通过执行以下任务来实现。

① 监视、分析用户及系统活动。

② 识别反映已知进攻的活动模式并向相关人员报警。

③ 异常行为模式的统计分析。

④ 评估重要系统和数据文件的完整性。

⑤ 操作系统的审计跟踪管理，并识别用户违反安全策略的行为。

入侵检测系统有以下几种类型。

1）基于主机的入侵检测系统

基于主机的入侵检测系统主要把主机操作系统的审计、跟踪日志作为数据源，某些入侵检测系统也会主动与主机系统进行交互，获得不存在于系统日志中的信息，从而检测入侵。这种类型的检测系统不需要额外的硬件，对网络流量不敏感，效率高，能准确定位入侵位置并及时进行反应，但是占用主机资源，依赖主机的可靠性，能检测的攻击类型受限，不能检测网络攻击。

2）基于网络的入侵检测系统

基于网络的入侵检测系统通过被动地监听网络上传输的原始流量，对获取的网络数据进行处理，从中提取有用的信息，再通过与已知攻击特征相匹配或与正常网络行为原型相比较来识别攻击事件。此类检测系统不依赖操作系统作为检测资源，可应用于不同的操作系统平台；配置简单，不需要任何特殊的审计和登录机制；可检测协议攻击、特定环境的攻击等多种攻击。但它只能监视受监视网段的活动，无法得到主机系统的实时状态，精确度较差。大部分入侵检测工具都是基于网络的入侵检测系统。

3）分布式的入侵检测系统

这种入侵检测系统一般为分布式结构，由多个部件组成，在关键主机上采用基于主机的入侵检测，在网络关键节点上采用基于网络的入侵检测，同时分析来自主机系统的审计日志和来自网络的数据流，判断被保护系统是否受到攻击。

一个入侵检测系统通常包括 4 个核心组件：事件产生器、事件分析器、响应部件和事件数据库。

事件产生器的目的是从网络中获取事件，并向系统的其他部分提供此事件。事件分析器分析得到的数据，并产生分析结果。响应部件是对分析结果做出反应的功能单元，它可以做出切断连接、改变文件属性等强烈反应，也可以只是简单的报警。事件数据库是存放各种中间和最终数据的地方，它可以是大型数据库，也可以是文本文件。

5. 防火墙技术

防火墙是指由软件和硬件设备组合而成的，在机构网络和因特网之间建立的一个安全网关，能够保护内部网免受非法用户的侵入。防火墙主要由服务访问规则、验证工具、包过滤和应用网关 4 个部分组成。

在因特网上防火墙有以下功能。

① 限定访问控制点。

② 防止侵入者侵入。

③ 限定离开控制点。

④ 有效阻止破坏者对计算机系统进行破坏。

市场的防火墙产品非常多，主要有"包过滤型""状态检测型""应用代理型"三大类。

1）包过滤型防火墙

包过滤型防火墙是防火墙最基本的实现形式，它控制哪些数据包可以进出网络，哪些数据包不允许进出网络。可依据以下三类条件允许或阻止数据包通过防火墙。

① 包的源地址及源端口。

② 包的目的地址及目的端口。

③ 包的传送协议，如 FTP、SMTP、HTTP、Rlogin 等。

例如，包过滤型防火墙能实现以下操作。

① 不让任何用户从外网远程登录内网中的数据库服务器。

② 禁止某个被限制网站的电子邮件用户使用 SMTP 协议向内网发送电子邮件。

③ 只允许外网用户访问内网的 Web 服务器，而不允许访问数据库服务器。

2）状态检测型防火墙

状态检测型防火墙可以动态地设置包过滤规则的方法。状态检测型防火墙对建立的每一个连接都进行跟踪，并且根据需要可动态地在过滤规则中增加或更新规则条目。

状态检测技术通过"状态检测"组件，在不影响网络安全正常工作的前提下采用抽取相关数据的方法对网络通信的各个协议层次实行检测，并根据过滤规则做出安全决策。

状态检测技术在保留了对每个数据包的头部、协议、地址、端口、类型等信息进行分析的基础上，增加了"会话过滤"功能。在每个连接建立时，防火墙会为这个连接构造一个会话状态，里面包含了建立连接的数据包的所有信息，以后防火墙会基于这个状态信息对此连接进行检测。这种检测的高明之处在于，能对每个数据包的内容进行监视，一旦建立了一个会话状态，则此后的数据传输都要以此会话状态作为依据。例如，一个连接的数据包的源端口是 8000，那么在以后的数据传输过程中防火墙都会审核这个包的源端口是否仍为 8000，如果不是，则相应的数据包就被拦截。状态检测可以对包内容进行分析，从而摆脱传统防火墙仅局限于包头部信息检测的缺点，而且这种防火墙不必开放过多端口，进一步杜绝了可能因为开放端口过多而带来的安全隐患。

3）应用代理型防火墙

应用代理（Application Proxy）型防火墙是包过滤型防火墙与应用网关配合使用，共同组成的防火墙系统。

应用代理型防火墙在网络体系结构的应用层工作。其特点是完全"阻隔"了网络通信流，通过对每种应用服务编制专门的代理服务程序，实现监视和控制应用层通信流的作用。

代理服务器会指定一台有访问因特网能力的主机作为内网客户端的代理去与因特网中的主机进行通信。代理服务器判断从客户端发来的请求并决定哪些请求允许传送而哪些应被拒绝。当某个请求被允许时，代理服务器就代表客户端与因特网中的主机进行通信，并将从客户端发来的请求传送给因特网中的主机，或将因特网中的主机的应答传送给客户端。

代理服务器作为内网用户的"代言人"，使内网完全隐藏起来，从而进一步阻止了黑客从因特网远程攻击内网的企图。应用代理型防火墙的实现如图 6-33 所示。

在因特网中，防火墙对系统的安全起着极其重要的作用，但对于系统的安全问题，还有许多是防火墙无法解决的，防火墙还存在许多缺陷。

① 许多网络在提供网络服务的同时，都存在安全问题。防火墙为了提高被保护网络的安全性，就限制或关闭了很多有用但又存在安全缺陷的网络服务，从而限制了有用的网

络服务。

② 由于防火墙通常情况下只提供对外网用户攻击的防护，而对来自内网用户的攻击只能依靠内网主机系统的安全性能。所以，防火墙无法防护内网用户的攻击。

③ 因特网防火墙无法防范通过防火墙以外的其他途径对系统的攻击。

④ 因为操作系统、病毒的类型、编码与压缩二进制文件的方法等各不相同，防火墙不能完全防止传送已感染病毒的软件或文件，所以防火墙在防病毒方面存在明显的缺陷。

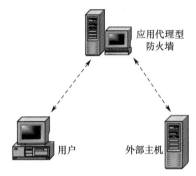

图 6-33　应用代理型防火墙的实现

总之，随着网络的发展和应用的普及，各种网络安全问题不断出现，防火墙作为一种被动式防护手段，不可能完全解决网络的安全问题。

6. 防病毒技术

检测与消除计算机病毒最常用的方法是使用专门的杀毒软件。它能自动检测及消除内存、主板和磁盘中的病毒。尽管杀毒软件的版本不断升级，功能不断扩大，但是病毒程序与正常程序形式的相似性及杀毒软件的目标特指性，使杀毒软件的开发与更新总是稍稍滞后于新病毒的出现，因此，会检测不出或无法消除某些病毒。而且，因为谁也无法预计今后病毒的发展及变化，所以很难开发出具有先知先觉功能的可以消除一切病毒的软、硬件工具。

防病毒技术的发展经历了简单扫描程序、启发式的扫描程序、行为陷阱和全方位保护这几个发展阶段。

第 1 代的扫描程序需要利用病毒的特征代码来识别病毒。这种与特征代码有关的扫描程序只能检测已知的病毒，可根据程序长度的改变来查找病毒。

第 2 代的扫描程序不依赖专门的特征代码，而是使用启发式的规则来搜索可能的病毒感染。这种扫描程序查找经常和病毒联系在一起的代码段。

第 3 代的扫描程序是一些存储器驻留程序，它们通过病毒的动作而不是其在被感染程序中的结构来识别病毒。

第 4 代的扫描程序是一些由不同的联合使用的防病毒技术组成的软件包。这些技术包括了扫描和行为陷阱构件。另外，这样的软件包还具有访问控制能力，通过限制病毒对系统的渗透，进而限制病毒在感染时对文件进行修改。软件包使用了更加综合的防护策略。

对用户来说选择一款合适的防病毒软件主要应该考虑以下几个因素。

① 能够查杀的病毒种类越多越好。

② 对病毒具有免疫功能，即能预防未知病毒。

③ 具有实现在线检测和即时查杀病毒的能力。

④ 能不断对防病毒软件进行升级服务，因为每天都可能有新病毒产生，所以防病毒软件必须能够对病毒库进行不断更新。

大量实践证明，制定切实可行的预防病毒的管理措施是行之有效的。预防计算机病毒侵害的措施包括以下几个。

① 尊重知识产权，使用正版软件。不随意复制、使用来历不明及未经安全检测的软

件，不使用来历不明的程序和数据。

② 建立、健全各种切实可行的预防管理规章、制度及紧急情况处理的预案措施。

③ 对服务器及重要的网络设备实行物理安全保护和严格的安全操作规程，做到专机、专人、专用。严格管理和使用系统管理员的账号，限定使用范围。

④ 对于系统中的重要数据要定期进行备份，确保系统的安装盘和重要的数据盘处于"写保护"状态。

⑤ 严格管理和限制用户的访问权限，特别是加强对远程访问、特殊用户的权限管理。

⑥ 不用软盘启动，防止引导区病毒的感染。

⑦ 随时注意观察计算机系统及网络系统的各种异常现象，一旦发现问题立即用防病毒软件进行检测。

⑧ 网络病毒发作期间，暂时停止接收电子邮件，不轻易打开来历不明的电子邮件，避免受到来自其他邮件病毒的感染。

⑨ 不在与工作有关的计算机上玩游戏。

6.4.5　网络安全策略

要保证计算机网络系统的安全，首先要确立保证安全的策略，即预防为主，对症下药，消除隐患。

对网络系统来说，随着时间的推移，各种新的破坏手段层出不穷。为了掌握主动权，就必须采取一系列预防措施，通过健全的系统安全策略使系统得到有效的保护。

1. 加强网络管理，保证系统安全

① 应该对网络中的各用户及有关人员加强职业道德、事业心、责任心的培养教育以及技术培训。

② 要建立完善的安全管理体制和制度，要有与系统相配套的、有效的、健全的管理制度，对管理人员和操作人员起到管理和监督的作用。

③ 管理要标准化、规范化、科学化。例如，对数据文件和系统软件等系统资源的保存要按保密程序、重要性创建 3 ～ 5 个备份，并分散存放，分派不同的保管人员管理，系统重地要做到防火、防窃；要特别严格控制各网络用户的操作活动；对不同的用户、终端分级授权，禁止无关人员接触使用终端设备；要制定预防措施和恢复补救办法，杜绝人为差错和外来干扰，要保证运行过程有章可循，按章办事。

2. 采用安全保密技术，保证系统安全

① 实行实体访问控制。做好计算机系统的管理工作，严格防止非工作人员接近系统，这样可以避免入侵者对系统设备产生破坏，如安装双层电子门、使用磁卡身份证等。

② 保护网络介质。网络介质要采取完好的屏蔽措施，避免电磁干扰，定期对系统设备、通信线路进行检查、维修，确保硬件环境安全。

③ 数据访问控制。通过数据访问控制，保证只有特许的用户才可以访问系统和系统的各个资源，只有特许的成员或程序才能访问或修改数据的特定部分。

④ 数据存储保护。网络中的数据都存储在磁盘上，因此，首先要做好磁盘的安全保管；其次对于磁盘上的数据要根据重要性创建备份，以便网络系统损坏时能及时进行数据恢复；再次要实行数据多级管理，如把文件分为绝密级、机密级、秘密级和普通级，然后

分给不同的用户实现；最后将数据加密后再存储，这样即使磁盘丢失，窃取者也很难明白数据的真正意义。

⑤ 计算机病毒防护。计算机病毒由于具有传染性、潜伏性、可触发性和破坏性，所以，一旦出现在网络中，破坏性将非常大。对计算机病毒的防护工作应该作为对系统进行安全性保护的一项重要内容来抓。对付计算机病毒必须以预防为主，所以，应采取消除传染源、切断传播途径、保护易感源等措施，增强计算机对病毒的识别和抵抗力。

⑥ 数据通信加密。采用数据加密技术，利用各种算法对通信中的数据进行加密。网络通信中的加密包括节点加密、链路加密、端对端加密等。对窃听者来说，即使采用搭线窃听等非法手段浏览数据、修改数据也很难达到目的，从而保障数据的通信安全。

⑦ 通信链路安全保护。广域网中通信链路被窃听是引起泄密的主要原因，因而应该选取保密性好的通信线路、通信设备，如屏蔽性好的电缆、光纤。同时一些重要的信息不要采用无线方式传输，以免电磁窃听等。

6.5 5G 技术

6.5.1 5G 技术概述

5G 指的是第 5 代移动通信技术。与前 4 代不同，5G 并不是一个单一的无线技术，而是现有无线通信技术的一个融合。目前，5G 技术已在部分领域投入商用。5G 的峰值速率已达到 10Gbit/s，比 4G 提升了 100 倍，并且支持部分高清视频、高质量语音、增强现实、虚拟现实等业务的实现。5G 还将引入更加先进的技术，通过更高的频谱效率、更多的频谱资源以及更加密集的小区满足移动业务流量增长的需求，解决 4G 网络面临的问题，构建一个高传输速率、高容量、低时延、高可靠性、拥有优秀用户体验的网络社会。

1. 5G 技术发展的新特点

随着信息技术的飞速发展，用户对移动通信的需求不断提高。5G 的普及和应用是大势所趋。5G 技术主要有以下特征。

1）频谱利用率大大提升，高频段频谱资源被更多地利用

目前用于移动通信的频谱资源十分有限，而我国的频谱资源采用一种固定方式分配给各个无线电部门，这更加导致了资源利用的不均衡和效率低。相对于 4G 网络，5G 的频谱利用率将会得到大大提升，并且高频段资源也会被适当应用，以此来克服资源利用不均衡、效率低的严峻问题。

2）更大限度支持业务个性化，提供全方位信息化服务

人们对移动通信的需求趋向于个性化和层次化，在生活中更是离不开通信网络。5G 网络目标之一，就是建设更为完备的网络体系架构，提高对各种新兴业务的支撑能力，以此为用户打造全新的通信生活。

3）通信速率极大提升

人们对获取信息的速率要求越来越高，这对通信网络的传输速率是很大的挑战。5G 网络的理论数据传输速率达到 4G 标准的百倍。4G 的峰值速率是 100Mbit/s，而 5G 则可

以达到 10Gbit/s。这意味着，在 5G 网络环境下，一部超高清画质的电影 1s 内就可以下载完成。与此同时，5G 网络在传输中还呈现出低时延、高可靠、低功耗等特点。

4）绿色节能

5G 网络会在保证通信质量的同时，采用有效的绿色节能技术来降低网络损耗，把能耗控制在一定范围之内。在未来的通信过程中，运营商可以根据实时通信状况来调整资源分布，以此节约网络能源。

2．5G 技术发展趋势

5G 技术的潜力是巨大的，它的行业前景广阔，商业价值也在逐步显现，应用场景层出不穷。

5G 技术在发展初期将继续延续 4G 业务的主要路线。例如，将一些 5G 技术提前应用到 4G 网络，通过合理的资源分配，将 5G 技术与现已普及的 4G 技术相融合，以此提升 4G 网络下载速度和系统容量，分担 4G 网络压力，这也符合 5G 发展初期的发展趋势。

在 5G 发展的成熟期，用户对通信技术低时延、高传输效率、大容量等特性需求渐渐显露，自动驾驶汽车、智能医疗、高精度智能制造等高价值应用将推动通信行业和垂直行业合作发展。

虽然目前 5G 关键技术指标已制定，5G 的时间进度表也已经确定，但是 5G 的全面普及还有许多路要走。未来 5G 技术全面普及的必要条件是拥有统一的标准，而这份标准的制定需要关键技术上的研究与突破，这并非易事，5G 的发展将是一个循序渐进的过程。

6.5.2 5G 关键技术

目前，5G 关键技术仍处于研究、探索的阶段，究竟何种关键技术在未来能够适应 5G 的需求，仍是一个未知数。下面介绍几种富有发展前景的 5G 无线网络关键技术。

1．新型多天线技术

随着无线通信的高速发展，人们对数据流量的需求越来越大，而可用频谱资源是有限的，因此，提高频谱利用效率显得尤为重要。新型多天线技术是一种提高网络可靠性和频谱效率的有效手段，目前正被应用于无线通信领域的各个方面，如 3G、LTE、LTE-A 等，天线数量的增加，可以保证传输的可靠性以及频谱效率。

新型多天线技术可以实现比现有的 MIMO（Multiple-Input Multiple-Output）技术更加高的空间分辨率，使多个用户可以利用同一时频资源进行通信，从而在不增加基站密度的情况下大幅度提高频率效率。新型多天线技术可以降低发送功率，可以将波束集中在很窄的范围内，可以降低干扰。总之，新型多天线技术无论在频谱效率、网络可靠性还是能耗方面都具有不可比拟的优势，因此在 5G 时代会普遍使用。新型多天线技术占用空间大，系统复杂度提升，对设备的外观设计、系统部署能力都带来了极大挑战，因此，未来这些方面也是研究的热点。

2．高频段的使用

对于移动通信系统而言，3GHz 以下的频段可以很好地支持移动性，有良好的覆盖范围。但目前这一区间的频谱资源十分紧张，而在 3GHz 以上的频谱资源非常丰富，如果能够有效利用这一区间的频谱资源，将会极大地缓解频谱资源紧张的问题。因此，高频段的使用将会成为未来发展的趋势。高频段具有许多优点，如可用带宽非常充足，设备和天线小型化，天线增益较高。不过高频段也存在着一些不足之处，如穿透和绕射能力弱，传输距离短，传播特性不佳等，同时高频元器件和系统设计成熟度、成本等也需要加以改善。

3．同时同频全双工

传统的无线通信技术由于其局限性，并不能实现同时同频的双向通信，这造成了极大的资源浪费，而同时同频全双工技术可以实现上行链路和下行链路同时利用相同的频率资源进行双向通信，理论上可以令资源利用率提升一倍。不过同时同频全双工技术也面临一个技术难题，就是在发送和接收信号的过程中，由于功率差距非常大，会导致非常严重的自干扰，因此首要解决的问题就是干扰消除。另外，还存在着邻小区同频干扰问题，同时同频全双工技术在多天线的环境下应用难度会更大，需要深入研究。

4．设备间直接通信技术

设备间直接通信技术，即 D2D，能够在相邻的终端之间，在近距离范围内通过直接链路进行数据传输，不需要经过中间节点。设备间直接通信技术具有以下优势：可实现较高的数据速率、较低的延迟和较低的功耗；可以实现频谱资源的有效利用，获得资源空分复用增益；能够适应如无线 P2P 等业务的本地数据共享需求，提供灵活的数据服务；能够利用网络中数量庞大且分布广泛的通信终端，以拓展网络的覆盖范围。设备间直接通信技术对于提高频谱利用率和系统质量有着重要意义，将是 5G 重点研究的技术之一。

5．自组织网络

在传统无线通信网络中，网络部署、配置、运维等都是人工完成的，不仅占用大量的人力资源，而且效率十分低下，并且随着移动通信网络的快速发展，仅仅依靠人力更加难以实现网络优化。自组织网络的设计思路是在网络中引入自组织能力，包括自配置、自由化、自愈合等，实现网络的规划、部署、维护、优化和排障等各个环节的自动进行，尽量减少人工干预。

5G 将会是一个多制式的异构网络，将会有多层、多种无线接入技术共存，使网络结构变得十分复杂，各种无线接入技术内部和各种覆盖能力的网络节点之间的关系也将变得错综复杂，网络的部署、运营、维护将成为一个极具挑战性的工作。为了降低网络部署、运营维护的复杂度和成本，提高网络运维质量，未来 5G 将会支持更智能的、统一的自组织网络功能，统一实现多种无线接入技术、覆盖层次的联合自配置、自由化、自愈合。

6.5.3　5G 技术应用

1．超高传输速率场景业务应用

目前，4G 移动通信的普及改变了生活，满足了人们对视频通话、高清视频播放等大数据传输的基本要求。但是未来，人们对虚拟现实、浸入式游戏、高清视频实时观看、超高质量语音通话等业务的需求越来越强烈，使传统移动通信技术不得不进行创新改进。5G 技术在 4G 技术的基础上，大幅度提高了网络的传输速率，能够解决目前 4G 网络的传输速率问题。而且可以在 4G 业务的基础上实现高速无线传输，大大节省了存储空间，优化了安全服务，为人们的日常生活和工作带来极大的便利。

2．极低时延和高可靠场景业务应用

近年来，自动驾驶汽车、智能医疗、高精度智能制造等技术都处于飞速发展阶段，但是现有的移动通信技术不足以满足各行业的需求，2G/3G/4G 无法做到低时延、高可靠。

5G 技术将移动通信的时延还有可靠性等各方面都推向前所未有的高度。5G 技术数据传输效率很高且具备极低时延，能满足各智能产品的实际要求。

3．大容量和低功耗场景业务应用

物联网业务要求任何物品与物品之间都能进行信息的交换与通信，也就是"万物互联"。这项业务不要求网络的实时性，但是对网络容量要求高。目前，物联网广泛应用于安防、物流、楼宇管理等各个方面。在 5G 时代，智能家居、智能井盖等都会出现在人们日常生活中，平均每个人将拥有数十台智能终端，届时传统的通信技术根本没法满足要求。面对如此庞大的物联网系统，5G 技术大容量和低功耗的特点将得以应用，5G 技术可以支持每平方千米数百万台设备接入。

4G 改变生活，5G 改变世界，新技术带来新挑战。我国已是 5G 标准以及技术的全球引领者之一，中国有可能率先实现 5G 大规模商用，并拥有全球最大的 5G 市场。

习 题

一、选择题

1．计算机网络建立的主要目的是实现计算机资源的共享。计算机资源主要指计算机的 _____。

A）软件与数据库   B）服务器、工作站与软件

C）硬件、软件与数据   D）通信子网与资源子网

2．OSI 和 TCP/IP 体系分别有 _____ 层。

A）7 和 7   B）4 和 7   C）7 和 4   D）4 和 4

3．计算机网络的硬件中，占主要地位的是 _____。

A）工作站   B）共享打印机   C）服务器   D）网卡

4．下列网络拓扑结构中，中心节点的故障可能造成全网瘫痪的是 _____。

A）星形拓扑结构   B）环形拓扑结构   C）树形拓扑结构   D）网状拓扑结构

5．下列传输介质中，传输速率最高的有线介质是 _____。

A）双绞线   B）同轴电缆   C）光纤   D）微波

6．因特网中采用的通信协议是 _____。

A）FTP   B）TCP/IP   C）HTTP   D）OSI

7．IPv4 地址由 _____ 二进制数组成。

A）16 位   B）8 位   C）32 位   D）64 位

8．下列 _____ 是有效的 IP 地址。

A）202.280.130.45   B）130.192.290.45   C）192.202.130.45   D）256.192.33.45

9．因特网中，URL 是一个 _____。

A）因特网协议   B）统一资源定位器   C）简单邮件传输协议   D）传输控制协议

10．超文本传输协议是 _____。

A）HTTP   B）TCP/IP   C）IPX   D）HTML

11．下列 E-mail 地址合法的是 _____。

A）shjkbk@haust.edu.cn   B）shjkbk. haust.edu.cn

C）haust.edu.cn@shjkbk   D）shjkbk&haust.edu.cn

12．在因特网中，用户通过 FTP 可以 _____。

A）发送和接收电子邮件   B）上传和下载文件

C）浏览远程计算机上的资源　　　　　　D）进行远程登录

13．下列关于计算机病毒的说法中，错误的是　　　　。

A）计算机病毒只存在于文件中　　　　　B）计算机病毒具有传染性

C）计算机病毒能自我复制　　　　　　　D）计算机病毒是一种人为编制的程序

14．5G 网络的理论传输速率达到　　　　　。

A）100Mbit/s　　　　B）1GGbit/s　　　　C）10Gbit/s　　　　D）100Gbit/s

15．自动驾驶汽车的实现是依靠 5G 技术的　　　　特性。

A）低功耗、高速度　B）低时延、高可靠　C）高速度、个性化　D）高速度、高利用率

二、问答题

1．计算机网络由几部分组成？各部分起什么作用？

2．简述 OSI 各层主要功能。

3．计算机的拓扑结构有哪些？各有什么特点？

4．网络按传输距离来分可以分为哪三种？分别有什么特点？

5．简述 IP 地址是怎样分类的，并说出各类地址的网络数量和适用范围。

6．什么是计算机病毒？计算机病毒有什么特点？

7．计算机网络安全服务中采用的主要技术有哪些？并简要说明。

8．简要说明 5G 技术相对于 4G 技术来说的主要优势。

9．简述几种 5G 关键技术。

附录 本书部分习题参考答案

第1章 计算机概述

一、选择题

1. C 2. D 3. B 4. D 5. C 6. A 7. B 8. A 9. B 10. A

第2章 计算机数字化基础

一、选择题

1. B 2. B 3. A 4. D 5. A 6. C 7. D 8. B 9. B 10. A 11. B
12. B 13. C 14. D 15. B 16. B 17. C 18. D 19. C 20. B

第3章 操作系统

一、选择题

1. D 2. B 3. D 4. B 5. B 6. C 7. C 8. C 9. A 10. B 11. D
12. C 13. A 14. C 15. C 16. A 17. B 18. D 19. B 20. C

第4章 WPS Office 2019 办公软件

一、选择题

1. D 2. B 3. C 4. C 5. C 6. B 7. B 8. B 9. D 10. B 11. C
12. B 13. C 14. D 15. A

第5章 软件技术基础

一、选择题

1. D 2. A 3. D 4. A 5. C 6. B 7. C 8. B 9. C 10. A 11. A
12. B 13. D 14. B 15. B 16. C 17. B 18. D 19. C 20. D

第6章 计算机网络和信息安全

一、选择题

1. C 2. C 3. C 4. A 5. C 6. B 7. C 8. C 9. B 10. A 11. A
12. B 13. A 14. C 15. B

反侵权盗版声明

　　电子工业出版社依法对本作品享有专有出版权。任何未经权利人书面许可，复制、销售或通过信息网络传播本作品的行为；歪曲、篡改、剽窃本作品的行为，均违反《中华人民共和国著作权法》，其行为人应承担相应的民事责任和行政责任，构成犯罪的，将被依法追究刑事责任。

　　为了维护市场秩序，保护权利人的合法权益，我社将依法查处和打击侵权盗版的单位和个人。欢迎社会各界人士积极举报侵权盗版行为，本社将奖励举报有功人员，并保证举报人的信息不被泄露。

举报电话：（010）88254396；（010）88258888

传　　真：（010）88254397

E-mail：　dbqq@phei.com.cn

通信地址：北京市万寿路 173 信箱
　　　　　电子工业出版社总编办公室

邮　　编：100036